本书由上海文化发展基金会图书出版专项基金资助出版

"科学的力量"科普译丛
Power of Science
第二辑

"科学的故事"系列
The Story of Science series

THE ORIGIN OF MODERN SCIENCE 01

科学之源

[美] 乔伊·哈基姆 —— 著

仲新元 —— 译

自然哲学家的启示

It Begins in Greece

考古学家与狮身人面像在亚历山大附近的水下邂逅

丛书编委会

令人神往的科学故事

科学从来没有像今天这般深刻地改变着我们。真的，我们一天都离不开科学。科学显得艰涩与深奥，简单的 $E=mc^2$ 竟然将能量与质量联系在一块。然而，科学又有那么多诱人的趣味，居然吸引了那么多的科学家陶醉其中，忘乎所以。

有鉴于此，上海教育出版社从 Smithsonian 出版社引进了这套 *The Story of Science*（科学的故事）丛书。

丛书由美国国家科学教师协会大力推荐，成为美国中小学生爱不释手的科学史读本。我们不妨来读一下这几段有趣的评述："如果达芬奇也在学校学习科学，他肯定会对这套丛书着迷。""故事大师哈基姆将创世神话、科学、历史、地理和艺术巧妙地融合在一起，并以孩子们喜欢的方式讲出来了。""在她的笔下：你将经历一场惊险而刺激的科学冒险。"……

原版图书共三册，为方便国内读者阅读，出版社将中文版图书拆分为五册。在第一册《科学之源——自然哲学家的启示》中，作者带领我们回到古希腊，与毕达哥拉斯、亚里士多德、阿基米德等先哲们对话，领会他们对世界的看法，感受科学历程的迂回曲折、缓慢前行。第二册《科学革命——牛顿与他的巨人们》，介绍了以伽利略、牛顿为代表的物理学家，是如何揭开近代科学革命的序幕，刷新了人们的宇宙观。在第三册《经典科学——电、磁、热的美妙乐章》中，拉瓦锡拉开了化学的序幕，道尔顿、阿伏伽德罗、门捷列夫等引领我们一探原子世界的究竟，法拉第、麦克斯韦等打通了电与磁之间的屏障，相关的重要学科因此发展了起来。第四册《量子革命——璀璨群星与原子的奥秘》，则呈现了一个奥妙无穷的崭新领域——量子世界。无数的科学巨匠们为此展开了一场你追我赶式的比拼与协作，开创了一个辉煌多彩的量子时代。第五册《时空之维——爱因斯坦与他的宇宙》中，作者带领我们站在相对论的高度，来认识和探索浩瀚宇宙及其未来……

对科学有兴趣的读者也许会发现，丛书有着哈利·波特般的神奇魔法，让人忍不住要一口气读完才觉得畅快。长话短说，还是快点打开吧！

中国科学院院士

2017.11

本书谨献给斯蒂芬和亨利·霍林斯黑海
以及他们的祖父！

目　　录

栏目秘钥

科学

数学

语言和艺术

技术和工程

地理

哲学

作者的话

“闪烁的星空总是让我遐思万千，”文森特·凡高（Vincent van Gogh）在写给他的哥哥西奥（Theo）的信中如是说。于是，我的脑海中便浮现出这位备受折磨的画家为寻求心灵安宁而凝望星空的场景。为此，在我所保存的笔记中，我将凡高这一凝望星空的美句列在哈克贝利·费恩（Huckleberry Finn）①的语句之旁。哈克贝利说：“头顶上是璀璨的星空。我们常常仰天躺着看星星，一边议论这些星星是后来才造出来的呢，还是本来就有的。”

1888年，凡高所绘的《罗纳河上的星夜》

有趣的是，古希腊人问过这样的问题，马克·吐温（Mark Twain）问过，我们至今还在问。这些大问题一直萦绕在我们的脑海之中。科学之源始于凝望星空。这些星星从哪里来？是由什么构成的？它们将去往哪里？这些问题不只是天体物理学家的专利，我们所有人都会思考它们。

这也正是我要撰写本系列读物的信念。本书是我出版的科学史系列丛书中的第一本。这套丛书讲述了物理和化学的故事，从古苏美尔时期一直到现代弦理论。

译者注：① 哈克贝利·费恩是马克·吐温小说《哈克贝利·费恩历险记》中的主人公。

故事内容涵盖的空间尺度极广，从非常大的宇宙一直到非常小的原子、粒子。我认为，科学既是迷人的故事，也是人类文化遗产的基石。

我确信，也想使你确信：科学不仅仅是属于科学家的。在20世纪，我们将知识细分成各个不同的学科。而在信息时代，这种做法已经失去意义。当今，即使居住在险峰顶部的隐士也能及时获取天下的知识。浩瀚的知识可以如此自由地信手拈来，这在世界历史上是前所未有的。为把握好这种机会，我们首先要成为一个通才，然后再成为专家。没有任何一个知识领域能兼备自然科学所具有的基础性和创新性。我那本杂记型的笔记中广泛收集了一些诗人、作家、哲学家的思想，这使我领会到人类对宇宙万物的探索构成了几乎所有其他创造力的基础。关于这个话题，我还有很多的话要说，还是让本书给你娓娓道来，看它能否给你些许启迪。

用电子显微镜观察到的铁原子。（详见第90页）

——乔伊·哈基姆

故事之外的故事

若没有大量强有力的外界支持，无人能写出这样一本书。从写作伊始，很多科学家、教育家、朋友和支持我的家人都给予了我热情和慷慨的帮助。可能他们也意识到，这项工作需要很多人的支持才能得以完成。

当我向汉斯·克里斯蒂安·冯·贝耶尔（Hans Christian von Baeyer，1938—　）求教时，他说为写给一般读者（包括年轻人在内）的书籍提供帮助，是他希望做且能够做的最重要的事。汉斯是威廉和玛丽学院的首席物理学教授，他有着丰富而珍贵的图书资料。他对我的咨询表示欢迎，并帮助我顺利起步。尼尔·德格拉斯·泰森（Neil de Grasse Tyson）是美国自然科学史博物馆海登天文馆的主任，他在读了本书的草稿后，提出了大量的建设性意见。物理学家洛基·科尔布（Rocky Kolb）和克里斯·奎格（Chris Quigg）在看了早期的清样后，也都给出了令人信服的评论。美国北卡罗来纳州立大学前物理学教授、美国物理教师协会前主席约翰·胡比茨（John Hubisz）在读了本书的大部分书稿后，给出了很多睿智的思路和启迪。劳伦斯伯克利国家实验室科学与工程教育中心主任罗兰·奥托（Roland Otto），在读了本书的最后一稿后，指出了其中的一些错误，并提出了非常好的修改意见。美国自然科学教师协会（NSTA）执行主席，也是优秀物理教材的作者格里·惠勒（Gerry Wheeler）在读了本书的部分章节后，鼓励并回答了我的一些疑问。在普林斯顿大学高级研究院工作、集数学家和艺术家于一身的理查德·施瓦茨（Richard Schwartz），不吝他的时间和学识，精确明晰地解答了一些问题数学。感谢美国自然科学教师协会的戴维·比科姆（David Beacom）、朱丽安娜·泰克斯勒（Juliana Texley），他们在读过本书稿后，给出了内容翔实的有益评论。泰克斯勒是一位杰出的科学教师和NSTA评论专栏的首席评论员。塔尼娅·迪达斯凯勒·沃特曼（Tanya Didascalou Waterman）既是我们的朋友，也是一位杰出的物理教师，她在回答了我的问题的同时，还就她的希腊母语给出了她的想法。

《美国教育人》的编辑露丝·瓦滕贝格（Ruth Wattenberg），作为教育家论坛的主持人，一直给予我热情的鼓励，并在这一刊物上登载了本书的预告和简介，在广大教师中产生了积极反响。在加利福尼亚州教育部工作的汤姆·亚当斯（Tom Adams），是一位卓有远见的教育家，也慷慨地对本书提出了建议。我特别感谢洛克菲勒大学前校长弗雷德里克·塞茨（Frederick Seitz）教授，他是美国最杰出的科学家之一。来自他的鼓励和支持更是我前进的强大动力。作为理查德·朗斯贝里基金会主席，塞茨先生为本书的付梓提供了大量资助。此外，我还得到了约翰·霍普金斯大学道格·麦基弗人才培养中学项目的资助。约翰·霍普金斯大学的教育工作者与城市中学的教师和学生一起，编撰出了与《美国：我们的历史》[1]相配套的创新型教学资料。技术资料管理系统的玛丽亚·加里奥特（Maria Garriott）和科拉·泰特（Cora Teter）开发了与科学书籍配套的教学资料，对此我十分感动。

我一直得到我所遇到的教师的鼓励和帮助。诸如纽约州约克镇高中的约翰·霍兰（John Holland）那样的老师，他们一再鼓励我做好这一项目。对于这些老师的感谢，在此无法予以言表。

一些学生在读过我的书稿后也给出了评论。特别要提及的有加利福尼亚州的本·布朗（Ben Brown），科罗拉多州的纳塔利娅（Natalie）和萨姆·约翰逊（Sam Johnson），弗吉尼亚州的马德琳·冯·贝耶尔（Madelynn von Baeyer，汉斯的女儿）等。

译者注：①《美国：我们的历史》是作者的另一部畅销书。

我一直力图使本书不出现错误。但在普林斯顿大学教授历史的詹姆斯·麦克弗森（James McPherson）有一次对我说，没有一本书在涉及历史问题时保证不会出现错误。我要对出现的任何错误负责，并在将来的新版中予以改正。

在此，我还要感谢那些为本书出版作出许多贡献的人们……

这套书是共同协作的结晶。拜伦·霍林斯黑德（Byron Hollinshead）将图片和文本有机地结合起来，为形成这套历史类书籍做了大量的工作。他还是一个有品味的指导者和顾问，给出的建议恰如其分。萨拜因·拉斯（Sabine Russ）负责图片，做了很多将图文整合起来的创造性的细致工作，他是个不可或缺的人物。编辑劳里·伊根（Lorri Egan）展现出了其在科学与写作方面的智慧、风趣和令人佩服的奉献精神及专业能力。文字编辑凯特·戴维斯（Kate Davis）总是使我杜绝草率地思考和写作。我认识很多编辑，但无人在工作中能比凯特更专注。精美的版面设计出自玛伦·阿德勒布卢姆（Marleen Adlerblum）之手。她用耐心和创意处理着复杂的版面布局，以及因我不停地修改稿件而带来的难以预计的版面变化。莉萨·萨维奇（Lisa Savage）非常干练地帮助研究图片并从事其他多项工作。自从听说我从事的这一编纂工程后，史密森出版社的总编辑唐·费尔（Don Fehr）就热情地关注此书的进展，并把他的热情传播到这一权威出版机构中。

——乔伊·哈基姆

1 探索天地的起源

起初，上帝创造了天地。地是虚空混沌；深渊上一片黑暗。上帝之灵运行在水面上。上帝说："要有光！"于是就有了光。

——《圣经·创世纪 I》。这是犹太教希伯莱圣经和基督教《旧约》（詹姆斯国王版）的第一部，它也是伊斯兰《古兰经》的基础

为了创造地球，他们只是说了声："地球！"大地就立刻显现，就像一片云，一团雾，它不断地聚集、伸展。

——玛雅圣书之一，《波波尔·乌》。古代口口相传的故事，于 16 世纪首次被用文字记录

一些愚昧的人宣称是造物主创造了世界。这种教义是不明智的，应该被摈弃……世界并非是造物主创造的，正如时间一样没有起点和终点。

——《摩诃婆罗多》。这是一部写于公元前 400 年至公元 400 年间的神圣的印度教史诗

"宇宙"一词的最初含义是"天和地"。

一些聪明的人经过细致的观察和深刻的思考后认为，天就像是一个倒扣在我们头顶上方的大汤碗的半球形穹顶，而且是和碗一样的固体。有人也将它称作"天穹"。有人说它是用锡制成的。也有人说它是由美丽晶莹的蓝宝石构成的。还有人认为天是由三层半透明的晶体构成的，而群星则是天上的火透过这种金壁辉煌的天穹上的孔洞射出来的光。晶体层间贮有水。当布满天穹的无数小孔打开后，这些水就从晶体层中漏出来而形成了雨。

那么，大地呢？它则是被海洋围起来的扁平的盘子状坚实固体。

大地下面存在着一个广袤的地下世界。每天夜里，太阳从天空中落下后造访那里，月亮也每月造访这里一次。

古人以为，星星像一群老朋友一样，每当晴朗的夜空便结伴出来游荡。古代夜空十分黑暗，那时没有电灯和雾霾，所以天上的星光看起来非常明亮和稠密，如同一片闪烁的宝石而不仅仅是一个个小光点。尽管星空浩瀚，但群星的运行却是和谐的。古人甚至在那些不变的星图中，发现了与他们熟悉的动物轮廓相似的图样。但也有一些他们无法理解的问题：星星是如何到达那里的？在难以计数的群星中，为什么有五颗是沿不同的路径运行的？是什么使得群星夜复一夜地往返？这种运动能永远维持下去吗？

本章开头的语录摘自詹姆斯国王版的圣经。詹姆斯一世（James I，1566—1625）是第一批英国定居者于1607年到达詹姆斯城时的英格兰国王。他下令编纂了新版的圣经这一永恒的文学巨著。

《摩诃婆罗多》（Mahabharata）是世界上最长的史诗。这一伟大印度教巨著的故事从王子之间的对抗开始，描述了其间的战争，并在一场恶战中达到了高潮。其中也揭示了宗教、伦理、政治、哲学等思想。原文是用印度的经典梵文写就的。即使其简易版也有88 000句之多。

生命来自哪里？来自永恒的海洋，而且所有的生物都发源于此。

这些是5 000年前闪米特人的想法，他们可能创造了世界上首个伟大的文明。他们在今天的伊拉克地区建立起了包含有寺庙和学校的城市。

他们认为自己是现代人。确实也如此。地球是古老的，人类出现的历史也很久远。在数千年中，人们带着牲畜和粮食随着季节的变化而迁徙。可以猜想：某人可能于某天遗漏了几粒种子，他注意到有作物从掉种子处长出来。某个有科学头脑的人将种子、泥土、时间和生长联系到了一起。当这种联系被认识到后，人类便开始种植农作物，并以群落的方式定居下来。

远在闪米特人出现很久之前，人类就学会了种植植物和饲养牲畜，并生活在有围墙的村落之中。位于以色列和约旦之间的绿洲之城杰里科，已有10 000余年的历史了。闪米特人的城市与古代其他的人类定居点有所不同。在其他城市中，几乎所有人都要从事种植或养殖工作。而在闪米特人的城市中，工作以新的方式作了划分：一部分人是祭司或官员，其他人再被分为工匠、商人、农民等劳作者。

B. C. 还是 B. C. E.?

在一个数字后面加上B. C. E.表示“公元前”，即从公元元年往前记年数。字母C. E.表示“公元”，即从公元元年往后记的年数。若表示公元元年后的1000年，我们往往去掉C. E.，直接用数字表示即可。

也有人使用B. C.（基督诞生之前）和A. D.（基督诞生之后）记年，但B. C. E.和C. E.更为流行，基督教和非基督教都这样使用。

要记住的是，用B. C. E.时，其前的数字越大，则表示年份越早，如300 B. C. E.就比100 B. C. E.早得多。而C. E.则相反，1800年比1900年要早。我们即将按时间顺序开始文明之旅。

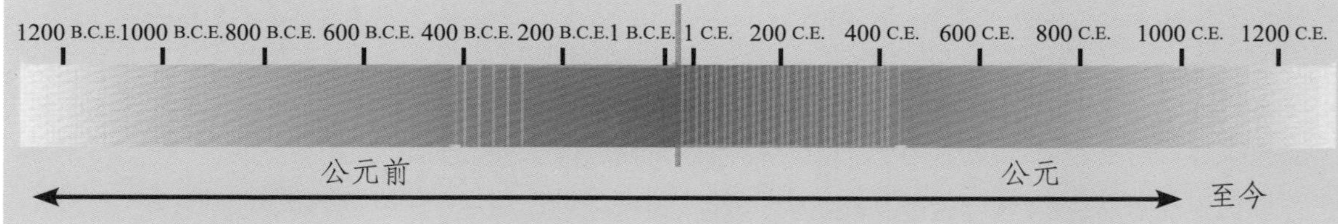

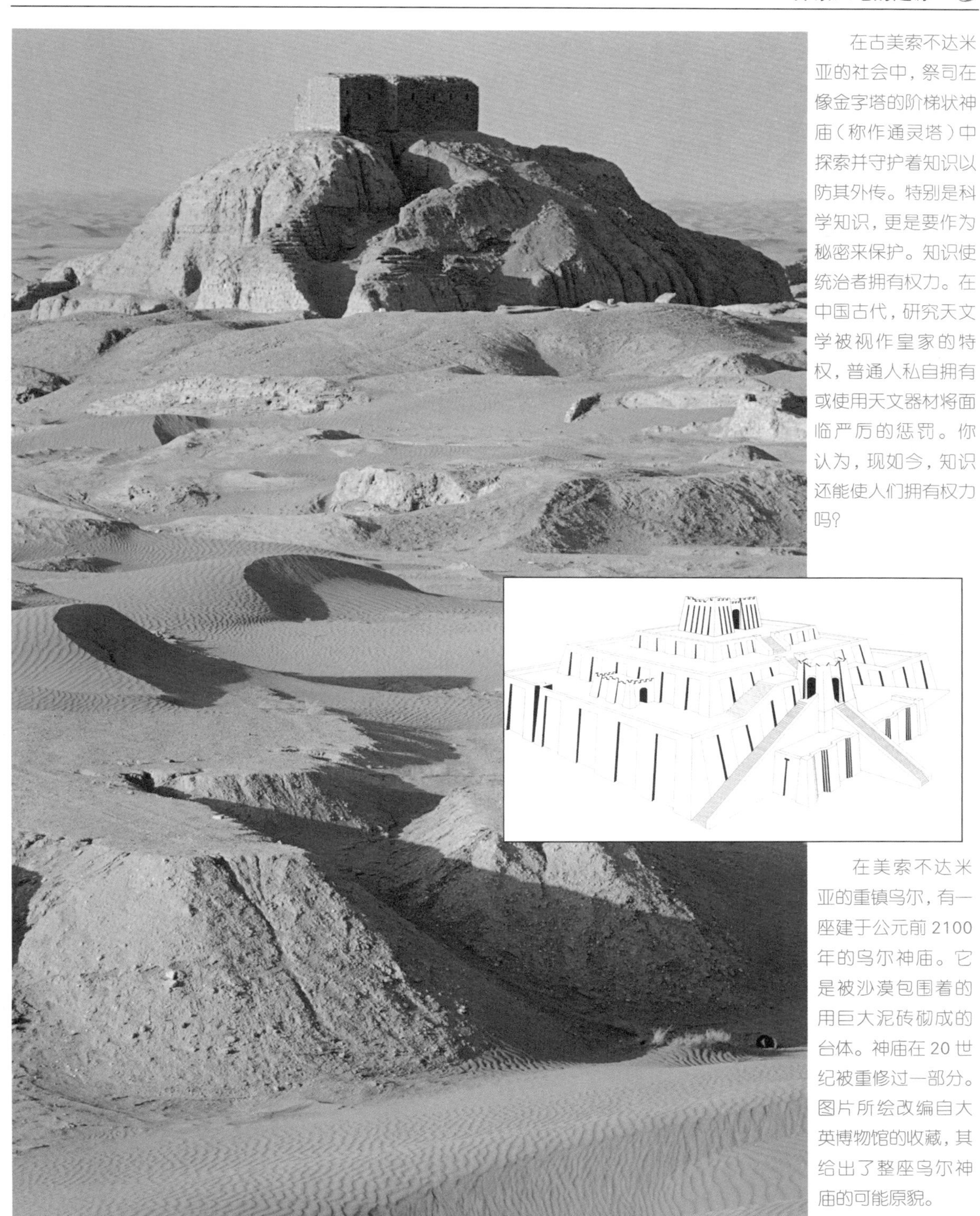

在古美索不达米亚的社会中，祭司在像金字塔的阶梯状神庙（称作通灵塔）中探索并守护着知识以防其外传。特别是科学知识，更是要作为秘密来保护。知识使统治者拥有权力。在中国古代，研究天文学被视作皇家的特权，普通人私自拥有或使用天文器材将面临严厉的惩罚。你认为，现如今，知识还能使人们拥有权力吗？

在美索不达米亚的重镇乌尔，有一座建于公元前2100年的乌尔神庙。它是被沙漠包围着的用巨大泥砖砌成的台体。神庙在20世纪被重修过一部分。图片所绘改编自大英博物馆的收藏，其给出了整座乌尔神庙的可能原貌。

美索不达米亚的古文明

在读美索不达米亚文明史时难免会产生困惑，其主要原因是多个文明几乎都出现在大致相同的区域内。因此，下面先对其作一番梳理。美索不达米亚意为“两河之间”，是古代位于底格里斯河和幼发拉底河流域之间的区域，现多位于伊拉克境内。考古学家用充足的证据证明这一文明始现于公元前约 5000 年前，即距今 7 000 余年。苏美尔是位于美索不达米亚南方的城邦，它于公元前 3000 年达到了文明的鼎盛时期。但自此 1 000 年后，它开始衰落，最后被巴比伦和亚述这两个帝国分解吞并。巴比伦帝国从公元前约 1750 年开始繁盛，在公元前 6 世纪衰落，最终于公元前 539 年被波斯吞并。

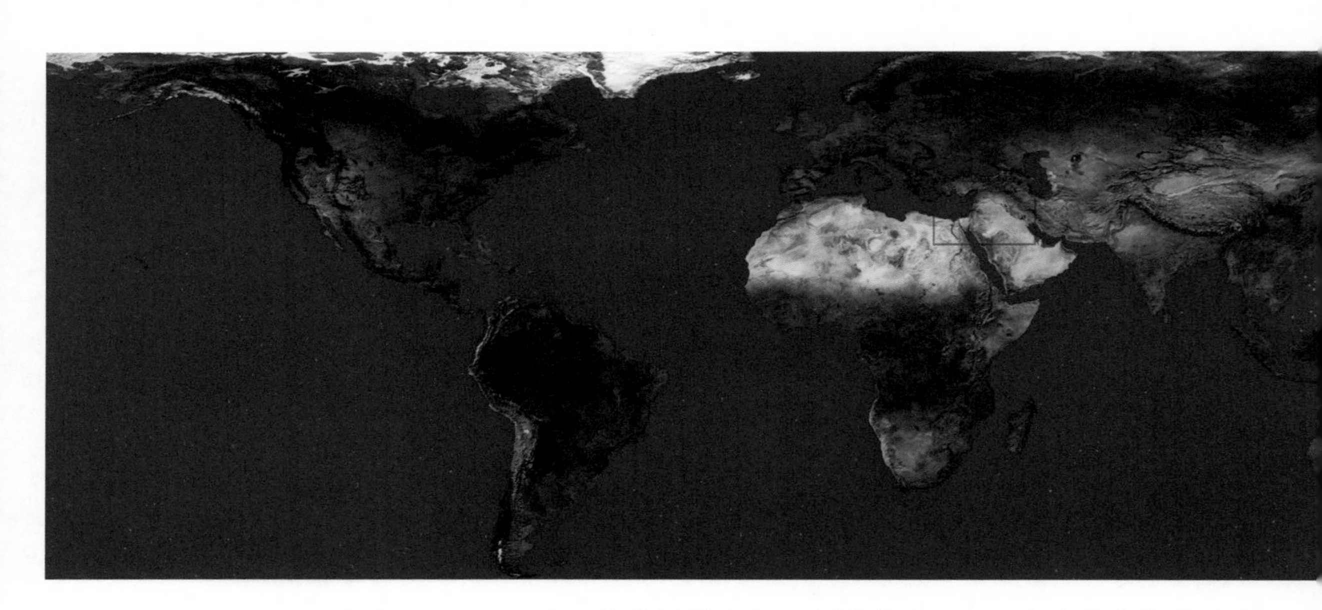

拉玛苏（意为“保护神”）雕有人头、半牛半狮身，具有翅膀和五条腿。亚述帝国的宫殿门口由这样的石灰岩雕塑来“镇守”。

城市运转良好，人民富足。市民分为服务和统治两个阶层。农田用来生产农作物，人造沟渠用来灌溉和提供日常生活用水，贸易则带来远方的货物和思想。

社会分工意味着一部分居民要忙于日复一日、枯燥乏味的劳作之中，而其他人则可以将时间用于学习、规划、发明和思考。

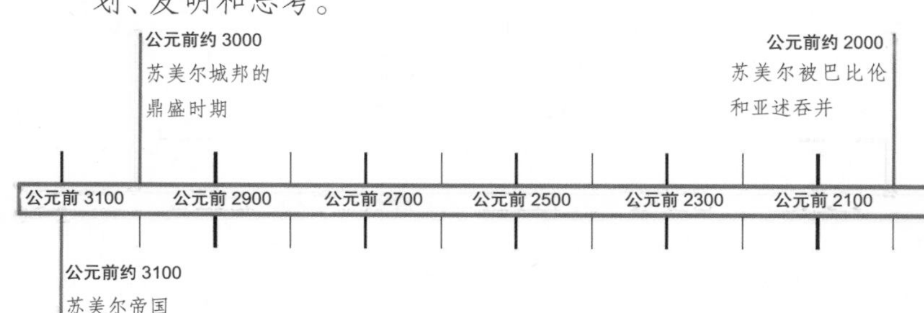

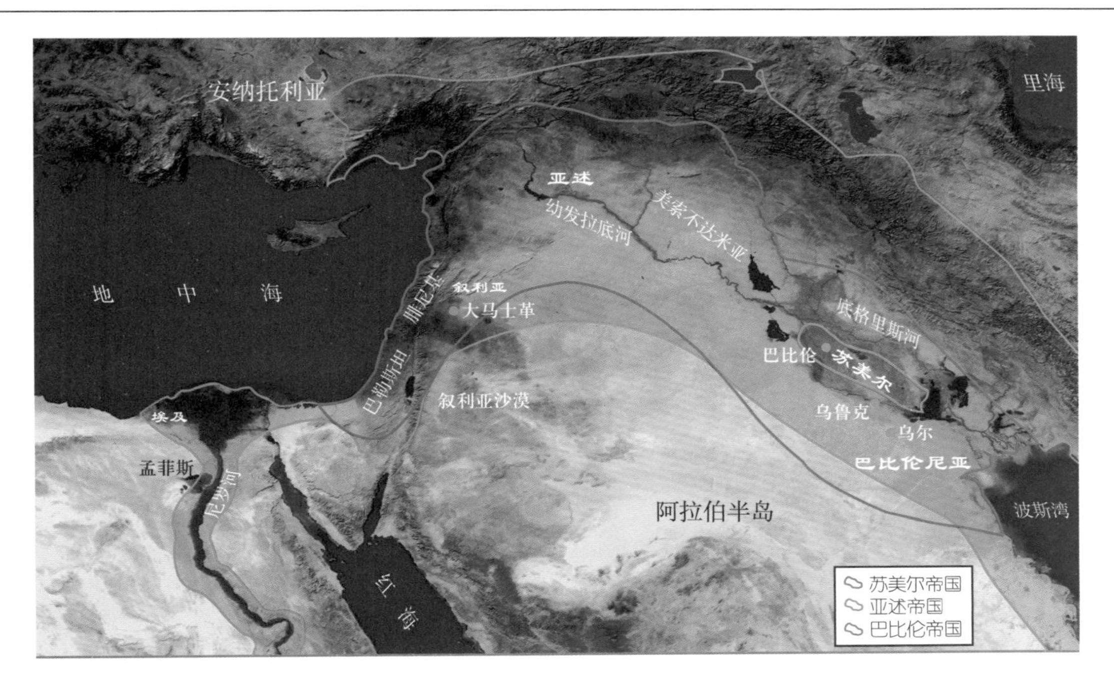

苏美尔帝国是位于美索不达米亚南方的文明城邦，存在于公元前约 3100—公元前约 2000 年之间，最后被巴比伦人和亚述人分解吞并。巴比伦帝国（公元前约 1750—公元前 539）和亚述帝国（公元前约 950—公元前 612）在一段时期内是重叠的。此间，贪婪的国王和好战的军队为争夺权力而在美索不达米亚南部爆发了连年的战争。亚述帝国鼎盛时甚至将疆域扩张至地中海，可最终还是被巴比伦人于公元前 612 征服而灭亡。巴比伦帝国此后一直十分强大，直到最后被居鲁士大帝（Cyrus the Great）带领波斯大军于公元前 539 年所灭。

他们对法律、数学、艺术、政治和建筑等进行了思考，学会了使用轮子。他们甚至发明了文字，并相互教习写作。他们还研究天上星星的运行规律，观察月亮，并利用月亮的运行规律编制出了阴历，还为每个月份都命了名，苏美尔人崇拜被称为南娜（Nanna）的月亮女神。

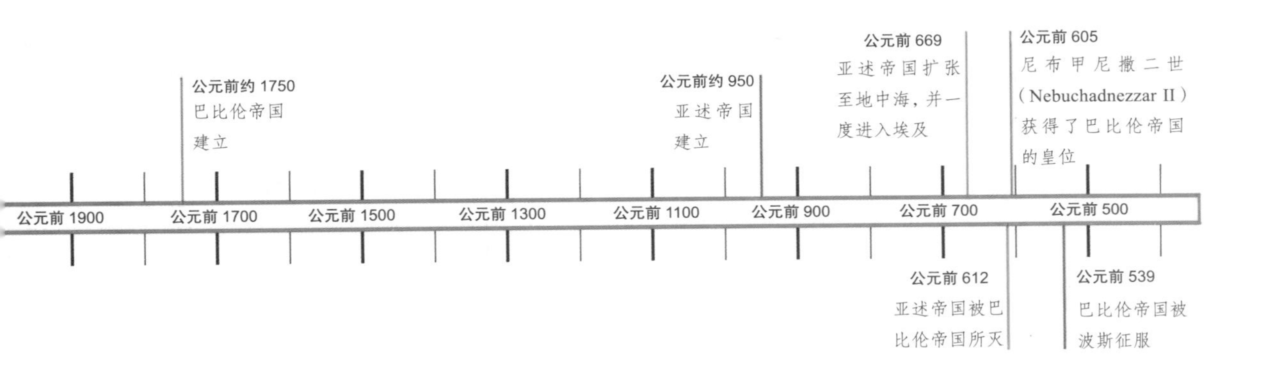

这一苏美尔人的游戏棋盘出土自乌尔的皇家墓地，距今已有4 500年的历史了。它用木头制成，上面镶嵌有贝壳、红宝石、青金石等。玩者轮流投掷骰子或小棒，由投掷结果决定从一边走到另一边的步数。刻有点子的棋码的命运被诗意般地比作食物、美酒和爱情的得失。棋盘上有玫瑰花饰的位置意味着好运。

天体的影响

众所周知，给我们带来光明和温暖的太阳影响着地球上的生命。其实，月球也会产生一定的影响，如潮汐现象。甚至我们天空中的邻居火星和金星在经过地球附近时，也不忘要“拉”地球一下。

那么，恒星和行星的位置会对地球的未来或其上居民的命运和人格产生影响吗？很多人认为会的，这就导致了占星术的诞生。这有点像算命，而决不是科学。所以我们称之为“伪科学”（pseudoscience，前缀pseudo在希腊语中意味“错误的”）。

这种年历中含有按月球运行周期而制定的12个月，并由它们构成了四季，也构成了具有12个月的年。我们每个人都能感受到季节如车轮般周而复始地变化。“这是南娜所设的迷局吗？它的谜底是什么？”苏美尔人当时肯定提出过此类的问题。

距离苏美尔水草茂盛的肥沃土地800千米的地方，埃及人居住在另一大河流域。埃及已经进入了将人分为从奴隶到贵族的古代等级社会。他们也研究天空并用来预报季节的变化。然而他们通过观察太阳，而不是月球来达到这一目的。他们崇拜太阳神并创造了阳历。相比较而言，阳历比阴历有着更多的优点。（原因见第3章。）

在公元前3世纪的天文学家哈克比（Harkhebi）的陵墓上，镌刻着如下墓志铭：

他的文字中透射出智慧的光芒……他用清澈的眼睛观察星空，所做的记录正确无误……他观察天上每一颗星星的兴衰……他正确无误地用小时细分昼夜……他通晓在天空中能够见到的一切。

这是一副公元前1350年前的华丽精致的埃及挂件。挂件下部雕有太空船，船里面有两只头顶月亮盘的狒狒对代表太阳神的圣甲虫顶礼膜拜，圣甲虫头顶太阳盘。

“他正确无误地用小时细分昼夜。”每个人都知道，通过观察天空积累的知识，能够用于校准日期，提醒农民何时农作，并确保节日或庆典在一年中固定的日期举行。

很久以前的人们具有和我们一样的思维能力。由于那时的夜晚除了来自月球和群星的光亮外，再无其他的光线出现，人们日复一日地凝视天空中这些“发光”的天体，对明亮的星星的了解就像对邻近的房屋一样熟悉。在观察星星时，他们一定也好奇地想知道：它们是由什么构成的？它们为什么能每夜穿越天空？又是如何穿越的？

有些事情是恒定的（constant），表示其是不能改变的，如每年在相同的日子过相同的节日。在科学中，常数（constant）是一个确定不变的数字，如光在真空中的传播速度。

考古学家在发掘公元前7世纪亚述国王亚述巴尼拔（Assurbanipal）的图书馆时，发现了12块刻有苏美尔国王吉尔伽美什（Gilgamesh）史诗的泥板。它讲述的是一个非常古老的故事，有人说它写成于公元前2000年前。吉尔伽美什可能是一位傲慢、半人半神的国王，于是上帝派了一个野人来驯服他。故事中的情节充满了友谊和英雄主义，读了它可能会使你泪流满面。

右图中显示的恶魔古陶俑是洪巴巴（Humbaba）森林的守护者。洪巴巴的头颅被吉尔伽美什和他的朋友恩奇都（Enkidu）砍下。

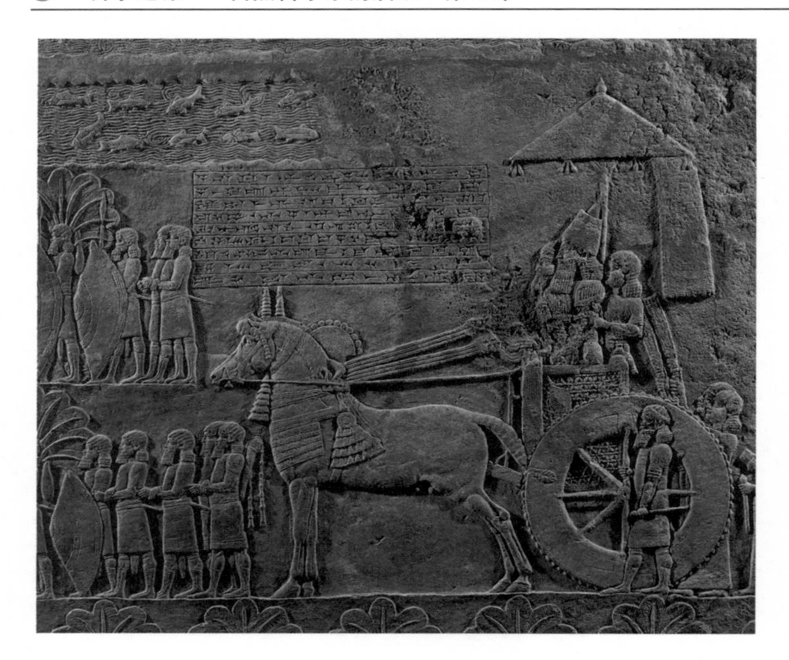

亚述国王亚述巴尼拔，出于对自己的能力感到骄傲，于公元前650年说过如下的话：

“我掌握了隐藏着的智慧，以及文人和占星术士们的全部艺术，

我能够解读天地间的各种预兆，

我能参加专业人员的会议，

我能跟娴熟的预言家谈论占卜论著，

我能计算复杂的倒数和乘积，

我能读懂苏美尔人和阿卡德人都难以理解的深奥文本，

我能破译大洪水之前的石刻碑文。”

在美索不达米亚的都城尼尼微，出土了公元前7世纪亚述巴尼拔王宫的浅浮雕石碑。上面展示了国王乘战车巡视战利品的场景。这一石碑可能是用于装饰国王卧室的众多石板中的一块。这些浮雕展示了他引以为傲的众多战争和竞技胜利的场景。

这些正是科学要解答的问题，而当时科学尚处于婴儿期，犹如爬出摇篮的婴儿蹒跚学步一样。所以，尽管当时那些凝望星星的人进行了有用的观察并作了记录，但他们仍不能解答这些大问题。人类一直在追问，天空是如何形成的？宇宙是如何运行的？

为寻求这些问题的答案，人们转而求助于神话传诵者和宗教祭司。从人们对恒星和行星控制人类行为这一虔诚但错误的信念中，产生了一种错误的科学，亦即占星术。关于星星的美妙传说，被用于解释当时尚不能理解的问题。那些最好的有关世界如何诞生的故事，经过世代口口相传，已经成为人类文化遗产的一部分，我们称之为创世神话。每一种文化都有自己的创世神话。

创世神话

起初一切为层层黑暗所掩；万物皆处于不可知的混沌之中；凭借巨大的热力，天地之初从无形的虚空中萌现。

——《梨俱吠陀》，公元前约 1500 年前神圣的印度赞美诗。它是已知最古老的宗教文本，是用印欧语言写成的

当所有星辰要被安放到天穹之上时，第一个女人说："我将用它们写一部永远治理人类的律文。这些律文不能写在水上，因为水无时不在改变形状；也不能写在沙子上，因为沙子很容易被风吹散。而如果将其写在星辰之上，就能永远保存了。"

——纳瓦霍人创作的故事，被记录入乔治·约翰逊所著的《意识火焰：科学、信念以及对秩序的搜索》

浑天如鸡子。天体如弹丸，地如鸡中黄，孤居于内。

——张衡（78—139），中国古代天文学家，《浑天仪注》

中国古代有过这样的神话传说，世界一开始只有混沌和分别称为"忽"和"倏"的三个统治者。忽为北海之帝，倏为南海之帝，混沌为中央之帝。忽、倏二者合在一起，就意味着"闪电"。忽和倏二帝看到混沌没有成型的身体，用霹雳闪击混沌七天后，终于在其巨大的身体上开了七个口子，即为"七窍"，用它们分别专司看、听、说、呼吸、吃、繁殖和排泄之职。而在闪电刺入混沌的体内后，生命就产生了……中国的父母就将这样的故事代代相传地讲给他们的孩子。

在古希腊，父母们则用诗人赫西奥德（Hesiod）的诗向孩子们解说众神的故事和世界的起源。

"混沌"一词意为"混乱"或"无序"。其英文词为 chaos，《梅里亚姆－韦伯斯特大词典》对此的英文解释为：the confused unorganized state of primordial matter before the creation of distinct form.

公元前525年的雕饰，出自希腊古都德尔斐，它描写了众神和巨人战斗的场面。阿波罗（Apollo）神和他左内侧的女神阿尔忒弥斯（Artemis）正趋近用盾牌护身的巨人，其中有一个巨人已被杀死。因为巨人不会被神杀死，故宙斯（Zeus）让他和凡间女子所生的儿子，即大力神赫拉克勒斯（Heracles）来杀死大多数的巨人。从此独眼巨人消失了，他们都被埋在了火山之下。

赫西奥德生活在距今2 800年前。他说当初万物处于黑暗和混沌之中，他在诗中写道：

后来，爱（神）出现了，带来了光明。

然后，他又写道：

大地，美妙绝伦，升腾而起。
……美丽的地球从此诞生
浩繁的星空，与她同等。

在希腊语中，乌拉诺斯意为“天空”，而在拉丁语中，则意为后来成为太阳系第七大行星的天王星。

独眼巨人非常令人恐怖，他们都只有一只圆眼。英文中的cycle就是出自同一词根。赫西奥德说，独眼巨人原来是被众神囚禁的威猛铁匠。宙斯后来给了他们自由。为了表示感谢，他们在自己的铁匠铺中制造出了雷电送给宙斯。诗人荷马则将他们描写成无法无天的野蛮人。

地球母亲是被称为大地女神的盖亚（Gaea），天空父亲则是被称为天空之王的乌拉诺斯（Ouranos）。他们生下的孩子是可怕的怪物：独眼巨人基克洛普斯（Cyclopes），力大无边的巨人泰坦们（Titan），以及住在奥林波斯山上的众神。诸神和怪物经过多次战争后，就产生了普通人。

在埃及人的传说中，世界是从被称为努恩（Nun）的海洋中诞生的。当天空女神努特（Nut）从努恩海洋中拉出一座山后，就形成了最初的大地。为了纪念这第一座山的出现，就建起了一座金字塔。以后每拉出一座山，就都建一座金字塔。

古埃及人创作的神话有多种版本。这幅壁画发现于3000多年前法老的庙中，它描绘了空气之神舒（Shu）托举着天空女神努特，将她和大地之神盖布（Geb）分开。

在古印度用诗词表达的传说中，世界是被一棵巨树的树枝所支撑着的。由这种“世界之树”的图景，派生出了大量关于生命之树和知识之树的故事。

古代的中国人相信大地是扁平状的，其上覆盖着缀满星辰的天穹。

古代秘鲁人认为宇宙如同一个巨大的盒子，有屋脊伸向盒顶，而上帝就住在盒顶之上。

在没有科学帮助之前，赫西奥德及其他人也在试图解释宇宙的神秘和强大。

我们怎样区分科学和神话呢？为什么创世故事不是科学？这并非因为这些神话故事全是“错误”的，即便是被广泛认可的科学知识，后来也可能被发现是错误的。

这是古印度人对宇宙的描写图。圆顶形的地球被六头大象支撑着，而这些大象又都站在一只巨龟的背上，龟则卧于一条巨蛇之上。

科学家所定义的一些词

观察（observation）：对科学家而言，观察事物意味着不能只是简单地看看。科学家也是细心的观察者，他们研究某一事物或事件的细节，全面而准确地记录这些细节，从而形成精确的科学报告。古希腊的思想家们正是通过对月食现象的观察，从而注意到月相的变化规律并作出了图像。

假说（hypothesis）：假说是对观察到的现象和事实进行尽可能合理的说明。假说一旦形成，就应对其进行验证，因为假说还不是已被接受的事实。如古希腊人认为地球是球形的观点就始自假设。

理论（theory）：对普通人来说，理论和假设是一回事，即都是试图解释事物原由的观点。《美国传统词典》对理论一词的解释是一种假定、猜想和思考。但对严谨的科学家而言，理论是在对观察到的现象和事实进行充分验证的基础上建立起来的。布罗克·汉普顿（Brock Hampton）所著的《科学词典》将理论定义为："在科学中能用于解释所观察到的大量事实的一整套观点、概念、原理或方法。"一个科学的理论需要经过大量的事实和实验进行验证。英国物理学家斯蒂芬·霍金（Stephen Hawking）认为，理论应能"对未来观察结果作出确切的预言"。当古希腊的思想家在月食期间观察到地球在月球表面上弯曲的投影时，他们关于"地球是球形"的假说，就开始看上去像一个合理的理论了。

事实（fact）：事实是对同一事件或现象，经胜任的观察者加以检验且证实无误的信息。如宇航员在太空拍摄的地球照片，就清晰地显示了地球是球形的事实。

在金字塔和皇家陵墓的墓穴中精心绘制的壁画，给出了古埃及人生活方式和信仰的非常有价值的线索。存放法老塞提一世（Seti I，公元前约1302—公元前1290在位）石棺的墓室中，装饰有太空景象和太阳神拉（Ra）出巡的场景。每到夜晚，拉会被天空女神努特所吞没，并通过努特的身体。每天早晨，努特再将拉生出，日间让其一天在自己的身边通过。过程详见第13页：长着鹰头的拉日间在北方星座之下出行。

神话源自于人们试图解释那些无法解释的现象时的想象，带有明显的感情色彩。无人能够证明神话，而这是科学的准绳：科学需要证明。但古代的神话仍具有非常重要的意义，神话的出现是人们扩展思维空间的过程。正如当今出色的科幻故事那样，神话也能促使人们去思考。

真正的科学始于问题，而科学家则是解决这些问题的探索者。因此，一旦有问题被提出，就要猎取问题的答案。用科学术语来讲，未经验证的解释、观点或可能性都被称之为假说。下一步工作则是要验证它们，目标是找出数学和实验上的证据来支持或反对所提出的假说。如果假说通过了验证，则其可能成为理论的一部分。如爱因斯坦的相对论就通过了所有对其进行的验证。

科学探索有点像在视界受到限制的密林中寻找出路，有些通路可能平直无阻，还有一些则坎坷荆棘。我们将来能洞悉宇宙的全部奥秘吗？也许不能，但这并不意味着我们现在所做的是错误的。它仅仅意味着，即便我们能够以惊人的精度画出森林的详图，而对其整体的认识却可能永远无法做到。在《圣经·新约》中的哥林多前书中，保罗说："我们只知道一部分，微不足道的一部分。"

为什么飓风的画面和螺旋星系的形状看起来是如此相像？右图是卫星拍摄的名为弗洛伊德的大飓风（1999年9月）照片。将其和下一面（第15页）中名为NGC4414的壮观的螺旋星系哈勃太空望远镜照片相比较，请看那风车状外形、蝶形剖面、旋转的云，还有聚集于中心附近的能量和物质。这种关联性并非是偶然的。飓风是由潮湿的云构成的。比飓风大数以万亿计倍的星系，其大部分也是气体云。水和气体都是流体，都遵循同一个普遍的科学规律——流体动力学。

这样的思考可以让你变得谦逊。人类总是不遗余力地了解我们周围世界的神奇和广袤。从我们在地球上直立行走的那一天开始，我们一直在提出问题，探求并竭尽全力逐一进行解答。而这，正是我们人之为人的重要特性。

我们已经听说科学史就像是一部侦探故事，充满了探索和冒险。它是一步一个脚印积累起来的无尽的探索历程。在这一过程中，我们获取了越来越精准的答案。当然，有时会走弯路、出错误。但最终发现了，就会产生新的假说，设计出新的实验，建立新的公式，形成新的理论。简而言之，一个科学思想者，需要时刻保持头脑清醒，并时刻准备接受新事物。

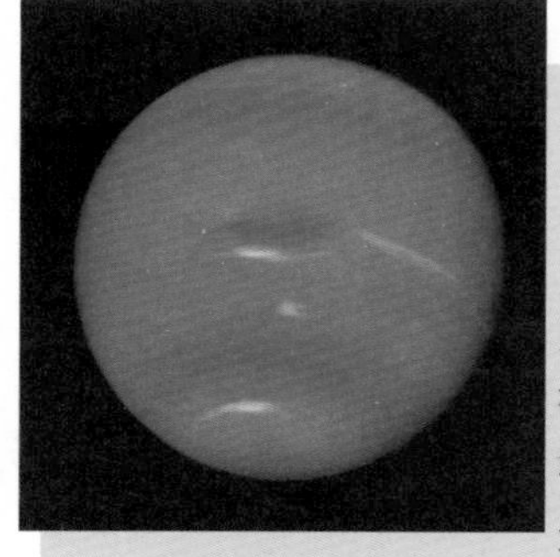

科学预言

科学或数学预言与占卜师们给出的似是而非的预言截然不同，它不只是猜测。科学预言是以事实为依据，通过精密的计算来预测事件的发展情况的，如日食、地震、实验结果等。

于1846年发现的海王星，就是先由数学计算预测到的。因为天王星没有按数学家精确推算的轨道运行，所以人们猜想一定存在着一个较大物体的引力作用使其偏离了轨道。天文学家通过计算预言了这一物体的大小和位置，并将望远镜指向这一位置进行观测。果然，在那里他们发现了一个如针尖般大小的昏暗星体，它就是我们太阳系的第八大行星！

聚成螺旋形

在18世纪[本杰明·富兰克林(Benjamin Franklin)所在的世纪],哲学家伊曼努尔·康德(Immanuel Kant)猜测,飓风的螺旋形状在恒星所构成的星系(如银河系)中也能看到。康德所做的,正是历史上科学家一直在做的工作,他用自己已经掌握的知识来推测(即假设)所不知道的东西。

20世纪,天文学家证实很多恒星系统都具有螺旋形状。欧几里得(Euclid),这位公元前300多年前的数学家,用如下文字表示了他对此的赞叹:“自然定律只不过是上帝的数学思想。”

人类总是想知道关于自己和自己所居住的世界的奥秘。从有记录可考证的时期起,我们就一直在问两个基本问题。第一个基本问题是关于“很大”的:宇宙到底是怎么回事?由此又引伸出其他很多问题:天上的星星是用什么材料制成的?星星有多少颗?这些星星是恒定不变的,还是不断变化的?地球处于宇宙中的什么位置?

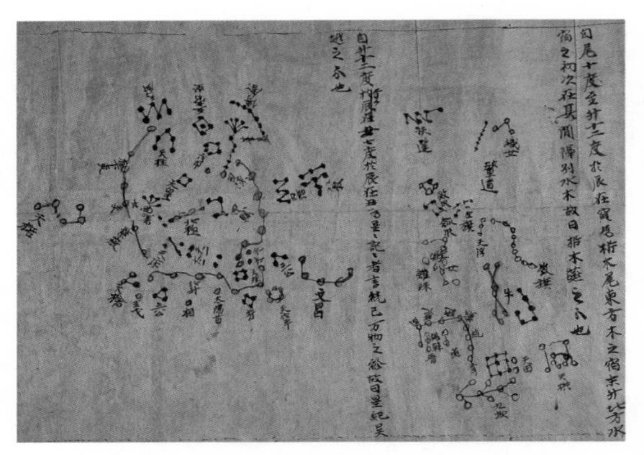

这是一张最古老的便携式星图的部分细节，是中国唐代（618—907）一幅卷轴的一部分。它显示了北半球夜空中的12个部分。为了确定季节，天文学家在上半夜从北斗星座的“斗柄“方向进行观测。北美洲人称这一组星为大熊星座。你能找到它们吗？

另一个基本问题是关于“很小”的：生命的本质是什么？由此也能引伸出很多问题：原子是什么？有比原子更小的粒子吗？什么让我们与众不同？最后，一个“大问题”：是否有什么东西将我们与恒星及所有其他生物联系起来？

恒星一直是人们关心的重要问题之一。如果不了解恒星，就无法了解我们在宇宙中的位置。对此，绝大多数古人混淆了神话和事实，只有极少数人坚持观测天空并进行记录。中国古代的智者们绘制了恒星和行星的运行路径，识别出了300多个星座，总结出了日食和月食以18年为周期的规律。他们将发现记录在甲骨上，并传给后人。

对于世界从何而来这一问题，中国古代的学者们对此并不十分关心。对他们来讲，世界就在那里。他们所关心的是自然界将“如何”变化，而无需知道“为什么”。为把握和利用这种“如何”，他们需要进行测量、称重、比较和懂得数字。

数的出现是科学上的奇迹。宇宙的运行规律似乎可以用数字、比率和数学公式精确地表示出来。17世纪的意大利数学教授伽利略·伽利莱（Galileo Galilei）曾写道：“直至我们学会了描述宇宙的语言并熟悉了它的特征后，我们才能读懂宇宙。而宇宙正是用数学语言来描述的。”希腊哲学家柏拉图（Plato）在此很久之前，也表达过相同的观点。21个世纪之前，柏拉图曾说过：“世界是上帝写给人类的书信……它是用数学语言写成的。”1955年，当诺贝尔奖获得者保罗·狄拉克（Paul Dirac）在莫斯科大学作演讲时，听众要求他综述他的物理哲学。于是，他用大写字母在黑板上写下：“PHYSICAL LAWS SHOULD HAVE MATHEMATICAL BEAUTY.”即：“物理定律应具有数学之美。”这块黑板连同这些字一起被保存至今。

这是数学美吗？我们都认为花儿是美丽的，也看到花瓣数和空间分布都符合数学规律（详见第 9 章和第 25 章）。艺术和建筑业都模仿自然之美。特别是在哥特时期，欧洲的建筑之所以风靡于世，对大自然中的数字和几何的理解是其成功的关键所在。左图为法国巴黎圣母院中 13 世纪的玫瑰花状彩色玻璃北窗，玫瑰花中的每个区域都包含有较小的几何图案。在环绕中心的花瓣中，是先知、神父、国王和法官的图像。

爱因斯坦的伟大方程式 $E=mc^2$，用真空中的光速 c 将能量 E 与质量 m 联系到了一起。这一方程表明：看似两回事的质量和能量，实际上是同一物质存在的不同形式而已。而这种统一性被他睿智地表达成了如此简单的方程。

难道这就是狄拉克所说的“数学之美”？那么，玫瑰花瓣的数值间距、向日葵籽排列的螺旋花样、象牙的弧形曲线呢？它们不是随意的，而是可以用数学预测的。（注意：这里所说的可预测性，只是对诸如玫瑰花、向日葵、象牙等物体在大样本情况下的统计平均图样。我们永远不能预测其中某一个物体出现何种花样。）

几何学的诞生

我们认为是古埃及人由于现实需要，发明了关于形状、空间和测量的几何学，特别是要处理难以对付的河流带来的问题。每一年，尼罗河水都要泛滥。洪水过后，沉积的泥沙使农田变得肥沃，但也将原来划分各家田地的边界标志冲刷得无影无踪。你可以想象愤怒的农民们因不清楚土地归属而产生纷争的激烈场景。这种纷争常使邻里失和。古埃及人将这种行为的后果看得如此严重，以至于在他们编著的《死亡之书》（一部宗教巨著）中说，死者的灵魂必须要向神灵发誓没有用欺骗的手段占有邻居的土地。

对古埃及的统治者们来说，征税甚至比亡灵更重要。法老们要按面积向土地的拥有者征税，因此，需要知道各人土地的面积有多大。

为解决这一问题，每当尼罗河泛滥之后，调查人员都要重新勘验土地。他们通常以三人小组的方式工作，使用的测量工具是我们熟知的绳子（因为它可以很长），用在绳上打结的方式来标记长度单位。他们掌握了将土地分为矩形或三角形的方式来测量地块的大小。因此，人们普遍认为几何学就是这样诞生的！

希腊历史学家希罗多德（Herodotus）曾对埃及的数学（对希罗多德而言，这已经是历史）作如下评述：

古埃及国王塞索斯特利斯（Sesostris）三世在埃及颁行了居民分地方案，使每人都分得等大的方块土地，每年他从土地租金中获取大部分税收。土地的持有者每年都要按土地的大小缴税。如果某人的土地被河水冲刷掉了一部分，那么他要向国王说明这一情况。国王将派员前往调查，并测量被河水冲掉的土地面积，此后则按损失土地所占总土地的面积比例减少他的赋税。由这一事实，我认为，几何学最早为埃及人所认识，后来传到了希腊。

在当时，古埃及的数学家是很有名的。当然，他们也影响到了地中海沿岸的其他地区，对希腊的影响尤为显著。但埃及人的几何学从没超越日常应用的范围。是古希腊人把它更具抽象性，将几何学作为一种纯粹的科学推理来研究。

左图为调查人员正在用打着结的绳子测量土地。这幅壁画被发现于曼萨的一座法老的书记员和地产巡查员的陵墓中。陵墓建于公元前约1400年。

数学和自然之间密切结合的关系，即使我们没有掌握深奥的数学技能，也能够感受到它的存在。它也是科学故事的基本组成部分。

我们在此起步，回到科学的起点，准备欣赏即将向我们呈现的这一场科学史大戏。这是人类试图理解宇宙而进行的艰苦探索。也正是这种探索宇宙奥秘的伟大思考，使我们人类变得如此与众不同。

为了理解我们所处的世界，我们需要观察、实验，并进行大量的思考。早期的天文学家们胜任了这一挑战：在画出星空图样的过程中，他们取得了令人惊讶的成就。其中之一是，一些人学会了预报日食和月食。而这意味着他们已经认识到，日月运行是有章可循的。

有一些古代的天文观测者聪明地用掌握到的知识为社会服务，使其运作更为高效。而另一些人仅仅用此来获取权力。

当时，几乎所有人，无论是聪明的还是邪恶的，真学者还是伪学者，他们都具有共同的信仰：天空是由上帝操控的，而上帝的想法和行为是不可知的。令人惊奇的是，后来在地中海沿岸一隅的思想家们，开始对这种想法提出了质疑。他们启动了将科学与神话剥离出来的进程。但科学的大观念，即宇宙的运行遵循我们人类能够理解的数学定律这一思想，还尚需时日才能产生。

这是一个用大理石雕成的星空观察者小雕件，出土自爱琴海南部的基克拉泽斯群岛，据说其为 4 800 年前的作品。观察者具有带棱角的头部和凝视天空的眼睛，这是青铜器时代早期基克拉泽斯文化时期文物最为显著的两大特征。

制历：历法的编制者因月而痴，为月而狂

当各路神祇同在，
有管理动物之神，
有专司山岳之神，
有点亮日月星辰之神。
什么是他们的共同信仰？
什么是他们的共同纽带？

——格温德琳·布鲁克斯（Gwendolyn Brooks，1917—2000），美国诗人，《在麦加》

那都是因为月亮走错了轨道，
比平常更接近地球，于是让人发狂。

——威廉·莎士比亚（William Shakespeare，1564—1616），英国剧作家和诗人，《奥赛罗》

大概是因为月亮才使人们想到用它的运动状态来持续地记录时间。银色的月亮从新月（完全不可见）开始，到满月（最大最亮），再回到新月，历时29.5天。每一位天空观测者都会看到这一过程中月相图样的变化。追踪这种变化，可以获得很多有用的信息，如能预知哪个夜晚将伸手不见五指，哪个夜晚可以外出狩猎等。当然，还可以作出诸多其他预测。

进行苦苦探究以期了解宇宙奥秘的古人，认为月亮和行星的运动会影响到地球上人类的行为。他们还相信行星的位置能决定人的命运（这也是占星术所宣称的）。他们没有认识到这是错误的，但这却给了他们仔细研究星空的理由。

在美索不达米亚乌鲁克出土的这块约3 000年前的泥板上，有用楔形文字写下的星相学日历（详见第32—33页）。

这是发现于法国勒皮卡德一座坟墓中的鹰骨。据说已有13 000年的历史了。上面的一列刻痕是无意刻上去的，还是故意为之？研究石器时代文物的专家说，它们确实是人类有意刻上去的，目的可能是记录月相。在别处发现的其他骨头上也有相似的图案。难道这就是早期的日历吗？

观察月亮，它似乎是一个不太大的扁平的圆盘。那时人们能认识到月亮自身不会发光，月光仅是反射太阳光吗？看来不可能。

敏锐的观察者能意识到从地球上只能看到月球的一个侧面吗？有一条线索是：我们看到的月面上的阴影从未发生过变化。思考这一问题的人可能会问："我们为什么看不到它的另一面？"这确实是一个需要解答的谜题。

还有一个大的谜题是："我们为什么不能一直看到满月？是什么导致了月相的变化？"人们对这一问题的探究是长期的、艰难的，它困扰了我们人类好多个世纪。

虽然当时无人能理解天空中发生的事件背后的真正原因，但是每个人都能看到夜空中的月亮，并注意到周而复始的月相变化。于是便给了古人们测量流逝时间的一种方法。

古人们是如何记录这些测量结果的呢？人们在南非靠近斯威士兰的莱邦博山发现了一块有价值的狒狒腿骨，其上面刻有29个缺口。（斯威士兰是一个内陆国家，位于莫桑比克的南面，离非洲大陆的东海岸较近。）这块看似某种计数物的骨头大约为37 000年前旧石器时代的物品。骨头上刻出的记号有可能是月亮在天空中运行的记录吗？这是一个早期的日历吗？

这是非常重要的：假设你从现在开始采用阴历，并把阴历年的第一天作为播种时间。3年后，你将过早地播种一个月。10年后，你将在冬至时播种。33年后，你又将回到正确的播种时间，这也意味着阴历年的第一天整整穿过了一个太阳年。

——艾萨克·阿西莫夫（Isaac Asimov，1920—1992），美国科普作家

对此，我们虽然不能给出肯定的答案，但确实知道古代的美索不达米亚人、中国人和美洲人利用月亮计时，并编制出了最早的日历。美索不达米亚的巴比伦人用12个29.5天的月亮周期（或说月）创造了354天的"年"。

季节是如何产生的?

季节是由于地球的倾斜造成的。无论何时、何人提问,这是适于记忆的最简短答案。关于季节与地球离太阳的远近有关的说法,是一种常见的错误。正确的说法是:由于地球的倾斜造成的。这一说法值得反复强调!

将光线照向地球仪(或其他球体),能看到直射光线和斜射光线间效果的巨大差异。倾斜使得地球上一些地区受日光直射(像赤道一直温热),而另一些地区受日光斜射。本书后面还要就此进行更多的论述。

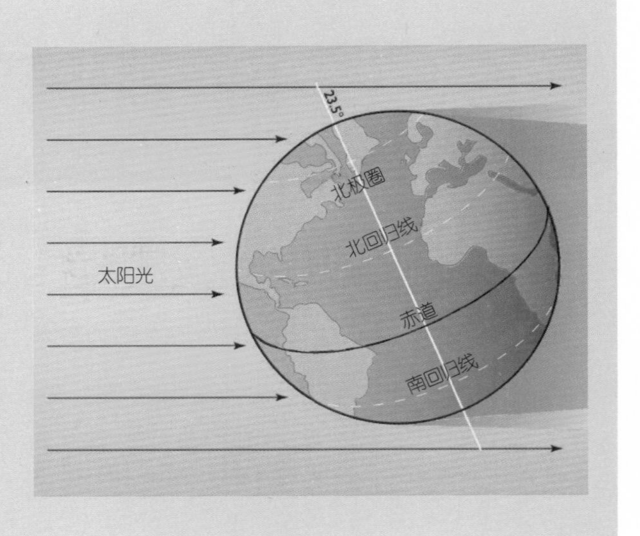

对这种日历的编制者来说,不幸的是,这种“月亮年”无法跟比它多11天的“太阳年”同步。然而,决定季节的是太阳年。在农耕社会中,编制日历的重要目的是要准确地知道何时播种、何时收获。问题就来了,在巴比伦人的日历中,要补充额外的天数,才能跟上季节的节拍。

即使“月亮历”存在缺陷,但人们仍坚持使用它。月亮对人类有一种神秘的吸引力,这使它蒙上了一种宗教的灵感和浪漫的色彩。诗人歌颂月亮,人们在月光下翩翩起舞,祭司们频繁地向月神祈祷。有比这更能说明人们对她的热爱吗? 19世纪的日本诗人小野小町(Ono no Komachi)曾写道:

这是一个无月的夜晚,
没有办法能遇到她,
……我的心在火中消蚀。

在尧帝时的中国(公元前约2357年),人们就已创立了阴历,这也是一种以月亮运行规律为基础的日历。但人们很快发现它滞后于季节,因此用每19年加上7个月的方法进行调整。

中国人、犹太人和伊斯兰的日历都是以月亮运行为依据的阴历。（实际上中国古代使用的历法基本上都是阴阳合历。）伊斯兰日历的一年是由 29 天和 30 天交替的 12 个月构成的，没有划分四季。因此，在伊斯兰教需要禁食的神圣斋月，不同年份出现的时间也是不同的。（想象一下：如果圣诞节由冬天移到了春天，再移到夏天，又移到秋天，最后回到冬天。那将是多么奇怪的事情啊！）

据我们所知，古埃及文明是最早根据对太阳的观察来编造历法的文明。是什么使古埃及文明与其他文明的路数不同呢？

上图为犹太历，记录了称为奥默（Omer）的一段时间，即从逾越节次日到五旬节前一天的 49 天。既然用的是阴历，故其是逐年变化的。下图为基色历（公元前约 925 年），其用希伯莱文刻在石灰石板上，标有季节、播种和收获时间等。

大概他们注意到了天空中最亮的那颗星——天狼星（也被称为狗星），会季节性地消失在天空中。当它再次出现在埃及黎明的天际时，恰好与初升的太阳在一条直线上。它出现之时正是埃及的母亲河——尼罗河每年一度的泛滥之日。这使人们认为天狼星的再度出现具有神奇的色彩。这一天便成了埃及的新年，也是月亮女神透特（Thoth）之月的第一天，就是我们现用日历的八月下旬。通过对天狼星的出现年复一年的观察记录，埃及天文学家总结创立了 365.25 天的太阳年。他们的日历也将一年分为12 个 30 天的月，剩余的 5 天用于作为一些主要神祇的生日。每过几年，还要在一年中再加上一天，以补偿那多余的四分之一天。我们今天采用的日历，都用设闰年的方法解决这一问题，因此可以说现在的日历是从古埃及人发明的日历演化来的。

这种日历对智慧是无法忍受的，对天文学是恐怖的，对数学家而言只是笑柄。

——罗杰·培根（Roger Bacon），英国哲学家，摘自他写给教皇乌尔班四世的吁请信

古埃及人和其他一些人认识到，四季轮回和日的长短取决于太阳和月亮如同跳芭蕾舞般的位置变换，当时人们尚未认识到地球也是在绕自身的轴自转的，犹如芭蕾舞演员的“脚尖旋转”一般。生活在北半球（欧洲、北美洲、亚洲等）的人，都知道6月21日（闰年为6月20日）太阳位于“顶点”（或“最高点”）。这是一年中最长的一天。这一天就是大家熟知的夏至，亦即夏季的第一天。而在南半球（非洲、南美洲、澳洲等），6月21日则是冬至，亦即冬季的第一天。

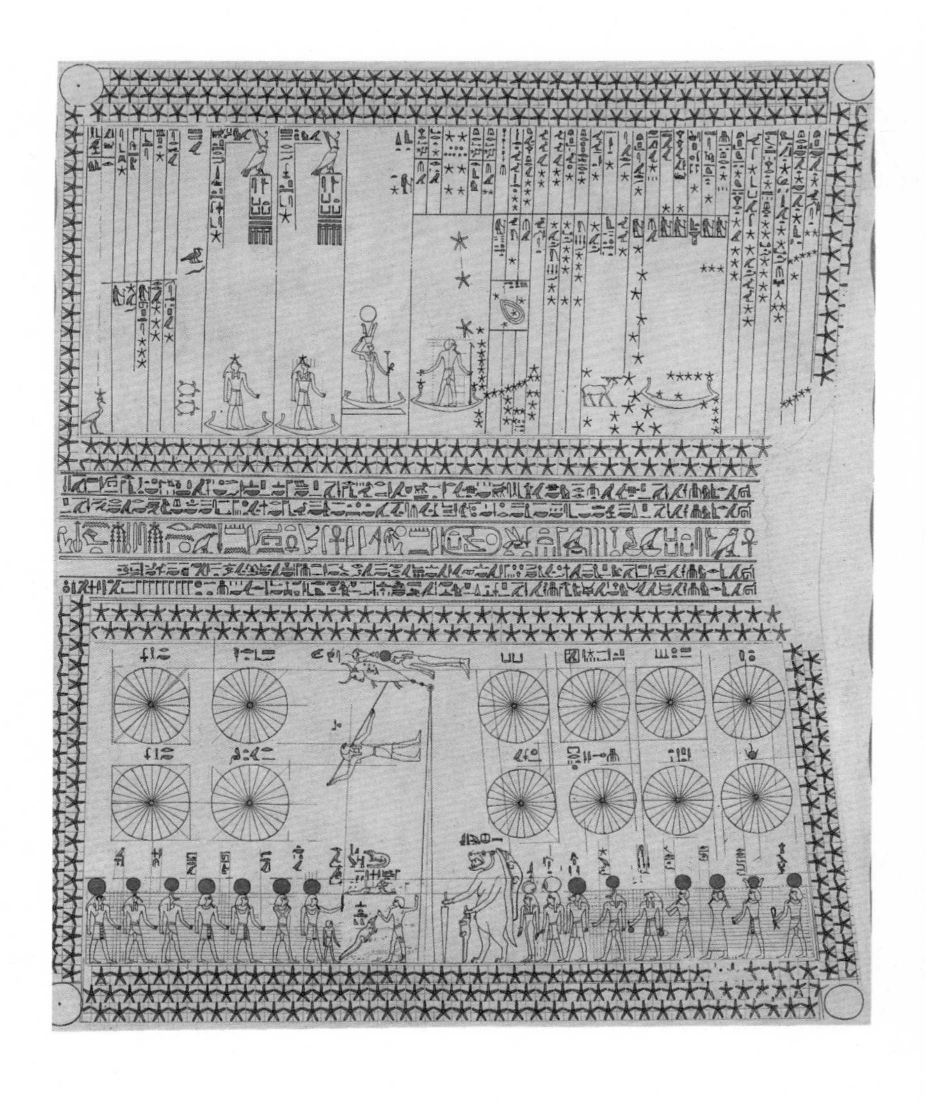

这幅有残缺的画是绘在塞奈姆特（Senmut）陵墓中天花板上的。塞奈姆特是唯一的女法老哈特谢普苏特（Hatshepsut，公元前15世纪）的谋臣。画中描绘了天体在天空中分布的景象。上半部分为夜晚的情况，下半部分为日间的情形。上半部分给出了猎户座在夜空中位置的变化轨迹。猎户座的三颗星星，赫然出现在总是向后看的天界摆渡者 Herf-Haf 的头顶。女神伊西斯（Isis，头上顶着太阳者）和其他诸神都单独乘船跟在摆渡者后面。画中也出现了火星、金星、木星、土星等行星。在下半部分，诸神头顶实心太阳圆盘，沿着底部走向中央。12个巨大的带辐条的圆代表阴历中的12个月和宴会日。

6月21日后，情况就发生了变化。在北半球，太阳一天比一天略低地出现在天空中。在12月21日出现在地平线上方的最低点。这一天也是我们熟知的冬至，是一年中最短的一天。但在南半球，情况恰恰相反。如在阿根廷的布宜诺斯艾利斯，12月是白昼最长、最热的时期。夏至和冬至可统称为“至日”。另外两天，3月20日（或21日）和9月22日（或23日），是日间和夜间时间相等的日子，分别称为春分和秋分，统称为“分日”。

为了准确预报和描绘春分和秋分、夏至和冬至，需要持久的天象观测和长达数世纪的详细记录。然而，地球上好几个文明都做到了这一点。

日复一日，太阳都是在与前一天不同的时间和地点从东方的地平线上升起来的。上面的这幅照片证明了这一说法。实际上，这是一年内在每天早晨同一时刻拍摄同一空域的一系列照片所合成的。图像中的最高点和最低点显示了至日早晨太阳的位置：左边是6月的，右边是12月的。因为这张照片是在北半球拍摄的，其夏至日为6月20或21日，而在南半球，此时恰逢冬至日。

这种按年出现的“8”字形图案被称为日行迹。如果地球的轨道是圆的（实际为椭圆），且它的自转轴也不倾斜，则将不存在日行迹，太阳也将在每天相同的时间出现在相同的位置上。

月亮为什么会发光和消失?

无论月相如何,月亮始终只有一面朝向地球 ,这一面看起来斑痕累累。将该图上下倒置,这时的月亮就是在澳大利亚和阿根廷所看到的样子。另外,月亮这一面直接对着太阳时,我们才能看到满月,因为这时朝向我们的月面全部反射阳光。傍晚太阳西沉时,满月东升;清晨太阳东升时,满月西沉。满月是唯一能整夜看到的月相。当你看着月亮时,想一下“现在是什么时间?”“太阳在哪里?”就很容易理解所看到的月相了。

在很长的时期内,没有人知道月相的成因:月球绕着地球运动,同时地球也绕着太阳运转。月球自身并不发光,但当它面向太阳时,就将阳光反射向地球。照射到月球上的阳光约有 7% 被反射到地球上。在某个夜晚,月球相对于地球和太阳的位置,就决定了我们所看到的月相。

当月球位于太阳和地球之间时,它被太阳照亮的面朝向太阳,但却背对着地球,因此我们看不到月球。这时的月亮称为新月,但这种情况很少见。随着月球绕地球的转动,它被照亮的面开始逐步映入我们的眼帘。开始时,它呈被剪下的指甲条形,然后逐夜变宽,越来越明晰。新月过后约一星期,我们将能看到如半个圆盘那样的月亮。月球这时恰好位于其运行轨道上的四分之一处,我们称之为上弦月。再过一个星期,满月出现了。这时月球朝向我们的一面也对着太阳,满月如光洁的银盘整夜照耀,使我们眩惑。

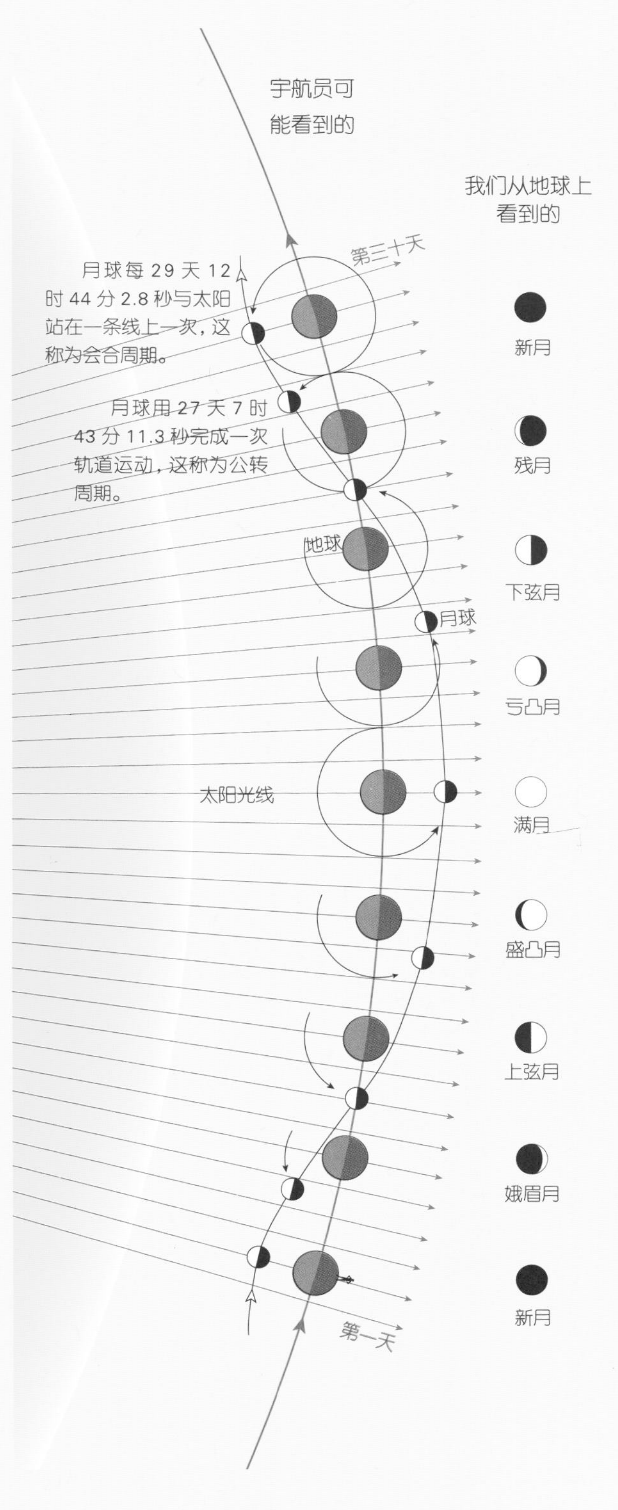

科学书籍中常说起如左图所示的“月球 8 相”。但正如右图中照片显示的那样，实际上不止这 8 相。从右下角的新月到左上角的银光尚存，月亮的渐变使我们难以准确地讲清楚何时是满月、亏凸月、下弦月或娥眉月。

亏凸月的英文为 gibbous，来源于拉丁文 hump，意为“未全满”。盛凸月是正在向满月“长大”的过程，而亏凸月是上满月“收缩”的过程。

左图中，由底部开始，想象一下我们站在蓝色的地球上观察在轨道上运转的月球，月相显示了我们从地球上看到的月亮在天空中的形状。而宇航员从太空中看到月球，对他而言，无论月球的哪一面朝向太阳，他看到的总是半个被照亮的月球。

（图没有按比例绘制）

在墨西哥的帕伦克，有一座玛雅人建造的天文中心（600—800）。这一用于祭拜仪式的建筑物所在的位置精确地位于一条线上，其所作的精心设计使其在冬至日阳光能准确地射过其内部的一个凹槽。建造它既可用于表演，也可很好地作天文研究之用。具有相似用途的建筑物还有英格兰的巨石阵，它是在公元前3000—公元前1500年用巨石砌成的圆阵。在欧洲还有几千处相似的遗址，它们可能都曾是太阳崇拜的中心。

考古学家将上图中的复杂建筑称为“宫殿”。它位于墨西哥的南部。虽然它的作用可能是作为古玛雅人的帕伦克城市管理中心。遗址上竖起的塔是天文台。最初，其顶部是没有盖子的。现在，参观者仍能直接从山下较远处庙的石碑上看日落。

为什么至日是如此重要呢？难道古人担心太阳不会日复一日地重复运行吗？还是揣测冬天会永远延续呢？在冬至来临时，就要举行感谢上帝的仪式。嗬，如果我们能与古人一起前往巨石阵参加这种仪式，去发现人们的想法该有多么好呀！我们现在游览巨石阵，仍可以看到令人叹为观止的遗址和奇观。

建造巨石阵的目的是迎接夏至的来临。在6月20日或21日北半球一年中最长的一天，人们可以站在巨石圆阵的中心，观看太阳在巨大的鞋跟状的踵石顶端“驻足”。

在玛雅文化中，每一位神都与一颗星联系起来。人们希望，通过对星辰位置的研究，大祭司们能够预言哪些神灵将在特定的时间内管理世事。也就是说，借助诸神的力量，他们可以预言何时何地将有好运降临；或者由于恶魔现身，何时何地将出现灾祸。当然，这不是科学，而仅仅着眼于"魔法"或神话。然而，正是由于玛雅人对星空的观察，诞生了现在已知的世界上最为复杂的历法。

这些是刻在石灰石楣梁（用于门、窗、壁炉的顶部）上的玛雅占星符号。它们组合起来代表公元 526 年的 2 月 11 日。一些符号表示日和月，侧面的神头表示数字。

实际上，它是由三种历法一起和谐地运作的：第一种是基于宗教月的 260 天的历法；第二种是基于太阳运行的 365 天的实用历法；第三种是长期历法，它始于公元前 3114 年，终结于 2012 年（并再次开始）。要使这三种历法的功能和谐兼容，其难度就如同校准自行车上的三个大小不同的链轮，使它们同步转动一样。然而玛雅人做到了！

没有一种古历法能做到百分之百准确。因此，在其后的多个世纪中，人们一直在不停地调整和微调历法。历法是人类组织时间的方式。我们大多数人用两种方式做到这一点：一种是借助钟表，另一种是借助日历。钟表给出的时间是周期性的：从早到晚无穷尽地重复。但日历给出的时间是线性的，它的"时间线"上有过去、现在和未来。

一周各日：以众神之名

天体 / 神		一周各日的名称			
		巴比伦	罗马	撒克逊	英国
太阳	星期日	Shamash	Sol	Sunnan (or Sun)	Sunday
月亮	星期一	Sin	Luna	Monan (or Moon)	Monday
火星	星期二	Nergal	Mars	Tiw	Tuesday
水星	星期三	Nabu (or Nebo)	Mercurius	Woden	Wednesday
木星	星期四	Marduk	Jupiter	Thor	Thursday
金星	星期五	Ishtar	Venus	Frigg	Friday
土星	星期六	Ninurta	Saturnus	Saeturn (or Saturn)	Saturday

古埃及人将太阳神命名为拉。这幅彩色壁画（公元前约1300）发现于德尔美娜（位于底比斯西部）的赛内杰姆（Senedjem）陵墓中，它将三部神话结合在一起。从左开始，太阳在两棵无花果树间升起，然后以小牛的形象出现，最后成为鹰头上有蛇盘绕着太阳的拉。

时间的冥想

21世纪的阳历年确定为365天5时48分46.5秒。与公元元年相比，地球已经每年慢了10秒。这主要是由于地球自转每世纪平均变缓0.5秒。直至20世纪中叶，才有人怀疑地球自转一直在变缓，但却无法进行精确测量。后来，科学家基于铯原子频率（代替地球自转）对秒进行了重新定义。微观尺度的原子钟（在真空中用微波探测铯原子）给出的时间精度达到了10亿亿分之一秒。

在古代，计时工具和日历几乎都为诸如祭司、天文学家、数学家等上层人物所占据。古埃及先知将一天定为24个小时，可能是因为他们认为太阳神拉白天要巡视12个星座，而夜间要巡查地底的12个区域。

古巴比伦天文学家给出了星期的概念。他们注意到天上有5颗非同寻常的星（都是行星），再加上太阳和月亮，由此定义了每7天为1个星期，而且用其中的天体为每一天进行命名。但多个世纪以来，古希腊人没有星期的概念，而古罗马人却有着为期8天的星期。

至于小时，古人通常都是用日晷来测量的，但到了夜晚就失效了。另外，这些日晷测量时间的偏差也广受诟病。生活于公元前约200年的古罗马喜剧诗人普劳图斯（Plautus）曾作诗云：

> 诸神诅咒第一个区分小时的人，
> 也诅咒在此处建立日晷的人。
> 将我的一天卑劣地劈裂开，
> 成为微不足道的小部分。

普劳图斯会如何评价现代能够精确到纳秒级的原子钟呢？它可是将一天劈裂成更加微不足道的小部分了。但这时，已具备了丰厚知识的我们会问："时间到底是什么？"

我们已经知道时间并非如它所显现的那样，而是具有相对性。这意味着，坐在课桌边的我和在太空中遨游的宇航员相比，时间会有稍许的差异。但是，我若与以接近光速在空间穿行的旅行者相比，时间就有很大不同了。日历是不是也这样呢？没有理由相信我们当今使用的日历会一直用下去。想象一下：假如你是一位宇航员，当你已经飞出太阳系后，还能使用与太阳紧密相关的日历吗？

以宠物命名星座

古巴比伦人注意到熟悉的"星组"，就像走亲戚那样，在每年的相同季节出现在相同的位置，然后又消失了。于是对这分别在每个月出现的 12 个"星组"，人们各给了一个宠物的名字，即用动物名称为它们命名。这种每年一次出游的天体动物，构成了 12 个黄道带星座。

上图是一幅 15 世纪早期意大利佛罗伦萨圣劳伦斯旧圣器室中的穹顶画，描写的是生动的黄道带图景，太阳在双子座和巨蟹座间窥视。左侧狮子座威武的狮子正向其逼近。

取一个数字，然后写下来

古代的美索不达米亚人是如何写书信的呢？他们把要写的话压在泥板上。上图所示为国王写给高级官员的信，下图中的泥板列出了山羊和绵羊的数量。

人类是从何时开始学会计数的？是想到用手指和脚趾计数，还是由数自己的孩子或羊引发的？

不论计数何时发端，它是算术（关于数的加、减、乘、除）之始是勿容置疑的。而且，算术与几何（关于形状、空间和测量）一起，构成了数学的基础。

起初，人们为了计数而使用了诸如在小棒上做记号、在骨头上刻缺口、堆卵石、打绳结等多种方法。但随着城市化的到来和大宗贸易的出现，就有了对薄记系统或书写记录的需求。因此，人类最早的书写内容可能只是商业贸易的记录，后来才发展出记录所有语言的文字。

数的概念不论在哪里都是缓慢形成的。数 6 的符号，当其表示 6 条鱼时，通常与表示 6 袋麦时不同。数目脱离所属的物件而成为抽象的概念，用了几千年的时间。

写下来

古埃及基于图画的文字称为象形文字。它通常被刻在石头上。我们有一块写于公元前3000年的象形文字样本。象形文字非常难学，而且，刻起来也非常缓慢。现在它们可能只残存于陵墓或庙堂的匾额之中（现在这些场合也都改用罗马数字了）。对于日常的书写，古埃及人开始使用一种简化的方法，称为僧侣抄写法。慢慢地，它变得一点也不像最初的那些象形文字。

古埃及的抄写人员将文字写在莎草纸上。这种纸是用在尼罗河两岸繁茂生长的较高的类似芦苇的草做成的：将这种植物的根部做成薄条状，使它们的边缘相互重叠而连成整片；再将一层成直角交错覆盖在另一层上；然后，将这种如织物般的“纸”整体放平、压紧并抛光；最后，将20片或更多的这种“纸”的边相互粘连成一条长卷。莎草纸如同大多数纸一样，不能保存较长的时间。因此，我们没有多少这种僧侣们抄写的古埃及文字样本。

古希腊人日常书写使用的是覆盖有一种蜡的小石板块，可以用尖头状的笔在其上书写。要想擦除它们，只需将蜡弄平就可以了，但蜡也是很容易变形模糊的。

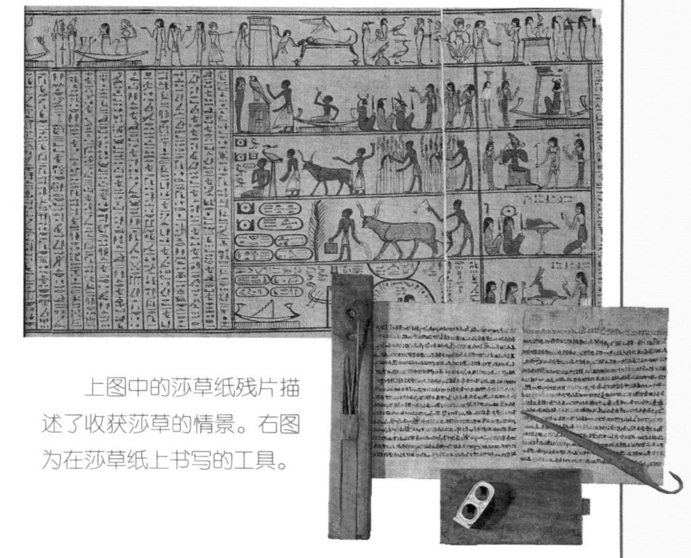

上图中的莎草纸残片描述了收获莎草的情景。右图为在莎草纸上书写的工具。

在古印度一些依河而建的城镇中，一种能与古巴比伦和古埃及相媲美的文明随着书写的发展而日臻成熟，但我们还未能破译发现于那里写有文字的黏土板，所以对其细节尚不清楚。

从擦刮记号和用卵石计数到用数学语言，这如同在黑暗的房间里打开了明灯。首先出现的是表示数字的语言，之后才出现数字的书写符号。

在美索不达米亚，有着丰富的黏土和长在河边的芦苇资源。用黏土可以塑成书写泥板，再在阳光下晒干使其变硬。将芦苇斜着割断，就成了尖锐的书写工具。当将它压在黏土板上时，就在其上留下了楔形符号。正是根据这些符号的形状，我们才将苏美尔人的文字命名为楔形文字。英文中的“楔形文字”一词为cuneiform，来自于拉丁文cuneus，意为“楔子”。

数以千计的写有楔形文字的泥板躲过劫难保留至今。它们中的大多数记录的都是日常生活必需品，如啤酒、面包、大麦等。我曾看到过一块泥板，上面有一些符号记录了每日分配给一个工人的大麦数量，其他符号显示有1 800份大麦的需求。这是有人在做一宗大生意，还是在计划供应一整座城市？

正因为有这些长期流传下来的泥板，我们知道了苏美尔人能够解决较为复杂的算术问题，通常都与比例有关。能够从事数学计算的人，在当时可能是一个封闭的团体，他们严守着自己所掌握技能的秘密。

伊奥尼亚？什么是伊奥尼亚？

即使有很多叶子，但根是唯一的。

——威廉·巴特勒·叶芝（William Butler Yeats，1865—1939），爱尔兰诗人，《随时间而来的智慧》

我们围着圈跳着舞，心里揣度；
奥秘则端坐其中，洞悉一切。

——罗伯特·弗罗斯特（Robert Frost，1874—1963），美国诗人，《秘密地点》

在这天地间，有许多事情是人类睿智的哲学所不能解释的。

——威廉·莎士比亚，英国剧作家和诗人，《哈姆雷特》

人们所处的地理环境能够影响他们的文化吗？沿着爱琴海，大地母亲不再是害羞的花朵。虽然是如此的壮观和美丽，但她依然是喧闹的和难以驯服的，陡峭的山峦闪烁着白光。灰绿色的橄榄树和杂乱的灌木挤满了山坡。天蓝色的水围绕着原生的大地。强烈的阳光透过蔚蓝的天空挥洒而下。但这却不是生活的安逸之地。庄稼长不好，骇人的地震和火山留下道道伤痕，大海吞噬着生灵。

讲希腊语的人们，居住在大海冲刷的土耳其、希腊，以及它们之间的岛屿。为了生存下来，他们需要敏锐的思维，并且一直要发展这种能力。约在 3 000 年前，有一些希腊人开始采用新的方式进行思考。在那时，绝大多数人的思想和行为受迷信和恐惧控制。那些宣称拥有神权的统治者教导了他们这种思考方式。但在土耳其沿岸的伊奥尼亚，却没有这种被视为神的统治者。城市在这里发展壮大。商人和旅行者带来了新思想，普通人也在为自己而自由地思考。其中有一些人用清晰的、无所畏惧的思维审视着这个世界，并凭借他们自己的观察得出了结论。

约公元前 500 年的希腊花瓶。上面的图案为一头将要宰杀的牛被牵到十字架旁，在它的周围是祭司和诸神。

奥林波斯

要记住希腊神话中所有的神是一项非常艰苦的任务，因为太多了。据说这些神都居住在奥林波斯山上，具有超凡的法力且能长生不老。然而他们的习性又如同凡人：既令人讨厌、爱惹麻烦，又乐于助人、慷慨大方。

大概是因为这些传说越来越离奇，因此很多有思想的人就不再把这些神当回事了。但是因为这些神话具有好故事的一般特征，所以最终它们还是成了文化的一部分。现在，无人再崇拜或相信希腊诸神了，但这些神话故事却依然是我们喜欢阅读的佳作。

这幅在意大利曼托尼的德泰宫天花板上的壁画，创作于1535年，它显示了奥林波斯山上的混乱场面。图中朱庇特（Jupiter）手持雷电位于前景中。

但是在其他地方，世界看起来依旧神秘。诸神看起来喜怒无常。人们把珍贵的财产，甚至是自己的孩子，作为牺牲奉献给诸神，试图以此来愉悦不可知的力量。他们还远没有意识到，存在可以理解的自然规律。

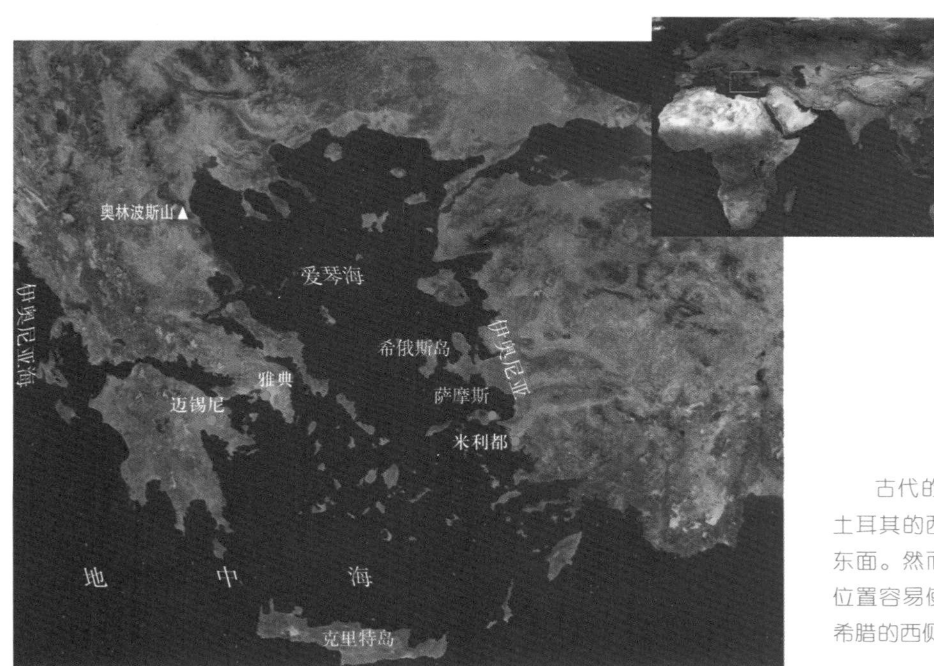

古代的伊奥尼亚通常认为是在土耳其的西部，也就是今天希腊的东面。然而，现在的伊奥尼亚海的位置容易使人产生混淆——它位于希腊的西侧。

“但是，”天文学家卡尔·萨根（Carl Sagan）写道，“在伊奥尼亚，发展出了一种新概念，人类伟大的观点之一，即宇宙是可知的。古伊奥尼亚人争论道：自然界有许多可以被揭示的规律，自然并非是完全不可预知的，她也有着必须遵循的规则。”

泰勒斯（Thales）是公元前6世纪的伊奥尼亚人，居住在繁华的米利都港区。他被认为是世界上第一个集哲学家、科学家和数学家于一身的人，也是第一个对观察到的事实寻求神话之外解释的人。同时，他也是第一个留有名字的科学家。

在泰勒斯之前，已经有留下名字的诗人。荷马（Homer），这位失明的伊奥尼亚吟游诗人，曾经于公元前8世纪写下了著名的史诗《伊利亚特》和《奥德赛》。他所记叙的特洛伊战争发生在此前400多年。早先，只有国王和神祇才能以自己的名字搞庆典。而到当时，诗人可以歌颂英雄、平民，甚至自己。

这幅油画描绘的是乌拉尼亚（Urania，她是天文学的守护神）和泰勒斯。其由意大利新古典主义大师安东尼奥·卡诺瓦（Antonio Canova，1757—1822）所绘。

巴比伦城曾经有着用釉砖装饰的城门，是由尼布甲尼撒二世于公元前 575 年建造的。这位国王用这一建筑表达对爱神和军队的保护神伊师塔（Ishtar）的崇敬。伊师塔城门的遗址于 1902 年被发现。其修复后矗立在德国柏林的佩加蒙博物馆中。

在另一片地中海沿岸的土地上，希伯莱诗人描述了冲突和爱，以及人类的小癖好（foibles）。在这个时候，个人主义（individualism）作为一种新事物，开始登上人类历史的舞台。伊奥尼亚不是出现个人主义的唯一地方，但各种思想在此相互碰撞、孕育和发展，因为这里是一个交汇地带。爱琴海的海浪轻轻拍打着伊奥尼亚，同时也冲刷着迈锡尼的沙滩。在泰勒斯时期，青铜器时代的壮丽城市已经消失，但其辉煌的传说依然流传。泰勒斯秉承迈锡尼人、米诺斯人和其他古人的智慧，这是一些对他来说已成为古人的人，如亚摩利人、加喜特人、赫梯人和以色列人等。

foibles 是指性格中的小怪癖。

在这些文化中，每一种都有一系列关于宇宙起源的故事。泰勒斯可能对它们都谙熟于心，同时可能还了解其他文明。后来，据一位名叫普罗克洛斯（Proclus，公元 5 世纪）的希腊人说，泰勒斯曾广泛游历。当时的地中海就如同今天的高速公路一样，向南通向埃及，向东、向西则通往其他港口。有一条路将泰勒斯的家乡米利都和传奇的城市巴比伦相连。巴比伦精明的尼布甲尼撒二世聚集了一批天文学家为其工作，巴比伦人此时已继承了苏美尔人，成为美索不达米亚文明的领跑者。

商人和学者从巴比伦前往印度、蒙古和中国学习那里的文化，并带回令人眼花缭乱的物品。在返回伊奥尼亚时，他们的行列中又加入了从波斯战场上退下来的士兵，从这些士兵讲述的异国故事中，他们又了解了那里的文化。士兵们赞叹自己军队的工程师创造了奇迹。其中有些机械现今仍在伊奥尼亚港应用着。

传说中的国王

你听说过国王弥诺斯（Minos）的故事吗？弥诺斯确实是存在的。他生活在条件极好的克里特岛上。当时希腊大陆迈锡尼的国王阿伽门农（Agamemnon）也在那里。现在，你可以去参观这两个地方，看一下那里华丽的遗址和奢华的珍宝。

这一出土自迈锡尼陵墓中的金面具称为“阿伽门农面具”，但人们对其身份存疑。

由于具备如此广博的学识，泰勒斯可能对当时人们所广泛崇拜的、喜怒无常的诸神很反感。神的故事已经走得太远了。泰勒斯大概意识到了一个新开端的重要性：要远离神话，并代之以观察和思考。他不用神来解释自然现象，而是要用自己的感知和智慧，并且教导他人也这样做。这就是人类历史上科学思维的起点。

除了后人转述的之外，我们对泰勒斯其人知之甚少。人们说他是多个领域的天才。他既是一位立法者，也是一位集建筑师、天文学家、数学家、教师于一身的全才。据说他曾成功预报了公元前585年出现的日食现象；他改变了哈利斯河的流向；他用测阴影长度的方法测出了金字塔的高度（为做到这一点，他很可能是等到一天中一根杆的阴影与杆一样长的时刻。此时，他测量出金字塔的阴影长度即为金字塔的高度，而测量阴影的长度是很容量做到的）。泰勒斯才思敏捷，他建立了事物之间的正确联系，实现了人类思想的创造性飞跃。他取得了一些很有用的成果。

对于当时的人们来说，泰勒斯所做出的最重要成果是，想出了用三角学知识测量海洋上的船到海岸的距离（详见第42—43页）。对于远航的人来说，这是一项伟大的成就。泰勒斯可能也是第一个运用逻辑推理证明数学命题的人，即从公理（人们普遍接受的规则）出发，通过一连串的逻辑推理，给出数学命题的直接证明。

他必定是将大部分时间都用于观察和实验了。例如，他发现用布摩擦一块琥珀后，这块琥珀就能吸附莎草纸屑等轻小物体。这说明泰勒斯那时已经发现了静电现象。虽然他当时无法解释其中的原因，但他肯定为此着了迷。希腊语，elektron 意为“琥珀”。英语中关于“电”的单词 electricity 和 electronics 的词根即源于此。

过去的说法

公元 3 世纪的作家第欧根尼·拉尔修（Diogenes Laërtius）曾说过：“泰勒斯被认为是世界上第一个研究天文学的人，也是第一个成功预报日食和确定至日的人。”

不必总是相信过去名人的说法。如拉尔修说泰勒斯是世界上第一个研究天文学的人，这种说法就不正确。在泰勒斯之前，古巴比伦人在恒星研究方面已经具有很高的技能了。他们和包括中国人在内的一些人早已能预报日食和月食了，显然拉尔修对此一无所知。

然而，过去的说法也能告诉我们一些重要的事情。如拉尔修告诉了我们所不知道的伊奥尼亚的一些事情。他第一次①给出了一些知识发现者的名字，如像泰勒斯那样的个人。在其他文化中，知识是统治阶级的财产，科学家却往往不为人所知。

那么，使泰勒斯出名的日食现象是怎么回事？他成功地预报过后，人们还有可能相信太阳是由太阳神赫利俄斯（Helios）用车拉着越过天空的吗？还有，赫利俄斯的儿子法厄同（Phaëthon）借走了这辆车，驾着它因为过于接近地球，宙斯不得已用雷电结束了他的生命。这是真的吗？事实上，很多人仍坚信这些。在数千年里仍将祭物放在柴堆上焚烧以献给宙斯。但泰勒斯和其他一些人反对老旧的超越自然的宗教，不相信所谓的咒语具有魔力的说法。他们面向大自然，探究其中的奥秘。正因为如此，他们被认为是所谓的“西方文明”的奠基者。

泰勒斯的个性又如何呢？比泰勒斯晚几代出生的古希腊哲学家柏拉图，在他的著作《泰阿泰德篇》中写道：“当泰勒斯仰望星空时，他失足掉到了井里，一位来自色雷斯的漂亮伶俐的女佣嘲笑他只热衷于天上发生的事情，却看不到脚下发生的是什么。”泰勒斯是如此专注于思考有关星空的问题，以至于没有注意到身边危险的井和美丽的姑娘。

泰勒斯的命题

泰勒斯提出的 5 个命题，是几何学发展的指导纲领。

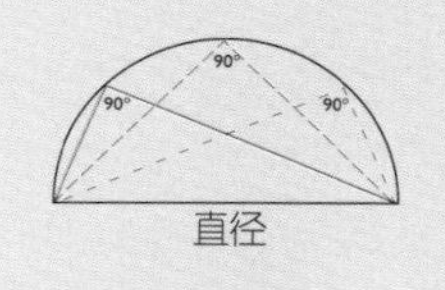

与一个半圆内接的任意角度都是直角（90°）。这就是著名的泰勒斯定理。

圆被直径二等分。

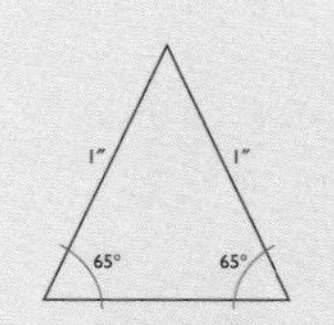

等腰三角形有两条边的长度相等，其相对的两个角也相等。

当两条直线相交时，由此形成了 4 个角，对顶角相等。

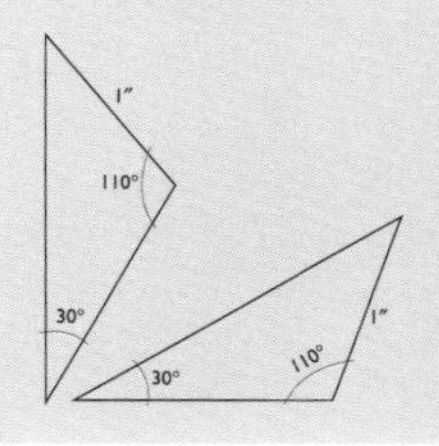

若一个三角形的两个角和一条边与另一个三角形对应的两个角和一条边相等，那么这两个三角形是全等的。

译者注：① 正如作者所说，我们不能完全相信过去的说法，同样我们也不能完全相信今人的说法。事实上，第欧根尼·拉尔修并不是第一个记载伊奥尼亚科学家的人。

母亲和物质

在最初的印欧语中，母亲（mother）和物质（matter）是同一个词 måter。其后德语中的 mutter，荷兰语中的 moeder，都具有母亲和物质的双重含义。在古人的头脑中，它们是所有事物之源。我认为古人的这一想法是正确的。

当泰勒斯因贫穷而受到责难时，他决定为此做一些事情。公元前4世纪的希腊哲学家亚里士多德（Aristotle）在他的名作《政治学》一书中写道：

根据传说，他运用所掌握的观察星辰的技能，在冬季就预测到来年的橄榄将会大丰收。于是，他用自己仅有的少量钱财，租下了希俄斯和米利都的所有橄榄油压榨机。因为没有人与他竞争，租金都很低。

当丰收来临时，橄榄油压榨机立即紧张起来。需要榨油的人只能照付他所索取的高价，因而他挣到了很多钱。由此，他向世界证明：哲学家只要愿意，就可以很容易地致富，只是他们的抱负并不在此。

换言之，挣钱不是他的目标。虽然他认为挣钱其实并不难，但他真正想做的是，去理解他所在的这个世界。

当时，苏美尔人和埃及人都认为，海洋是生命之源。泰勒斯多方收集证据以证明这一假设。他在远离海岸的内陆发现了一些海洋生物化石，他认为这就是证据。

然后，他又迈出了一步，他进而说水是世上万物的本原。在我们今天看来，他是错误的。但藏于这种假设之后的思想——自然界中的万物都由相同的微粒组成，却是我们仍在认真研究的方向之一。泰勒斯试图发现构成生命的基本单位或“元素”。当泰勒斯提出水（能以固态、液态、气态三种形式存在）作为基本元素时，人类至今仍在研究的、有关万物基本组成的科学，就有了一个合理的开端。

当其他人还在为自然界的神奇与奥秘而焦虑时，伊奥尼亚人提出了众多艰深的问题。为了寻求真正的答案，他们将目光投向周围的世界，而不是从神话和巫术中寻找解释。

科学家观察现象、收集证据、记录数据、分析思考，并进行推理。他们总是不断地提出问题。对科学家而言，不存在最终的答案。阿尔伯特·爱因斯坦认为科学是“永远没有完整的结果，而且总是会受到挑战或质疑”。伊奥尼亚人懂得如何去提问题，即使孩童也是如此。但一些成年人却失去了这种能力。请记住：科学家对词语特别挑剔。因此，我们在此重复以下定义：

假设：是对观察到的现象或事实的可能解释。

理论：对科学家而言，它是经过充分验证的解释。而在日常语言中，一种理论仅仅是一种观点。

大地是漂浮着的吗？

泰勒斯的另一观点是：地球是漂浮在水面上的；之所以会发生地震，是由于液体的运动造成的。他的说法并非完全不对，熔融的岩浆就是一层液体，地壳漂浮在岩浆上并在上面滑动。当两片地壳滑动到一起并发生挤压而变形时，哇！地震发生了。

如果地球是由整块固体岩石构成的，就不会发生地震了吗？想要了解地震的详情，请查阅有关板块漂移的理论。

圣安德烈斯断裂带是美国加利福尼亚州从地壳底到地表的大裂缝。该州的海岸线一侧是太平洋板块，它朝着大陆板块的反方向向西北伸展。板块边缘呈不光滑的锯齿状，这种形状的板块相互卡住。当它们的接触处承受不住巨大的压力而相互突然错位移动时，地震就发生了。我们可做一个实验来了解这一过程：握紧双拳，用力使双拳坚硬的关节相互抵住，然后用力使它们相互滑动。

泰勒斯曾问道："物质的本质是什么？"其意为：我们是由什么组成的？世界是由什么构成的？是否有一种物质将世间万物相互结合到一起？

世界充满了差异。然而伊奥尼亚人相信在所有复杂事物的背后，都存在着一个统一的解释。他们说得对吗？

现在我们仍在试图证明这一点，而且可能正在接近答案。我们已经知道了100多种元素，还知道每一种元素都是由被称为原子的非常小的粒子组成的。组成同一种元素的原子是相似的。长期以来，我们一直认为原子是所能得到的最小粒子。现在我们知道原子是由被称为基本粒子的更小的粒子（如夸克、电子、光子等）构成的。科学家正在探究是否能将这种粒子再细分下去，一直分下去……直至一些振动的小点。

泰勒斯的说法正确吗？所有生命都是由某种基本粒子构成的吗？回到现代科学，你将看到我们当今对基本粒子的研究可以用一个词来形容：如火如荼。

树上渗出的树脂将一些小动物困在其中。沉积后的化石即成为坚硬的琥珀。琥珀可制成作为珠宝来出售的漂亮饰品，不论其中是否有史前动物。上图中这只北欧波罗的海地区的昆虫于4 500万年前就被包在树脂中了。

用脑测量？

人眼所及远比手臂所及深远。每一位伊奥尼亚人，会随时站在爱琴海岸边，看着远处白色的斑点，即升起白帆的船缓慢地驶近。如果商人们能确切地知道商船离岸的距离，就能推算出它到达码头的时间，以作好贸易活动的准备。士兵们也能做好充分准备以迎击敌舰。但说起要测量广阔的距离，尤其是广袤无垠且无任何标志物的大海，这看起来似乎是不可能的。

泰勒斯发现了一种方法，即使在人们远望到的海船只是小斑点，还无法判定它是敌人的军舰还是商人的贸易船时，就可以计算出其离岸距离，并由此进一步推算出船到岸的时间。这个方法是运用思维的力量，将一个关于大尺度的难题，转化为一个小尺度三角形的问题。

有很多种数学方法可以达到这一目的，我们尚无法知道泰勒斯究竟使用了哪一种。因此，这里仅给出我们认为最可能的一种方法。

古希腊人喜欢在他们饮酒的器皿中看到航船。在公元前约 520 年，一位艺术家将船用黑轮廓的方式纤毫毕现地蚀刻成画。这种艺术形式被称为阿提卡黑纹画或雅典黑纹画（阿提卡是雅典所在的大区）。将地平线画成圆弧形，是否意味着人们已经意识到地球是圆形的？

什么是比率？

比率并不深奥。这是一种可以表示成分数的数学关系。换句话说，任何分数都表示了一种比率。将泰勒斯手持的小三角形与以海船为顶点的另一个真实大三角形作比较，在本页下半部举例的解答说明中，其比率为 1 比 100，这可用数学语言写作 1 ∶ 100。这表明小三角形边长是大三角形边长的 1/100。

但世界并非都是三角形的。假如你要比较完全不同的两个事物时，你通常将得到的比率称作“速率”或“变化率”（rate）。设想距离和时间之比，可以得到的一种比率为千米每小时。而设想钱数和时间之比：假如你 1 小时能挣 10 美元，则你要挣 200 美元需要多长的时间？这些比率是简单而又常用的。你可以用这种比率关系来作预测，例如预测你未来挣的钱数等。

几千年前的美索不达米亚人就把比率用于相似的目的。从流传下来的黏土板上，我们可以看到刻划在上面的比率算式。随着当时城市化的进展，比率也成为预报未来之必需了。例如：一个六口之家需要多少农田？ 1 000 户家庭需要多少粮食？知道如何使用比率作为工具，使他们处处占尽先机。

大多数比率问题都不是简单的。欧内斯特·泽布罗夫斯基（Ernest Zebrowski）在他所著的《圆的历史》一书中说：“在自然界这部大书中，没有任何东西要求所有比率必须恒定不变。事实上，大多数的比率都不是恒定的。例如，24 位划桨手奋力划桨，能使一条大船以 15 英里每小时的速度前行。但这并不意味着 48 位划桨手能使这条船以 30 英里每小时的速度前行，或者 144 位划桨手能使这条船以 90 英里每小时的速度前行。（事实上，如果这种线性关系成立的话，只要有足够多的划桨手，古人可能早就突破音障了）”一个不恒定的比率，如船速和划桨手数之间的关系，我们称之为可变比率。

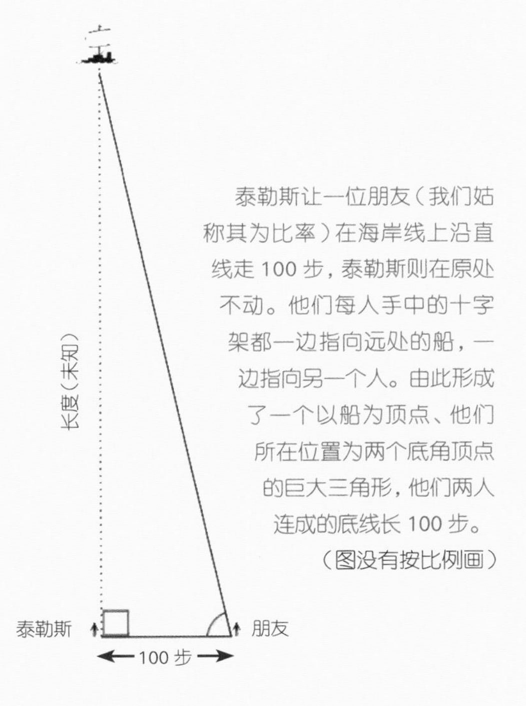

泰勒斯让一位朋友（我们姑称其为比率）在海岸线上沿直线走 100 步，泰勒斯则在原处不动。他们每人手中的十字架都一边指向远处的船，一边指向另一个人。由此形成了一个以船为顶点、他们所在位置为两个底角顶点的巨大三角形，他们两人连成的底线长 100 步。

（图没有按比例画）

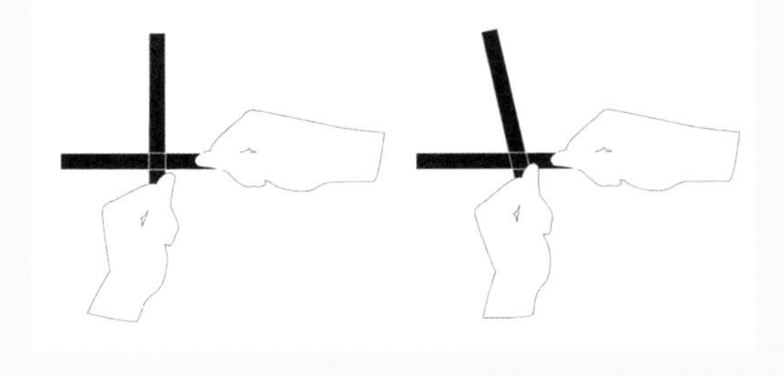

长 3.5 步

泰勒斯

朋友

1 步

然后，两人用手中测量角度后的十字架做成了一个与人和船构成的真实的大三角形相似的小三角形，两个三角形的三个角分别相等，但小三角形的底边长仅为 1 步，测得另一直角边长为 3.5 步。由比率可知，大三角形的底边长度是小三角形的 100 倍，则它的直角边也应是小三角形的 100 倍，故将 3.5 乘以 100，得出这位备受尊敬的伊奥尼亚人到船的距离为 350 步。

5 “A”团队

万物皆流，唯有变化永存……

学习是一回事，理解是另一回事……

要明智地听，不是听我的话，而是听我的道，要承认一切是一。

——赫拉克利特（Heraclitus，公元前约535—公元前475），希腊哲学家，《论宇宙》

文字比业绩存在的时间更久。

——品达（Pindar，公元前约518—公元前约438），《尼米安颂歌》

他们生活在很久以前，但这并不意味着他们愚蠢。

——汉斯·克里斯蒂安·冯·贝耶尔，美国作家和物理学教授

如果泰勒斯不是一位教师，他的新思想就不可能流传得如此之广。通过学生，他的思想和观点被传播到了很远的地方。

阿那克西曼德（Anaximander，公元前约611—公元前约547）曾是泰勒斯的学生，他认为存在着很多可以供人居住的世界，而月球应是其中之一。但现在我们知道月球是不适宜人居住的，因此他的这一设想是错误的。但我们应该认真考虑他的另一个观点：在其他类似于太阳系的星系中可能存在生命。

阿那克西曼德说，地球上的第一个动物是从水中出来的，然后经过长期的进化才造就了复杂的生命形式。这种说法现在被认为是正确的。他认为第一个人也是水生的，即传说中的男性人鱼和美人鱼。这种说法现在已被证明是错误的。

这幅木刻画来自1493年出版的《纽伦堡纪事报》上的图说地球历史。图中古希腊人阿那克西曼德穿着15世纪的德国服装。

不要嘲笑他。他是经过认真的思考，而且在没有任何指导的情况下得出这一结论的。我们从先人们通过智慧的思考和观察的遗存中受到很大益处，我们的很多进步都是后见之明。但他们的思考方式却能使我们受益匪浅。

米利都位于现在的土耳其境内，没有多少遗迹留存。保留的遗迹多是罗马时期的。

阿那克西曼德是所谓"A"团队的三大思想家之一。之所以称为"A"团队，是因为他们当时正处于科学开始走向实际的起始期（字母表是以A开头的），而且他们名字的第一个字母恰巧都是A。

和泰勒斯一样，A团队的成员都来自米利都，而且最初都是将迷信抛至一旁，试图通过探究思考来了解周围世界的人。他们质疑旧观点。这对于旧观点的持有者构成了威胁，而持有旧观点的这些人往往又都是政治或宗教的首领或兼而有之。于是，这些首领常给科学家的生活制造麻烦，这也正是那些具有革新精神的科学家们一再面临的现实问题。

泰勒斯和A团队的成员都是真正的科学家，但这并不意味着他们始终是正确的。关键是，他们会提出假说，亦即他们可以提出的最好的解释，然后以这些假说为基础，进行仔细的观察和认真的思考。有一件事情他们还不知道做，即他们不会像后来的科学家那样，试图通过控制变量的实验来证明自己的假说。

阿那克西曼德常被称为天文学的创始人。这不是十分准确。因为从他之前的很早时期起，人们就开始观察和研究星空了。其中的很多人都做了仔细而详尽的记录，并成功地进行了准确预报，巴比伦人和中国人在这一方面做得非常出色。但阿那克西曼德也做过一些开拓性的工作。他曾尝试画出整个地球的图像并由此了解地球在宇宙中的位置。他把这些画在一幅地图上，但令人遗憾的是这幅地

以"A"为名

你需要记住本章那些以A打头的名字吗？如果你能记住，你的学识将令人印象深刻。过多的名字易产生混乱，故我用昵称来记住他们。对我来说，"A"团队的成员分别是曼德、美尼斯、戈拉斯。除名字之外，更重要的是，要记住大体的地点和时间（公元前6世纪—公元前5世纪），并理解科学家总是在前人工作的基础上前进的。

学会如何学习的一部分是决定哪些内容要记住，哪些可作为你的知识背景。古伊奥尼亚人很出色，不应该被忘记。泰勒斯就是一个应该被记住的人。

英语中"宇宙"一词cosmos来源于希腊语中的kosmos，其有"秩序"之意，意味着宇宙是有序排列的。

图没有留存下来。他认为地球表面应该是弯曲的，这样可以解释星辰因运动而造成的位置变化。他还突破性地将天空描述为是一个透明的球壳，承载着太阳和群星在运动：天空并非像地上的拱形门那样，而是一个球壳。这一观点后来渗透进了天文学中，并占据统治地位长达1 000多年之久。

但阿那克西曼德却认为大地不是球形的（关于大地是球形的观点要在几十年后才能产生），而是形如短粗的圆筒，其顶是南北向弯曲的。地球位于宇宙的中心。阿那克西曼德说，没有任何东西支撑它。地球没有支撑物的观点，对于当时的大多数人是难以想象的。这是一种智慧的大飞跃。这种说法一旦被人们所接受，从没有支撑的圆筒假说发展出漂浮的地球假说，就不是非常困难了。

阿那克西曼德的学生阿那克西米尼（Anaximenes，公元前约570—公元前500）相信，在所有自然现象背后，只有一种元素（这种想法和泰勒斯的相似）。但他认为这种元素就是空气。他说，空气是由极小的粒子构成的，也是物质的基本材料。请回忆一下，泰勒斯也曾说过，水是构成所有物质的基本材料。

那么，阿那克西米尼（即A团队中的第二个“A”）将如何解释物质的多样性呢？对此，他好像认为不同数量的空气粒子产生了不同形式的物质，而物质的变化方式如凝结等，正是相互转化过程中的一部分。这种想法很好，虽然并不正确，但离真相也不是特别遥远。

我们现在知道宇宙是由粒子、原子或元素组成的。诸如氧或金等各种元素，都具有某种自己的原子。数使得一种原子不同于另一种原子。这里的数是指构成原子的更小的粒子数，即位于原子核中的质子数和绕原子核运动的电子数，它们决定了原子的种类。阿那克西米尼意识到了粒子及其数量的作用，因此他带领我们走在了正确的方向上。

他还是第一个意识到火星、金星不同于恒星的希腊人。他的观点是正确的，火星和金星是行星。他还说过彩虹是自然现象，而非女神显现。

艺杰家对阿那克西米尼宇宙模型的描绘。

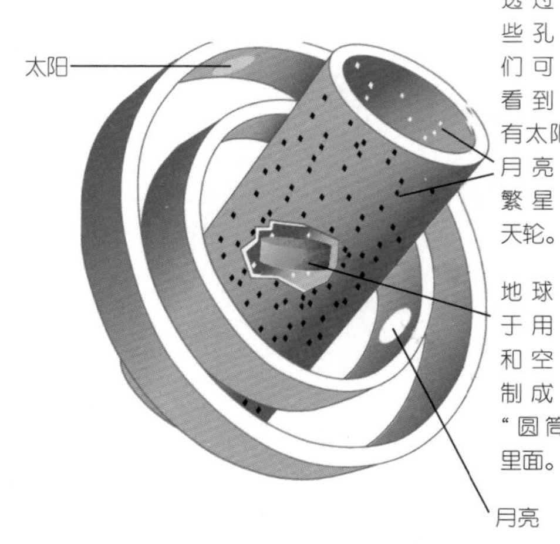
太阳
透过这些孔我们可以看到载有太阳、月亮和繁星的天轮。
地球位于用火和空气制成的“圆筒”里面。
月亮

在希腊神话中，天空是由名为阿特拉斯（Atlas）的半神半人所支撑的。他是一位巨人，因为他参加了巨人反对诸神的战争而受到了宙斯的处罚，让他从事艰苦繁重的工作，也就是负重站在非洲的阿特拉斯山上。他能轻松地站在那么高的山上托起整个天空吗？但确有一些人把这当真了。如果你不知道重力的存在，你将如何解释天上的星星不掉下来的原因呢？在公元16世纪，一位名为墨卡托［Mercator，真名为格哈德·克雷默（Gerhard Kremer）］的佛兰德地理学家将一幅阿特拉斯的图贴在一本地图册上。此后，阿特拉斯的英文Atlas就有了"地图册"之意了。左图为一个希腊杯子的底部图案，其为阿特拉斯看着一只鹰正在啄食其兄普罗米修斯（Prometheus）的肝脏。普罗米修斯因为向人间盗火而被复仇的宙斯绑在那里任由鹰啄食。

但阿那克西米尼反对阿那克西曼德的"圆筒状"地球的观点，并将地球描述为一个扁平的圆盘。这种观点是一种倒退。科学之路正是这样，它并非是一直向前的。

当A团队的第三位成员登场之时，权力和政治正在改变着地中海沿岸的世界。阿那克萨哥拉（Anaxagoras，公元前约500—公元前428）离开伊奥尼亚去往雅典，当时那是一个积极进取、前途光明的城邦。如果你想知道真正有能力的人是什么样子，就想象一下阿那克萨哥拉。他的观点影响了希腊历史上，甚至是世界历史上最重要的一代人。这也意味着影响到了你。据说阿那克萨哥拉曾教过伯里克利（Pericles）、欧里庇得斯（Euripides）和苏格拉底（Socrates）等伟大的人物。

伯里克利是一位伟大的政治家和军事领导人，他领导雅典人建起了帕台农神庙（世界上最著名的建筑之一），而且也是提倡民主的第一人。读过关于他的故事，你就不会忘记他。读过欧里庇得斯的话剧，你就不会忘记他们。

至于苏格拉底，他被认为是古希腊最聪明的人。除此之外，他还是柏拉图的老师，而柏拉图又是亚里士多德的老师。在本书的后面，我们还会向你介绍苏格拉底、柏拉图和亚里士多德。在你的一生中你会不断地听说这些名字。不论你来自何处，他们的观点都是我们重要的科学遗产。那么，影响了所有这些伟人的老师阿那克萨哥拉，是否重要？是否有超越常人的能力？对此，你是怎么想的？

理性内在

伊奥尼亚人相信"理性统治世界"。其意思为思维可被用于理解我们所在的世界。这是非常重要的一步。古希腊的大多数人认为，世界上存在着神秘的力量和能决定诸如雷电和飓风等自然事件的喜怒无常的神，因为他们无法给出关于这些自然现象的合理解释。

伊奥尼亚人质疑这种说法，他们敢于大胆思考，给出了很多出色的猜想。但当时的技术不可能使他们成为科学的探究者，或者说当时的技术无法验证他们的猜测。

希波战争之后，伯里克利（公元前约495—公元前429）在废墟上建立了一个新雅典，引领希腊进入了政治、艺术和学术的黄金时期。

当阿那克萨哥拉从伊奥尼亚渡过爱琴海到达雅典时，也带来了关于其他可居住的世界的思想。阿那克萨哥拉说，在那些世界里“有人居住，也像我们一样有房屋和运河”。他还说，物质最初是以微小的粒子形式存在的，这种微粒被他称为“种子”。从这一点讲，他是很有预见性的，或者说他遥遥领先于他的时代。关于世界的起源，他认为，是一种强有力的意识将世界从混沌带到了有序。

在公元前468年，一块巨大的陨石从天而降，落入了河中。阿那克萨哥拉一定是看到了这一景象，至少他知道了这件事。这使他绞尽脑汁思考其中的原因，并由此产生了天空当时也是蛮荒之地的想法。

关于月亮，阿那克萨哥拉认为它也是由普通的物质构成的（这种说法是正确的），其上也有山脉（正确）。它之所以明亮，是因为它反射太阳光（确实如此）。当时，大多数人都认为太阳、月亮和行星都是神或者神造就的。阿那克萨哥拉说，太阳是几乎和希腊一样大小的炽热的石头，这是一个惊人的飞跃。他的这一说法，可把当时的政治和宗教首领们吓坏了。他们认为太阳是神圣的，从而警告阿那克萨哥拉他的这种想法是危险的，阿那克萨哥拉应该因对天神不敬而被监禁或处死。阿那克萨哥拉道出了那句至理名言：“理性统治世界。”但这无助于当时官方对他的迫害。

伯里克利建起了雅典最著名的建筑帕台农神庙。这幅创作于1818年的水彩画，用金色调展现了神庙的雄伟气势。这座宗教色彩的庙宇完全是用大理石建造的。

流星落下

在任何晴朗的夜晚，只要你观察天空的时间足够长，总能看到有流星划过夜空——如一道亮光疾闪而过。诗人们认为流星是飞驰的恒星。但实际上，它们不过是进入大气层后燃烧起来的陨石而已。

流星的数量非常巨大，但能落至地面的陨石却是非常罕见的。只有流星足够大，才能在穿越大气层时不被烧尽而落在地球上。虽然它们来自外层空间，但都是由与地球上相同的石头或铁构成的。

落到地球上的大陨石到底有多少？这很难说。因为一些陨石坑通常会经烧蚀、泥土掩埋或海水淹没而被抹平。但是亚利桑那州沙漠里的陨石坑却是一个例外。在20 000—50 000年前，一个含有铁镍成分的球体，可能是一大块小行星，在这儿爆炸。这种巨大的陨石撞击平均每1 000年发生一次。

阿那克萨哥拉是一位孜孜不倦地寻求自然界问题答案的科学家，从来都不相信神的力量和传说。你能看到他这样做存在的危险性吗？那些政治和宗教首领们认为这是非常危险的，所以指控阿那克萨哥拉并将他定了罪。他悄无声息地逃离了所在的城镇，并在流亡中死去。

一位伟大的科学家逃出城镇？这绝不是最后一次。很多科学家被迫害、监禁，甚至被处死。他们的很多著作也随着他们一起被销毁了。为什么会这样？难道研究科学对大众会造成危险？

对阿那克萨哥拉的悲剧而言，是因为有很多人害怕他那充满质疑性思考的科学意识，他们要消灭他和他的思想，从而扑灭伊奥尼亚的科学之火。太可悲了！他们奠定的科学起点是多么好呀！但从此以后，伊奥尼亚的科学就衰退了。

1493年的《纽伦堡纪事报》刊登阿那克萨哥拉的木刻画像。

更多的数——几何基础和数学的良好开端

古巴比伦

这块泥板给出了古巴比伦人计算一块土地面积的方法。如下图所示的楔形文字的数字是用楔形书写工具刻划在泥板上的。

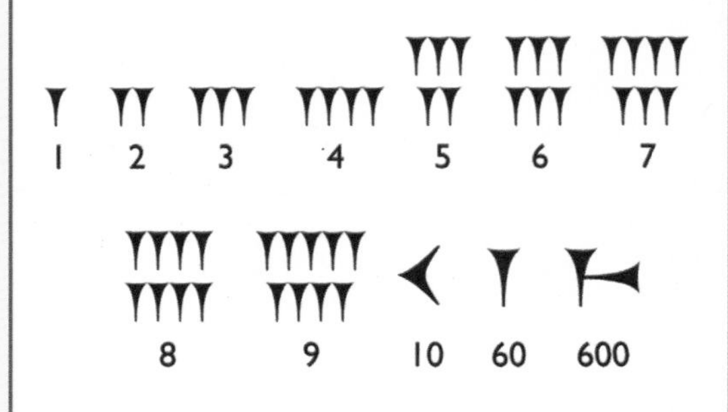

古巴比伦人创造出了测量圆形和球体的方法。他们将圆形和球体分成 360 等份（现在我们称为“度”）。为什么是 360 等份？这可能是因为 360 等于 6 个 60。而古巴比伦人对 60 情有独钟，他们觉得这样较容易处理。

余数对于古巴比伦人来讲是非常棘手的问题，如将 10 用 7 来除，我们得到 1 和余数 3，亦可记作$1\frac{3}{7}$。分数是另一种表示余数的方法，它表示了除不尽时的余数。60 可以被 1、2、3、4、5、6、10、12、15、20 和 30 整除。用了 60，巴比伦人就很少为余数而伤脑筋了。

这些很久以前生活在现今的伊拉克地区的人，实际上具有两种数字系统。一种是以 10 为基本运算单位的，而另一种则是以 60 为基本运算单位的。我们现在使用的 60 分钟等于 1 小时，就是沿袭苏美尔人的方法。在这里，我再给你重复一遍历史：苏美尔位于美索不达米亚南部，这片古老的土地在底格里斯河与幼发拉底河之间。苏美尔人在这里创造了世界上第一个伟大的城市文明（详见第 5 页）。

与此同时，埃及人（以及后来的希腊人）使用的是十进制数，即以 10 为基本运算单位的系统。人们已经发现了公元前 3000 年古埃

古埃及

在皇家女祭司娜菲蒂贝特（Nefertiabet，“东方美女”）的陵墓里，哀悼者留下了多少祭品？在这堵墙上刻画出了详细的清单。其中不乏表示数字的符号，从 1 到 9 都有：用篮子的手柄表示 10，用绳卷表示 100，用在茎上开放的荷花表示 1 000 等。

及人用象形文字表示的数字样本。其中最大的问题是：这些数字中没有零，即使空的占位符也没有出现。没有零引导从 9 到 10，或者从 19 到 20，这样的数字系统不具备明晰可记的规律。人们必须死记住一些关键数字的符号，如 1、10、100、1 000 等。这就意味着人们要记住大量的数字符号。因此，数学还不能为普通人所掌握。在本书第 25 章中，将介绍更多的关于数字零的作用和问世过程。

古腓尼基人用他们字母表中的字母来代表数字，古希腊人和希伯来人存有他们当时对这种数字的拷贝本。但若字母也能被用作数字的话，那么人们在读你的用字母构成的名字时，可能就将其读成了数字。因为数字被认为是具有特殊性质的符号，有时具有魔力，有时又不祥。名字中的数字会产生困惑、懊伤和神秘感。举个例子，你是否认识对 13 很忌讳的人？

古罗马人，出现在具有数字意识的古希腊人和希伯来人之后。他们用最原始的杆数方式来表示数字，如用Ⅰ、Ⅱ、Ⅲ分别表示 1、2、3，但却用Ⅴ来表示 5，其表示将手掌伸开，五个手指不弯曲的情况。但是也有一些其他的罗马数字是字母，它们源自希腊文，如用 X 表示 10，L 表示 50，C 表示 100，D 代表 500，而 M 代表 1 000。将这些符号数字进行组合，还可以得到一些其他数字，如：

Ⅵ = 6，Ⅸ = 9，Ⅻ = 12，XⅣ = 14 等。

由此可以看出：当杆位于字母之后时，表示要在字母表示的数上加上杆表示的数；而当杆位于字母数字之前时，则表示要在字母表示的数上

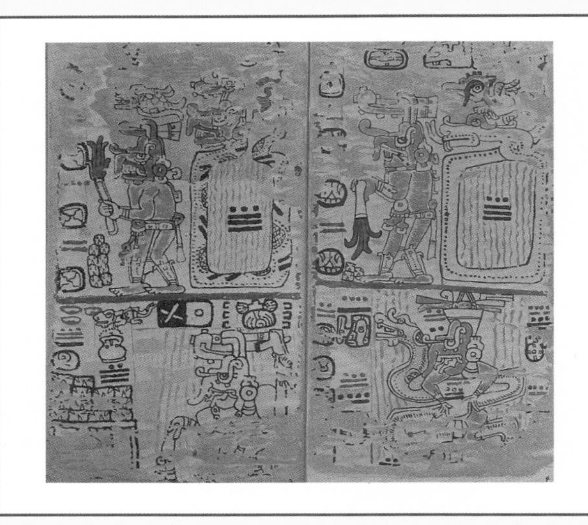

玛雅

这幅图取自公元约 900 年的玛雅法典，说的是雨神恰克（Chaac）的事。在他身体旁的方形物体表示的是一片水吗？为什么上面要标注数字 18？

减去杆表示的数。那么，以下数字：XC、CIX、CC、MCCXVII、DLVI、DCCCLII 又分别表示多少呢？（答案见本页）

罗马数字系统在欧洲使用了 1 000 余年。在这 1 000 多年间，欧洲的数学研究没有大的进展。尝试着将两个较大的罗马数字加起来，如将 MCXIX 和 DCLVII 相加，你该如何操作呢？难怪，人们常说古罗马缺少数学天才。你知道其中的原因了吧？

在中美州的古玛雅人却有着较高的数学技能，那时他们已经使用了数字零。虽然当时他们尚不明白零是一个真正的数，至多只认为它是个占位符。和古埃及人一样，玛雅人也有两种数字书写方法：分别用符号（图型记号）或点和棒表示的数字。我们回看一下第 29 页中玛雅人的浮雕，就能对其有一个粗略的了解。古代的美洲人为了能做基本的算术运算，则要有较高的天分，而且还需要经过长期艰苦的学习。

现在，我们使用的数字已经征服了我们所在的星球。现代的数字系统是如此的简便易用。那么，我们是如何建立起这套系统的？在第 25 章中你将能了解到详情。

答案：90，109，200，1 217，556，852

注意：以下是有关数的术语的定义，这很重要。当然，如果你对其已经了解，则可直接跳过。

诸如 1、2、3、4 等用于计数的数字被称为自然数（亦称基数）。因为它没有最终的数，故自然数列是无限的。当我们在这一数列中加入 0，则就可得到整数，即整数为自然数加 0[①]。

正数：即所有大于 0 的数。

负数：即所有小于 0 的数。负数（如 −1、−2、−3 等）在测量过程中是非常有用的，如 0℃以下的温度、地表以下的位置、投资中的债等。但负数的概念对大多数人而言，是感觉非常奇怪的。所以，负数在古

译者注：① 现今我国中小学数学教材中，自然数包括 0。

埃及人也有数学教科书

亚历山大·亨利·莱因德（Alexander Henry Rhind）是一位年轻的苏格兰人。因为健康原因，他被要求到温暖的地方旅行，所以他来到了埃及。在那里，他对古陵墓上的文物，特别是书进行了研究。1858年，当他买到了一卷古旧的莎草纸时，立即就被这种具有历史价值的书吸引住了。这卷莎草纸宽约34厘米，长约3.2米。经考证这是一种数学书。它是于公元前约1650年的手写书，抄写者的名字为阿梅斯（Ahmes）。阿梅斯在书中写道，这本书是在他之前200年来的著作汇编。如今，这本书被命名为"莱因德莎草纸书"，并珍藏在大英博物馆中。

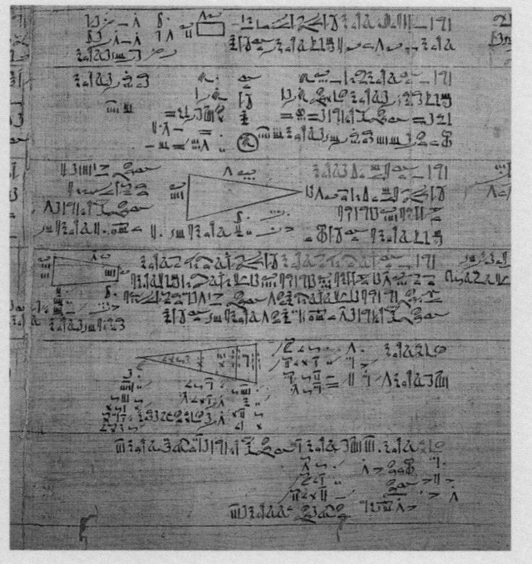

这卷莎草纸书（局部细节见图）包含有84个问题及其解答，其中大多数是关于算术的，也有关于几何的，甚至有的涉及代数。在这卷书被发现之前，我们对古埃及数学的了解，大多数来自陵墓或石碑上刻着的象形文字，其表示数字1至9的符号都是上下刻划的直线：划一道表示1，划九道表示9。但阿梅斯利用僧侣使用的书写方法，也是贸易和日常使用的方法，用不同的符号表示每个数字和它们10的倍数。莱因德莎草纸书向我们展示了古埃及人在符号数字方面的重大跃进，也是对现代数字系统的重大贡献。这些都是我们从古埃及人的陵墓等处学不到的。

代有一个从无到有的过程，而且不可能在没有0的情况下出现负数。在几千年中，数学家们都像古希腊人一样不使用0和负数。

整数：包括了所有的正整数、0和负整数。

数码：指从0到9的数字。

分开一个自然数，你能得到什么？分数。如一半，即1/2，就是最常见的分数。一些分数是真分数，还有一些是假分数。真分数是分子小于分母的分数，如3/5等。

小数：在欧洲，小数发明于16世纪，是记录分数的另一种方式，它带来了数据精度的新观念。分数1/2可记作小数0.5。无论何时你看到小数点，就知它右侧的数字是介于0和1之间的。

混合分数：由一个整数和一个真分数（或小数）组成，如$2\frac{1}{2}$或2.5等。

分数有时也被称为有理数（rational numbers），因为它表示了事物整体和部分间的比率（ratio）或关系。如用分数$\frac{3}{4}$也可表示比率等（可参见第43页）。

如果你觉得这些很乏味，这也很正常，基础知识往往都是这样的。以上所述都是各种数字符合逻辑的、描述性的名称。如果你希望看到一些似乎不合逻辑的东西，请阅读本书有关无理数（irrational numbers）的部分。

恩培多克勒所说的基本元素：土、气、火和水

有人说世界将毁于火，
也有人说，将毁于冰。
依我所尝之愿，
我赞成毁于火。
若世界注定毁灭两次，
凭我对恨的洞察
可以说，冰的摧毁力
也同样强虐，
而且大得足够。

——罗伯特·弗罗斯特，美国诗人，《火与冰》

泰勒斯认为物质的基本元素是水，而阿那克西米尼则认为是空气，其他的古希腊人认为应该是火和土。生活于公元前5世纪的恩培多克勒（Empedocles）与阿那克萨哥拉大约是同一时代的人。他认为，上面四种都是物质的基本元素，它们再加上两种作用力，即爱与恨，是宇宙中此消彼长的源泉。爱和恨？没错！其实，从科学意义上讲，他所思考的大概是吸引力和排斥力。古希腊人得到的结论有时会使现代人感到非常奇怪，但重要的是他们提出了正确的问题。我们现在仍然用元素和力的概念来认识世间万物。

这种将土、空气、火和水视作四种基本元素的观点，是世界历史上存在时间最长、影响最大的科学观点之一。数十个世纪以来（约2 300多年），人们都坚信于此，虽然后来它被证明是错误的。在18世纪时，小学生仍旧被灌输“世界是由土、空气、火和水”构成的观点。

拉（pull）和推（push）是用来描述力的两个简单的词。磁铁间可拉、可推，这取决于我们用它们的哪一极；万有引力是两个物体间的拉力；核力是原子核内部核子间的拉力和推力。与拉力和推力相对应的科学术语是“吸引力”和“排斥力”。据说泰勒斯发现了一些能吸引铁的矿石。这些矿石出自色萨利地区（现在希腊中部）的迈格尼西亚（Magnesia）。你能想到从magnesia衍生出了哪个英文单词吗？

在 18 世纪，人们仍相信土、空气、火和水是基本物质。左图是由法国作曲家让－费里·里贝尔（Jean-Féry Rebel）创作的芭蕾舞《元素》里所设计的服装。

好的猜想，但并不正确

古希腊人的观点是错误的。土、水、空气和火并非是四种基本元素，但可被比作物质的四种状态：固态、液态、气态和等离子态。什么是等离子态？它是物质中的原子成为带电粒子时的状态。太阳的大气就是等离子态。

恩培多克勒在对所谓元素方面的认识是错误的。但他提出的观点却是正确的：世间万物并非都不相同、互不相干；存在一些基本物质，世间万物是由它们相互结合得到的。我们现在已经知道，土、空气、火和水并非是构成物质的基本元素。人们现在已经发现了诸如铁、金、钙、氧、碳等 112 种元素①，而且还在继续发现更多的元素。是伊奥尼亚人，在这一方面为我们指出了正确的方向。

恩培多克勒是一位集哲学家、科学家、诗人于一身的人。他是如此聪明，以至于人们想拥立他为国王，但被他拒绝了，而且他还提出了用民主取代王权统治的观点。当他用高超的医术救治西西里岛瘟疫中的灾民时，很多人又把他奉为神。后来，他在晚年产生了厌世情绪，据说

宇宙是由 100 多种元素（element）构成的，从铝到锌都有。它们都是物质的基本形式。这些元素相互结合时生成化合物，然后再组成世间万物。化学家的工作是研究元素及其化合物。当我们用 elemental 一词描述某物时，意味它是基本的或者是简单的。英语中 “He is in his element” 表示他正在干他最拿手的活。而英语中小学 “Elementary school” 的词义就一目了然了。

译者注：① 现已确证的元素已有 118 种之多。

花岗岩

花岗岩（放大的细节）

长石

钾

当你看到一种物质时，你知道它是由什么元素构成的吗？恩培多克勒可能已经说过左图中的石头都是由土、空气、火和水构成的，当然它们大部分是由“土”构成的。今天我们对于“元素”的定义是很严密的。花岗岩是元素吗？不是。对其放大的细节贴近观察，就能看到它是由多种物质构成的，其中就包括长石。那么长石是元素吗？也不是。它也是由诸如钾等物质构成的。那么，钾是元素吗？是的。但它需要用特殊的手段才能观察到。钾元素是仅由一种原子，即钾原子构成的。

跳入了埃特纳山的火山口中死去。有一首无名诗这样写道：

伟大的恩培多克勒，他那豪情四射的灵魂，
跃进了埃特那火山，和山融为了一体。

我不相信这一传说。恩培多克勒是十分理性的人，因此绝不会跳入火山。然而，我没有亲眼所见，也不知真假。而英国诗人马修·阿诺德（Matthew Arnold）却认为这一传说是真实的，因此在他著名的诗《埃特纳山上的恩培多克勒》中写道：

大自然，用平等的眼光，
看着她所有在玩耍的儿子；
也看着人要驾驭风，
而风却将人吹得不见了踪影。

“连一艾奥塔（iota）也没有！”

说起微小的粒子，西方人常用希腊字母表中的第九个字母“艾奥塔（iota）”来表示，它表示“极小”之意。故有时听人讲“我没有吃到冰激凌，连一艾奥塔（iota）也没有！”即意味着他没有吃到哪怕一丁点的冰激凌。

关于上述内容，我们重点要记住的是：古希腊人相信自己的大脑，他们知道要了解大的（宇宙），就必须先探究小的（基本粒子和元素等）。现代科学也是这样做的。

恩培多克勒的大多数著述都遗失了，留下来的大都是如右图所示的残片。下面是他存留下来的几段文字：

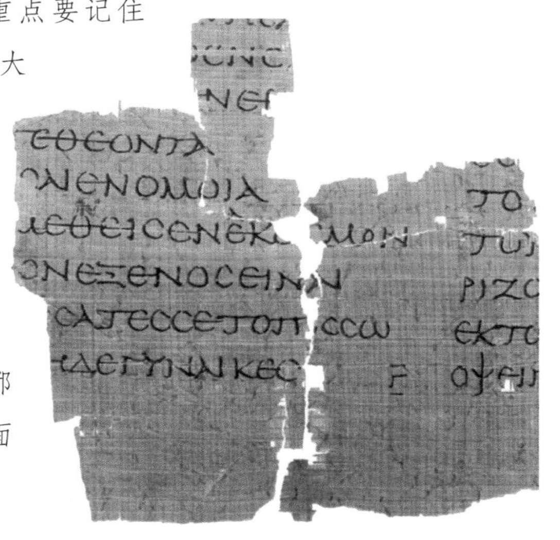

这一莎草纸残片被作为无价之宝珍藏于法国斯特拉斯堡图书馆中。这是保存下来的恩培多克勒仅有的几段手稿残片之一。将它们拼接起来，研究人员能够看到恩培多克勒的“四种元素”理论，它们与被称为爱和恨的力相互作用，形成了永无止境的宇宙循环。

你要倾听我的话！因为学习使智慧增长。我在上面表明我的讲话目的时，曾说我要告诉你一个双重的道理：在一个时候，事物由多结合成为一个，在另一个时候，它又分解成为多，不再是一。元素有四种，即火、水、土以及那崇高的气。此外，还有那破坏性的“恨”，在每件东西上都有同样的分量，以及元素中间的“爱”，它的长度和宽度是相等的。

如果你想要理解这段文字，拿起你的笔，用自己的语言把它写下来。以我所知，这是人类第一次用书写方式表述这样的观点：物质及其相互作用铸就了整个世界，并决定其如何变化。

希腊：奇迹发生的地方

一个思想家群体，其中既有年老的，也有年轻的，是非常有力量的。因为生活在同一地方，所以能彼此共享思想，比较结果，收集和积累事实，并相互挑战。古希腊最伟大的思想家们要么相互认识，要么了解对方的观点，要么有共同的亲戚，要么有共同的老师。关于这一点不足为奇，要知道，希腊只是一个面积很小、人口不多的国家。

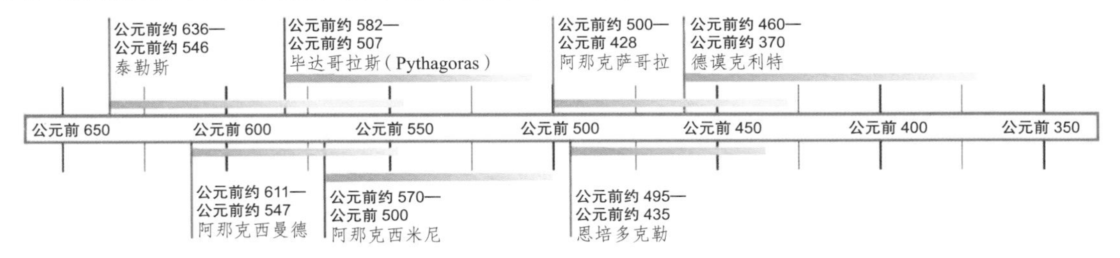

7 在海上

对我而言，职责是报道我所听到的一切，但我自己不一定相信这些全是真实的。此项声明适用于我的全部历史著作。

——希罗多德（公元前约484—公元前425），希腊历史学家，《希罗多德历史》

如果对于你出生前发生过的事不了解，那么你终生只是个孩子。人生如果不考虑先人的生活和历史背景，又何谈价值？

——马库斯·图利乌斯·西塞罗（Marcus Tullius Cicero，公元前106—公元前43），罗马共和国律师、演说家、政治家，《演说家》

在所有国家中，历史教学通常被作为夸大本国优越性的工具：要使儿童相信自己的国家总是正确的，是战无不胜的，产生了几乎所有的伟大人物，在所有方面都优于其他国家。

——伯特兰·罗素（Bertrand Russell，1872—1970），英国哲学家

希罗多德生活在公元前5世纪，被认为是世界上第一个真正的历史学家，也是第一个认真收集信息，并将其组织成为引人入胜的记叙文的人。因此，他也可以说是一位伟大的作家。读他的作品，你会被其深深地吸引。关于希罗多德处理历史知识的方法，你可以称之为“科学的”，他对说大话者和虚幻的传说很谨慎。如同古希腊的自然哲学家一样（自然哲学家研究的是自然世界），他探求的也是证据和事实。因此，当听说一位名为汉诺（Hanno）的腓尼基人船长宣称，他在一次远航中耗时三年环绕了整个非洲大陆时，希罗多德对这种说法产生了怀疑，他能辨识出夸张的故事。汉诺报告了他的航行经过，说航线远在赤道之下，正午的太阳出现在北方的天空中……这听起来很可笑。古希腊人对天空很有研究，而且无人看到太阳从北方的天空升起。但希罗多德还是记录下所听到的这些事情，并且明确申明他怀疑整个事件的真实性。

这一出自亚历山大之手的雕塑残余，据说就是希罗多德本人，即那位被认为是世界第一位真正历史学家的人。

现在，我们知道地球上的天空看起来并非是处处相同的，南半球的天空和北半球的天空看起来是不一样的。腓尼基水手一定到达过非洲南部，否则，要杜撰出汉诺所述的故事，实在是太需要想象力了。

当时，巴比伦人和埃及人大多是农民或牧民，都是靠土地和河流生活的人，而腓尼基人和希腊人则是更加自由的人。他们靠海洋生活，很多人是水手或从事海上贸易的商人，或者两者兼而有之。为了挣到更多的钱，他们不得不研究天空。对于在海上航行的船员来说，了解星辰的运动规律是非常重要的，同时他们也注意不向外人泄漏已经掌握的相关知识。

腓尼基人主要生活在现在的黎巴嫩地区，即在地中海的东端，也有一些居住在非洲北部的卫星城迦太基。一般认为，他们对世界的最大贡献是发明了字母表，这是其他文明从未提出的想法；他们也是第一个敢于进入深海的人群。在公元前 500 年，当汉诺开始远航时，腓尼基人已经具备 6 个世纪的航海经验了。

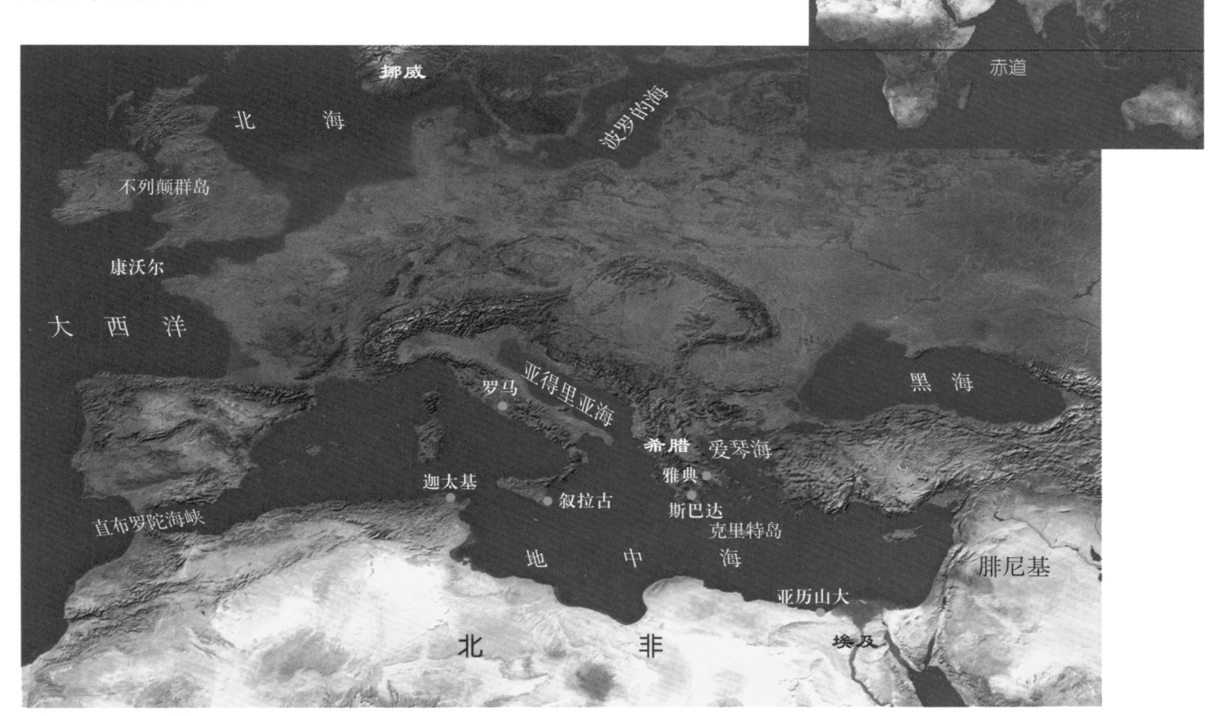

图中的十字架，是一种极其简单的测量太阳高度的工具。海员前后滑动短棒，使其底端与眼睛的连线 *AB* 落在水平面上，而顶端与眼睛的连线 *AC* 指向太阳。此时短棒的位置用长棒上标记的“度数”来表示，然后，海员再查表将这一度数换算成纬度。

下图是公元前约 560 年的希腊花瓶，上面展示了一场海战的场面，其中有武士、划桨手和舵手。

来自克里特岛的水手可能在更早的时期就从事航海活动了。但他们都在地中海和爱琴海的沿岸附近活动，或者在岛屿间作短途的往返航行。腓尼基人研究了克里特人用于航海的帆船和埃及人用于内河的划桨推进的船，开始建造大型船舶。他们建造的大船具有风帆和划桨两种动力手段。在公元前 500 年，他们已能远航到超过位于直布罗陀的海格立斯之柱，并发现了一个岛上有着丰富的锡资源，但他们一直将这个岛的具体位置作为商业秘密保守着。锡资源在当时是非常短缺的，因为它是制造青铜器所必需的重要原料，而青铜器是热销的高价值物品。青铜除了可以用于制作武器和雕塑外，还有很多方面的用途。对此，希罗多德曾说过：

> 我打听不到我们的锡到底出自哪个岛上，我已经到所能去的所有地方作了打听，但我遇到的人中很多甚至都没有见过欧洲西面的海。事实上，几乎无人知道欧洲是否被海水所环绕着。
>
> 对那些没有可靠的学识作为指导，却把大地说成是完美圆形，而海洋又环绕大地流动的人，我只能报以一笑。

希罗多德曾到过印度、埃及等许多地方，并用他的才智和勤奋记述了它们。但他却没有到过欧洲的西海岸，而又不希望自己记述的只是传闻。那些航行进入大洋的商人们，也不愿意揭示他们的秘密。现在，我们猜测，那些作为秘密保守的锡资源地可能是在现在的英格兰，特别是康沃尔地区，因为那里有着丰富的锡矿石矿藏。无论锡资源在哪里，那时腓尼基人控制锡市场的事实是确凿无疑的。

那么，他们在没有指南针的情况下，是如何在完全未知的大海上找到从地中海到英格兰的航路，并能在开采锡矿后全身而回的呢？

可以肯定，他们是通过观察天空来导航的。和北半球所有

数千年来，太平洋上密克罗尼西亚群岛有经验的水手们，已经能熟练地通过洋流的强弱来进行导航了。为了记住复杂的变化情况，他们创造了如左图所示称为 *mattang* 的木制导航图模型，其上有从不同角度看的强浪区、礁石区和海岸等。

皮西亚斯令人惊奇地将潮汐与月亮的运动联系了起来。他可能注意到了海平面剧烈涨落的时间恰好是新月或满月出现的时间。但其中的原因一直是个谜。直到艾萨克·牛顿（Isaac Newton，1642—1727）提出万有引力理论后，人们才知道是因为月亮的引力作用于地球上，将海水吸向它。

优秀水手一样，腓尼基人知道利用大熊星座的北斗七星。它每个季节的夜晚都长时间清晰可见，而且一直都位于北方。只要知道了北方，就可以确定其他方向。（详见第 63 页）

我们有一份古希腊导航员皮西亚斯（Pytheas）写的报告。他在公元前约 300 年曾随腓尼基水手一起远航。他说他们曾到过不列颠，甚至还抵达过“极北之地”。他所说的“极北之地”可能指的是挪威。从那里，他们去到北欧并进入了波罗的海。皮西亚斯返回家乡后，将看到的大海翻腾和起伏浪潮的情景写了出来。令人惊奇的是，看来他好像由此已经悟出月亮对潮汐的影响了。古希腊人对每日涨落的潮汐现象毫无体会，因为他们依其生活的地中海是没有通常所见的潮汐现象的。因此，他们认为这些都是归来的海员们夸大其辞的吹牛。故他们也将皮西亚斯视作和汉诺一样的信口雌黄。

为什么北极诸星轮流坐庄？

北极星并非是北方夜空中最亮的星，但它却是唯一固定在一个位置不动的星（实际上它也有稍许的位置变化），而其他的星都围绕它作每 24 小时一周的转动。它之所以能处于这种中心地位，是因为它处于北极的上方，而北极又位于地球自转的转动轴上。如果你置身于北极，就会发现北极星恰好在你头顶的正上方。希腊的位置大约处于北极和赤道间的中间，因此，在希腊人看来，北极星位于北方天空中约一半的地方（“半空中”）。假若在赤道上看，北极星则恰好出现在地平线上。

人们经过多个世纪的观察，才发现了恒星位置漂移的规律。古希腊人没有靠北极星航海。约在公元前 500 年，他们的“北方之星”指的是帝星（即北极二，阿拉伯语中意为那颗星），其位置在北极星的上方。对古埃及人而言，他们的北方之星是右枢（即天龙座 α ）星。现在我们仍能看到这两颗星，只是它们不再位于北极正上方了。北方之星的称号从一个星传给另一个星，这是由于地球的“摆动”引起的，北极像一个不稳的端点绕着一个大圆圈缓慢移动。地球每摇摆一次，即极点移动一圈需要 25 800 年。

猎户座，猎人的星座

如果将地球仪倒置，可能你首先注意到的是南半球几乎全是水的世界，陆地好像都在北半球。因此，我们现在所用的星座名字，都是北半球的古人们想出来的。这些星座的形状在澳大利亚人、南美人、南非人看来，与我们看到的相比都是上下倒置的。猎户座，他举起的大棒和由三颗星组成的腰带，是最明亮和最显著的例子。它隐约地出现在赤道上空。在一年中，至少有一段时间在南北半球都能看到它。

如果你在南半球观察猎户座，看到的情形与在北半球看到的情形是倒置的。

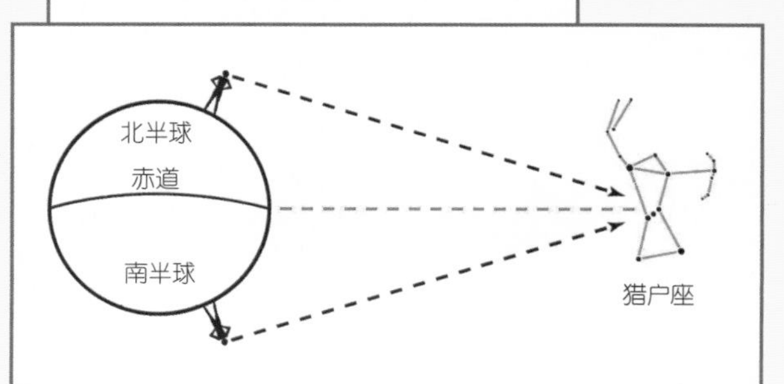

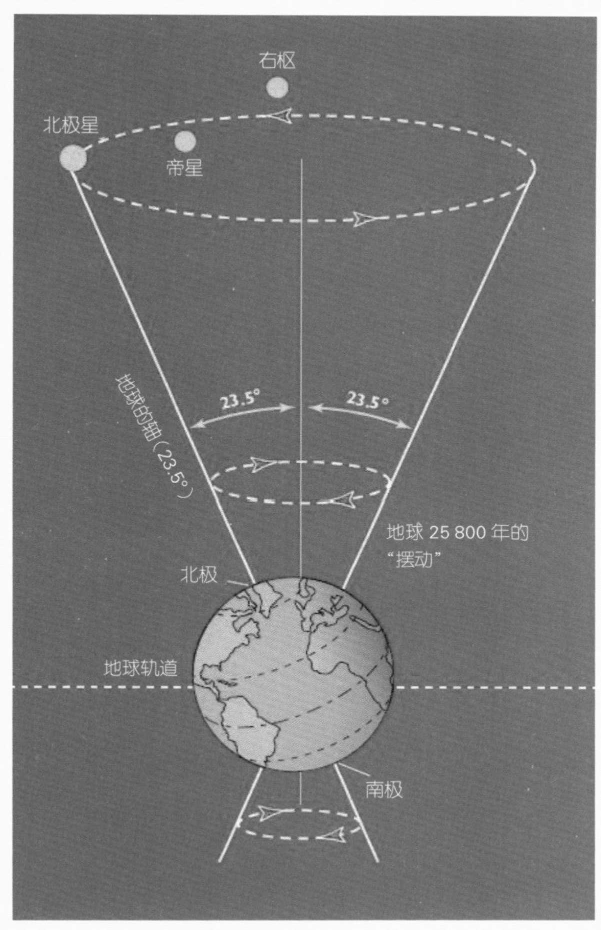

地球在 25 800 年内的摆动量称为进动或岁差，它是由一种扭力矩造成的，而这种扭力矩是由于太阳和月亮对地球不相等的吸引力引起的。我们可以用一个稍不对称的旋转陀螺来观察进动的情况：陀螺的中轴线将做圆周运动。这与地球北极的进动情况十分相像。

如果你站在地球的北极点上，北极星就恰好在你头顶的正上方（见下左图），可看到其他的恒星都在绕它缓慢地转动。离北极星最近的星称为拱极星，它的轨迹为一个最小的圆；而离北极星最远的星，其轨迹则为最大的圆。如果你的位置移到赤道上，你会觉得天空发生了变化，北极星和拱极星藏到地平线后面去了。这时，你会看到这些恒星不再做圆周运动了，而是从东到西划过天际，然后落于地平线下。

在南半球的人从来看不到北极星，在他们的夜空中，看到的是其他的恒星在"表演"。在汉诺绕过非洲最南端航行的过程中，他一定不会错过引人注目的星座：南十字星座。它和大熊星座的北斗七星一样著名。南十字星座的四颗亮星，其长对角线的一端指向正北，但那个位置上并没有"南极星"。因此，在南半球的人无法利用"南极星"来辨明方向。

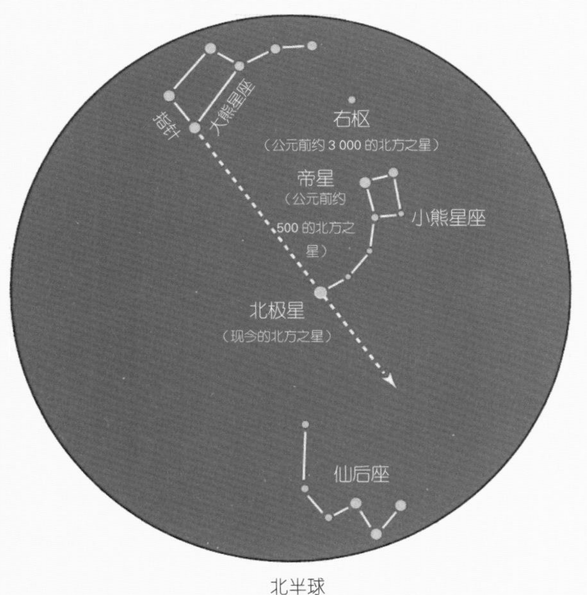

北半球

南十字星座
半人马座－β
半人马座－α
（南极星之上）

南半球

对数字的崇拜

哲学写在一本大书——宇宙之中，这本大书可随时打开供我们阅读。不过，要想读懂这本书，必须先要弄懂写就这本书所使用的语言和文字，它的语言就是数学，它的文字是三角、圆和其他几何图形。没有它们，人们不可能懂得书中的一字一句；没有它们，人们将在黑暗的迷宫中迷失方向。

——伽利略·伽利莱，意大利科学家，《试金者》

但是，创造性的原则却存在于数学中。因此，从某种意义上，我认为，纯粹的思想可以把握现实，像古人所梦想的那样。

——阿尔伯特·爱因斯坦（Albert Einstein，1879—1955），引用 H.R. 帕格尔斯（H.R.Pagels）所著的《宇宙密码》

对数的认识，如知道数字 2 和 25 之间的差异，似乎是区分人类和其他动物的一大特征。它和用语言进行交流或创作音乐一样，即使最原始的人也能做到。远古社会遗留的石碑和壁画告诉我们，遥远的古代人对数字的运算能力不只是计数或加减，许多人已经懂得了比率和分数的概念，并能进行较为复杂的计算。下面是一些重要的理由。

古巴比伦人将数字用于商贸目的。若不会算术，他们在进行货物交易或分割土地、分配工作时会遇到很大的麻烦。

古埃及人发明了用于测量的最基本的几何方法。如果没有掌握这种方法，他们就不可能建造起宏伟的金字塔和精美的庙宇。

古埃兰国（现在伊朗的苏萨）代币的形状和刻于其上的标记（公元前约 3 000）。它们分别代表油、羊和布匹等。

真实的存在

如果你数 50 个小石子放到手中，你所做的是“具体的”数学：利用真实的、可触摸和可操作的事物，来进行数学计算。早期的古希腊人就是用排列石子的方式来表示数字的，就像多米诺骨牌的图案一样。后来，这些石子用于表示士兵、牛、一袋袋粮食等，这向“抽象的”数学迈出了第一步。

而像 5 这样的数字则更抽象，它是表示任意五个事物的一个符号。而代数方程式的发明，例如 $x=5$，其中 x 代表某一未知量，意味着是向抽象数学发展的一个大飞跃。

毕达哥拉斯对数字的理解是具体和抽象的结合。他能够研究锻炼思维的抽象数学，但对他而言，数字并非仅是一种符号，它们还是一种真实的存在。（顺便说一下，英文“计算”一词 calculate 来源于拉丁文 calculus，其原意即为“小石子”。）

意大利思想家毕达哥拉斯的半身雕像。

但数学的范畴远远超出了日常应用的界限。数学家能够用数学作为推理和理解世界的语言。古希腊人已经意识到了这一点。为什么西方世界的科学取得了如此辉煌的成就，而其他的地方却做不到呢？这是因为希腊人将科学和数学紧密地结合了起来，并将数学作为科学研究过程中使用的语言，于是他们开创了与世界其他区域全然不同的科学发展之路，这是与其他文明唯一重要的差别。

那些来到德尔斐的人建起了神庙，也叫做国库，里面摆满了用大理石、黄金和象牙制成的雕塑。上图中的左侧为阿波罗神殿的柱子。陈设品越贵重，就越能吸引人们的注意力。大多数到访者都是为德尔斐居民举办的皮西安赛会而留下来（“皮西安”原意为令人恐惧的蛇），在此进行音乐、诗歌和体育比赛。而奥林匹克赛会仅进行体育比赛，它是在奥林匹亚（Olympia）举行的，千万不要与众神的家乡奥林波斯山（Mount Olympus）混淆。

萨摩斯岛的隧道是在20世纪被发现的，现已成为旅游胜地。它是带有水渠的隧道，通过隧道还可检查其输水的情况。如果你去萨摩斯岛，则可以参观这一隧道，也可以参观毕达哥拉斯洞穴。按公元4世纪叙利亚历史学家扬布里科斯（Lamblichus）所说："在城外，毕达哥拉斯造了一个私人洞穴，在那里讲授哲学，并用数学进行研究。他在那里度过了一生中的大部分时间。"

我用大量笔墨描写过萨米人（来自萨摩斯岛的人），因为他们是希腊世界中三项最伟大的建筑和工程的建造者。排在第一位的是一条约一英里长、八英尺宽、八英尺高的隧道，它非常整齐地在一座高九百英尺的山底下穿过。在整个隧道中，都附带有一条二次开掘的三十英尺深、三英尺宽的渠道。通过它，水可以从丰富的水源流来，再通过管道输送到城镇各处。

——希罗多德，古希腊历史学家

毕达哥拉斯生于公元前约582年。他常被认为是世界上第一位伟大的数学家。就其成长的时代和地方而言，他是非常幸运的。他的家乡在爱琴海中的萨摩斯岛上，从该岛到土耳其海岸仅为一英里的海水所隔。数千年来，希腊的海岛都具有得天独厚的优越环境，光照充足，视野清晰。

在毕达哥拉斯的孩童时期，萨摩斯是一座非常繁荣的港口城市。海船带着新思想如清新的微风那样阵阵吹拂而来。古希腊历史学家希罗多德告诉我们，萨摩斯岛的人"非常成功地建造了希腊世界中三项最伟大的建筑和工程"。如果时光能倒流，使我们返回公元前6世纪的萨摩斯岛，则能看到如此伟大的工程奇迹：一条壮观的隧道及其内部的输水管道从大山底部通过；一座人造海港；一座巨大的神庙。

这是一个动荡的时代，也是一个天才辈出的时期。当时，除了伊奥尼亚的泰勒斯和A团队之外，在中国出现了孔子和老子，埃及出现了法老尼科（Necho），波斯出现了琐罗亚斯德（Zoroaster），以色列出现了犹太先知，印度出现了乔达摩（Gautama Buddha，释迦牟尼）佛。毕达哥拉斯的头脑能够与这些人匹敌。

他的故事其实是从德尔斐开始的。德尔斐是一个坐落在山坡上的小村庄，从那里可以看到峡谷、大海，以及被冰雪所覆盖着的山峰等壮丽的景观。除了美景之外，德尔斐还位于地球的一条裂缝之上，从那里常冒出来自地球深处的蒸汽。据说，这些

数字的魔法

古希腊人并非是仅有的对数字着迷的人。几乎每一种文化都面向数字，试图用其来帮助解释宇宙的奥秘。对古代的中国人来说，9 是一个具有特殊意义的数。按一则古老的传说，有一幅刻画在龟背上的魔图由天上来到人间。它是一个被分成 9 份的正方形，在每一个小正方形上都写有一个数字。更为神奇的是，这幅魔方图上的任意一行、列和对角线上的数字之和都是 15。

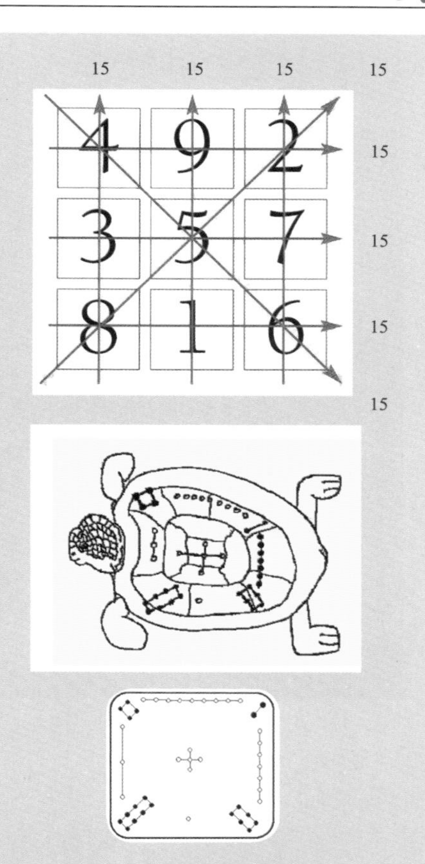

阿尔布雷希特·丢勒（Albrecht Dürer，1471—1528）是一位德国画家，在他的雕刻《忧郁症》（见下图）中，画进去了一个 4 行 4 列的魔方图，其上的任一行、列和对角线上的数字之和都是 34。在他之后约 200 年，本杰明·富兰克林创造了一个 8 行 8 列的魔方（见左图），则由它能得到怎样的结果？（答案见本页）

52	61	4	13	20	29	36	45
14	3	62	51	46	35	30	19
53	60	5	12	21	28	37	44
11	6	59	54	43	38	27	22
55	58	7	10	23	26	39	42
9	8	57	56	41	40	25	24
50	63	2	15	18	31	34	47
16	1	64	49	48	33	32	17

魔方已经出现了约 3 000 多年。但它们都是已知的最古老的数谜的后代的变种，在中国最古老的典籍之一《易经》中就记载了“河出图，洛出书”的传说。可摘录一则由学者菲利普·雷（Philip Lei）翻译的故事：

在中国古代，出现过一次大洪水。人们要献上牺牲给洛河神以平息他的愤怒。然而，若从河里出来一只龟围着牺牲转，则表明河神不接受它。一次，有一个小孩发现龟背的甲壳上有奇怪的图案，即魔方。人们由此知道河神所要的牺牲数为 15。

（答案：富兰克林魔方上数字的总和是 260）

19世纪的英国画家约瑟夫·马洛德·威廉·特纳（Joseph Mallord William Turner）画笔下阿波罗打败可怕的巨蛇的场景。

蒸汽能使一些人具有长远的眼光，并能预知未来。因此，从记忆和有文字记录之前，德尔斐就被认为是一个圣地。起初，当地的人们崇拜大地女神该亚。然后，当阿波罗神从奥林波斯山上来到这里寻找建自己神庙的地方时，他选择了德尔斐（希腊神话中如是说）。为了占据这块土地，阿波罗必须赢得同令人生畏的巨蛇皮同（Python）的战争。而皮同，在不同的故事版本中，是盖亚的儿子或女儿，也可能是孙子。皮同（长着蛇形的身体）不仅骚扰侵害人类，而且也阻止诸神自由地前往德尔斐。

凭着手中的弓箭和头脑中的智慧，阿波罗杀死了可怕的皮同。但他知道谋杀是不正当的行为。所以，为了净化他的带罪之身，并为凡人作出榜样，阿波罗到国王阿特米德斯（Admetus）那里做奴隶。后来，他用月桂树叶做成帽冠戴在头上以示纯洁和值得人爱，并最终以这样的身份返回德尔斐。

这就是阿波罗，这位预言之神，在德尔斐受到了人们的崇拜和拥戴。人们前往那里，从神谕中获得智慧。神谕由称作皮提亚（Pythia）的女性主祭司发出，她是阿波罗在世间的代言人，她有时

神的代言人

在希腊圣城德尔斐，神谕通过女祭司传给众人。这时祭司就被称为“神的代言人”。世人将这位女祭司称为皮提亚。她能解答众人提出的问题，并具有预言未来的能力。她的回答往往令人困惑，有点像谜语，可以有多种解读。

“神谕”一词来源于拉丁文 oracle，意为“口头上说”。因此，在英文中派生出 oral、orate 和 orator 等，单词 Oracle 到现在还有“智慧之源”的含义。威廉·莎士比亚在他的《威尼斯商人》一书中写有：“我是 Oracle 先生，当我开口讲话时，请不要让狗吠叫。”

这个古雅典的杯子（公元前约 440）上有唯一保留下来的关于皮提亚（坐在三角凳上）的图画。

能使用死蛇皮同的语言讲话。

姆涅撒库斯（Mnesarchus）和帕芬尼斯（Parthenis）是一对年轻的萨摩斯夫妇，他们在生下毕达哥拉斯之前，漂洋过海长途跋涉来到德尔斐请示神谕。这是值得的，因为皮提亚给了他们一条令他们震惊的消息：他们将生下一个“能改变世界”的儿子。自然地，他们将按照她所说的去做：前往腓尼基（现在黎巴嫩）的西顿生下这个孩子，然后再返回萨摩斯岛。

如此这般，甚至在毕达哥拉斯诞生前，他就被说成是与众不同的人。他在孩提时代就被送到米利都附近，跟随泰勒斯学习，虽然当时泰勒斯已经老态龙钟了。可能他也随阿那克西曼德学习过。学业完成后，他就如同其他受过良好教育的希腊人那样，开始了非常有价值的广泛游历。在此期间，他到过巴比伦，可能还到过印度，而且肯定去过埃及，并在那里度过了很多年。据说他具有超自然的力量，知道别人所不知道的事情。这或许仅仅是因为他的好运，或许是因为神谕增强了他的自信心。但毋庸置疑的是，他具有罕见的天赋。

他返回希腊后，便开始广收信徒。这些学生接受教育和学习他的思想，还广泛地传播了他的思想。他们被统称为毕达哥拉斯团体或毕达哥拉斯学派。我们不得不说：这个神谕是正确的，他的思想确实改变了世界！

细嚼 π——品味数学的神秘

这是中国汉代（公元前 202—公元 220）的一块玉璧。它是一块中央有孔的圆玉。据说人死后佩戴玉饰被埋葬，就可以保证畅通无阻地进入天堂了。玉璧上的小孔代表地球，而整块玉璧表示天，小孔的直径必须比玉璧直径的三分之一还要小。

在所有的几何图形中，可能没有任何一种比圆更完美。古人坚信，对这样一个完美的图形，一定也会有一个完美的数学表达式。而找到这个表达式则是一个重要的目标。除此之外，圆也是一种非常有用的图形。但如何测量圆的面积呢？又如何测量圆的周长呢？

从很早的时候起，埃及、中国等多个地方的建筑师和工人们就发现，在圆的直径和周长间存在着一定的数字关系或比率。圆的周长和直径间的比率是一个恒定不变的数。也就是说，无论圆是大是小，不管它是一枚硬币还是一个月亮，当你用圆的周长去除以它的直径，你将得到一个固定的比值，即圆周率。数学家将这种恒定不变的数称为常数（constant）。现在，人们用希腊字母表中的第 16 个字母 π 来表示圆周率，也可记作 pi。

如果我们知道了圆周率 π 的值，就能用它乘以一个圆的直径的长度而得到这个圆的周长了。这使得我们坐在桌前，无需移动就可以很容易地测量出一个巨圆的周长。

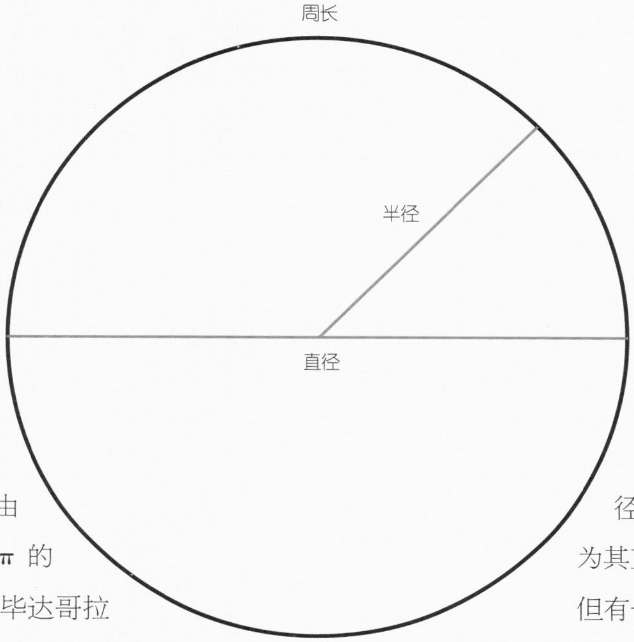

周长

半径

直径

但在古代世界中，关于圆周率 π 出现了当时不可预料的失误。（这个失误应该是指“化圆为方”和“求圆周率的精确值”，这二者均不可实现。）由于没有人知道圆周率 π 的准确值，从古埃及人到毕达哥拉斯以及其他很多人，都全力试图解决这一难题。

现在，我们已经知道，如果用一个圆的周长除以它的直径，得到的结果将是 3.141 592 65…，这就是圆周率 π。注意那些小点，3 个点表示数字序列不断延伸。在有些情况下，3 个点表示该数太长不易写完，但这里不是。π 的数位是没有终结的，是没完没了的。而且，数位也不会有规律地重复，所以圆周率 π 的准确值是无法写出来的，也无法将这一小数用分数来表示，这使得它成为了一个无理数。在毕达哥拉斯之前，无人能够理解无理数的意义。（在本书下一章中将有更多的讨论。）

尽管如此，利用 π 的近似值是非常有用的，古人们已经这样做了。

有了 π 值，我们就可以很容易地计算一个圆的面积了。其公式是 $S = \pi r^2$，它表示一个圆的面积 S 等于圆周率 π 乘以半径 r 的平方（圆的半径为其直径的一半）。

但有一些古人试图绕过烦人的 π 来求圆形的面积，他们将这种方法称为“化圆为方”，即找出一个与要求的圆面积相同的正方形，这就使求面积的工作大大简便了。历史学家普卢塔赫（Plutarch）曾写下阿那克萨哥拉实现了“化圆为方”，但却没有提及他实现的具体方法。后来也没有人能够实现“化圆为方”。

很多其他的古代数学家一直致力于寻求 π 的准确值。

现代电子计算机已能算出 π 的小数点后数以百万位计的值了。然而，这仍然不是圆周率的准确值。将来也不会有人得到准确的圆周率值，数学家如今对这点非常肯定。

读至本书第 17 章，你就会发现，古希腊人得到的圆周率比同时代的其他人更接近 π 的准确值。

毕达哥拉斯知道它是圆的

我们最终又回到了老毕达哥拉斯学说中的观点。数学和数学物理就是他所创始的。毕达哥拉斯发现了研究抽象概念的重要性，特别地，他使人们关注到用数字解释……确实地，毕达哥拉斯在建立欧洲的哲学和数学时，赋予了它们最幸运的猜想。这会不会是神圣的天才的闪现，洞察到事物最奥秘的本性中去了呢？

——阿尔弗雷德·诺思·怀特黑德（Alfred North Whitehead，1861—1947），英国数学家和哲学家，《科学与近代世界》

[萨摩斯岛的毕达哥拉斯]认为人应该讨论诸如善良、正义、合适的生活方式等问题……（因为他）将这些视作自己的责任。

——杨布里科斯（Lamblichus，约 250—330），叙利亚作家，《毕达哥拉斯传》

毕达哥拉斯培育出了基于数字的狂热团体，最后它成了崇高和可笑的怪异混合体。

——约翰·巴罗（John D.Barrow，1952— ），英国天文学教授，《π 和天空》

萨摩斯岛是伊奥尼亚的一部分，但没有人认为毕达哥拉斯是伊奥尼亚学派的。毕达哥拉斯是独一无二的。

你是怎样来认识宇宙的？你是在观察过程中片砖片瓦地不断积累起知识，从而获取关于宇宙的大量信息吗？如果是这样，你就是一位伊奥尼亚型的科学家。

或者，你把宇宙看成是一个只要通过数学公式和思维就能理解的有序、完美的创造物？如果是这样，你就如同毕达哥拉斯那样在思考。

实际上，现代科学方法已将上述两种做法结合了起来，既有纯粹思考，还要进行观察。另外，实验是现代科学最核心的方法，通过实验可以验证假说。然而，经过了很长时间，做实验才成为一种重要的研究方法。事实上古希腊人并没有做多少实验。

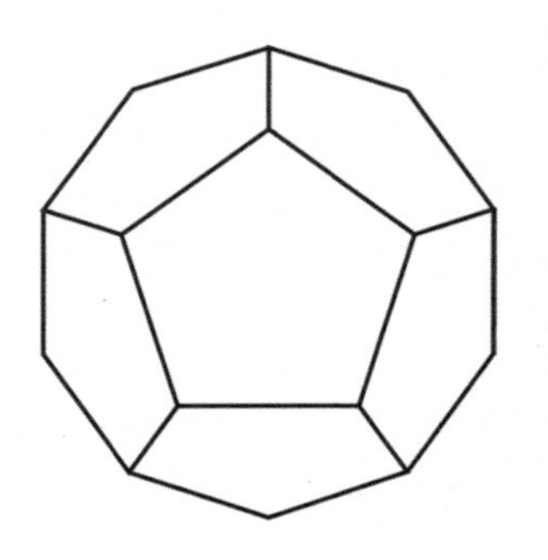

正十二面体是一个具有 12 个正多边形面的立体图形。

这是一幅世界著名画作《雅典学院》的局部。该画由拉斐尔(Raphael，1483—1520)所绘。这位画家试图将他所处的文艺复兴时期和古希腊的经典时代联系起来。因此，拉斐尔将雕塑家米开朗琪罗(Michelangelo)作为赫拉克利特的模型，即图中用肘部斜靠着的人。莱奥纳尔多·达芬奇(Leonardo da Vinci)则成了柏拉图的模型，即图中站在上方右侧穿红袍的人。穿绿衣站在上方中间的是苏格拉底。上方左侧的武士，虽无人敢于肯定，但想必是亚历山大(Alexander)。无人怀疑在图下方左侧看书的是毕达哥拉斯。

对毕达哥拉斯而言，理解宇宙的方式，在于探索绝对正确的事物，而数似乎就是完美地符合这一探索的事物。

挖掘数字

“[矿物中]存在珍贵的石头吗？”米洛(Milo)激动地问道。

“……我认为是存在的。看这里。”

[数学魔法师]从一辆小车上抽出了一个小物体……

“但那仅是一个‘5’呀。”米洛质疑道，因为这确实就是。

“对的，”这位数学魔法师说，“它和你四处寻找的珍贵宝石一样有价值。再看其他的。”

他又抓来一大把石头并将其倒在米洛的手臂上，其中包括从1到9的所有数字，甚至还有一个0。

“我们将它们挖出来，就在这里把它们擦干净，”Dodecahedron(意为十二面体)自告奋勇地说……

“它们十分优美。”对数字有特殊爱好的托科(Tock)说。

“因此，这就是它们的出处。”米洛看着收集到的璀璨闪烁的数字敬畏地说。他将它们转向十二面体……但他正在做这些时，有一个掉到地板上碎成了两半……

“哦，不要担忧，”数学魔法师在捡起这两个碎片时说，“我们可以将它们分别都做成分数。”

——诺顿·贾斯特(Norton Juster)，《幻影收费站》，一部关于数的富有想象力的作品

数字诸神

我们将数字看成是对事物或事物间关系的描述。毕达哥拉斯学派持有一种神秘的信念，即认为数字本身具有力量和意义。他们相信数字整合了整个宇宙。

他们将数字作为神圣来崇拜，特别是对起始的四个数字：1表示理由；2表示辩论（可以很容易地猜到原因）；3表示和谐；而4则表示平等的总和，即正义。数字1、2、3、4还用于表示指南针中的四个方向，以及几何学中的4个要素：点、线、面、体。柏拉图后来将它们明确为4种基本元素。

因为1、2、3、4之和为10，所以10被认为是"万物之母"，故也能表示宇宙。人们甚至向10作祈祷："保佑我们吧，神圣的数，你产生了神和人！啊，神圣的tetraktys[①]，你……永恒的创造之源！"

据说，毕达哥拉斯曾向一位新收的弟子说："看吧，你所想的4实际上是10，也是一个完整的三角形，还是我们的密码。"

"万物皆数。"他这样说。他是认真的，他相信世界上的万物都可以通过数字来解释。他甚至走得更远：认为数字是神圣的，是神的意志的表达。

我们现在已经没有毕达哥拉斯写的书或文章，哪怕只言片语。他所有的著作都失传了，但我们从别人所作的论述中可以获取足够多的相关信息。很多学者讲了毕达哥拉斯所做的工作和成就，都认为他是古今最具影响力的人。

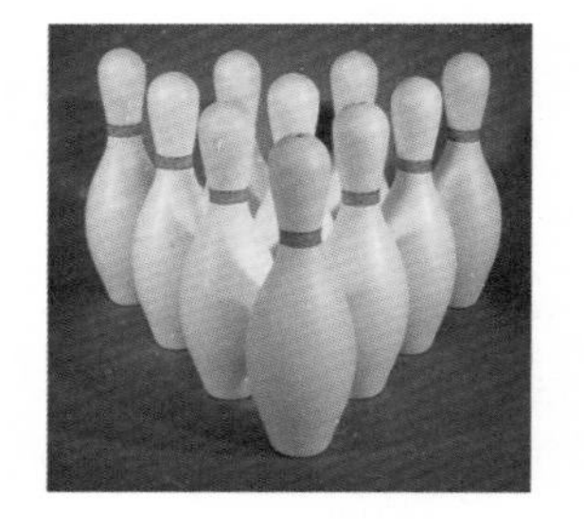

没有人知道毕达哥拉斯是否会喜欢保龄球运动，但他一定会赞成10个球瓶的摆法，即排列成"神圣的十"。它是一个等边三角形，每一排的球瓶数依次是tetraktys图形的数字：1、2、3、4。

毕达哥拉斯将他的追随者组织起来，成立了素食主义者团体。他们过着简朴的群体生活，信徒们把毕达哥拉斯当作神一样顶礼膜拜。但当时也有人认为他是一个具有怪癖的人，甚至有人认为他是一个危险的人。强大的思想家有可能令人心生畏惧。

但在他的这一团体中，毫无民主可言。其中的一般成员只能对他们的领导者言听计从，不能提出可能扰动人心的问题。而领导人则应是值得信任的，且能关心其他成员的人。具有高智慧的精英便被有目的地训练成为这种领导人。

毕达哥拉斯认为世界上存在三种人：第一种是专注于挣钱的人；第二种是专注于名望的人；第三种是专注于思考的人（你应能猜

译者注：① 它是一个神秘符号，从上到下依次是1、2、3、4个点，是毕达哥拉斯的门徒崇拜他的象征。它就如本页图中保龄球排成的形状。

到他最欣赏哪种人）。他认为大多数的人都是不够聪明的，难以理解或关注困难的问题。因此，在他的团体中，只有易于理解的数字和概念才被教授给资质平平的人。但作为领导人，则要求具备高深的数学和哲学知识。毕达哥拉斯试图创建一种理想的文化，前面所述就是他所认为的最佳方式。

毕达哥拉斯和他的追随者们以秘密的仪式形成了一个团体。如果在今天，这种组织可能会被归类为邪教。他们相信人的生死轮回，然而不太相信女人具有和男人平等的能力。他们承认女人（和奴隶）也长有大脑，并鼓励她们使用它。

轮回（Reincarnation）：人死后，灵魂附着到其他人或动物身上获得再生。有时也将这称为“灵魂转移”。

在一则著名的故事中，说毕达哥拉斯看到有一个人在鞭打一条狗，于是上前制止。因为在狗的哀叫声中，毕达哥拉斯听到了一位已故去的老朋友的声音。

毕达哥拉斯平时穿的是裤装，这是一种东方的时尚服装。当时希腊人的时尚是穿宽松的长袍。他随心所欲地做自己喜欢做的事，并不在意传统的清规戒律，但他要求信徒们要按他的规矩行事。毕达哥拉斯认为自然界的所有事物都是交织在一起的。例如，他认为豆子（对了，就是豆子！）中有神秘的力量，因此他从不接触豆子。

那么，萨摩斯岛上的其他人是如何看待毕达哥拉斯团体的呢？因为他们的神秘和超然，使得当地的大多数人都不信任他们。当时萨摩斯岛的统治者，残暴的波利克拉特斯（Polycrates）强迫他们离开。（后来波利克拉特斯靠劫掠而致富，但最终被波斯人俘虏并钉死在了十字架上。）

毕达哥拉斯和忠实追随他的那一帮人前往意大利的克罗顿（今称克罗托内）。当时这里是希腊的殖民地。虽然毕达哥拉斯在那里生活和教学了好多年，但他的光芒可能吓坏了克罗顿人。很多故事说他在一位追随者的家中受到袭击时被火烧死了。这位追随者即为奥林匹克的超级新星米洛（milo）。米洛是一位当年的体育英雄，但没有人确定这件事是真的。

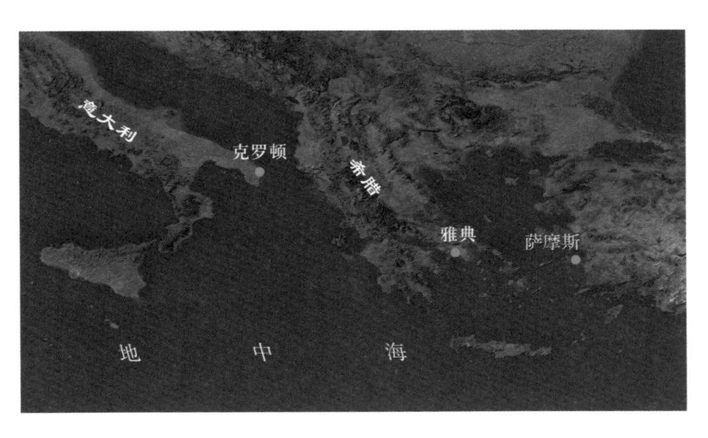

语言上的差异

有时，对同一个词，在日常用语和科学专用术语间会产生较为显著的差异。如单词 irrational，在词典中的解释是“没有理由”或“失去了通常应有的明晰精神状态”。换言之，在这种状态下，人已经失去理智。

上述含义与数学术语“irrational”没有一点关系。对数学家而言，一个无理数（irrational number）是说，它不能被表示成两个整数间的比率。这里所说的“整数”包含了正整数、0和负整数。而有理数（rational number）则可表示为两个整数间的比率。要注意的是，任何数除以0都无意义。

据说毕达哥拉斯通过实验来探究音乐和数字间的关系。上图出自1496年出版的音乐书。图中的琴弦上系有不同的重物，以使琴发出不同的音符。重物越重，发出的音调就越高。这与吉它的弦越紧，音调越高的原理一样。

值得注意的是，毕达哥拉斯团体不愿意将他们的知识与外人共享。他们虔诚地相信数字是宇宙的根本，是真实而有形的，因此要向它们祈祷。如果某人产生了一种可向毕达哥拉斯团体的观念发起挑战的新观点时，这种新观点将受到压制。有一位名为希帕索斯（Hippasus）的信徒，因公开谈论十二面体的性质而被逐出了团体。

所以，想象一下，如果发现一种看上去不那么真实的数，这种数不能准确地用分数表示（不可度量），这对他们而言会是一种什么样的情景？

这种事确实发生了。可想而知，这准会动摇他们的信仰。毕达哥拉斯认为所有的数都是有理数。然而却冒出来一种不是有理数的数字，即它不能被表示成两个整数的比率。毕达哥拉斯学派试图对这种奇异数字的知识保守秘密。这种数现在被称为无理数。

暂且不谈这些，毕达哥拉斯毕竟拥有令人吃惊的头脑，并给了我们利用数字来理解宇宙的新方法。

用相同的力拨动不同长度（经仔细测量）乐器的弦，毕达哥拉

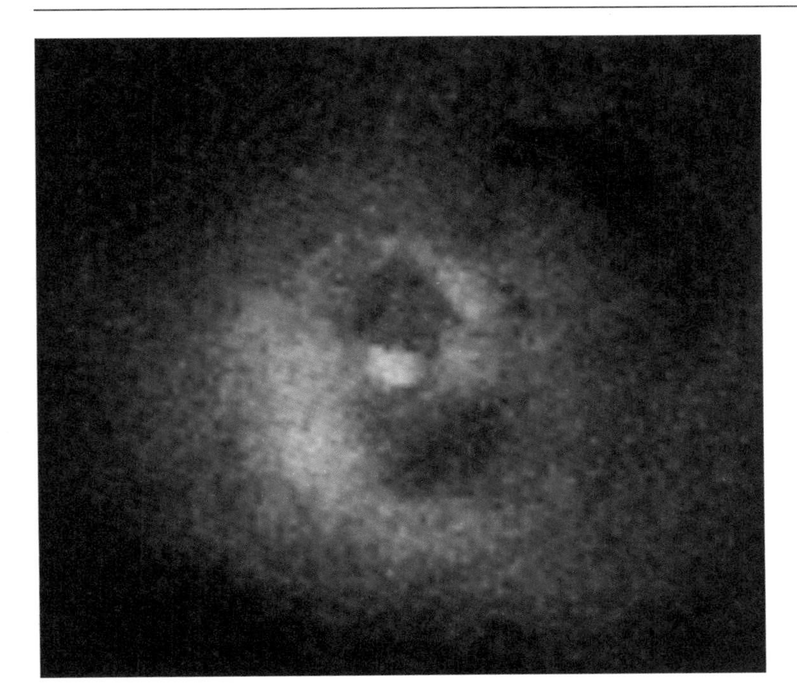

天空也有音乐？

毕达哥拉斯可能总是正确的。按照现代天文学家的观点，他们已经听到了黑洞的“歌声”。发自英仙座A星系中黑洞的压力波产生了降B调的声音。一个降B调比中央C音低57个八度。因此，英国剑桥大学的安德鲁·费边（Andrew Fabian）博士说：“这可能是宇宙中最低的音符了。”左面的照片是环绕地球运行的钱德拉X-射线望远镜拍摄的。它表明，位于中心的高能区域（浅蓝色），以及两个暗斑都是由黑洞产生的能量所释放的粒子泡。

斯发现它们发出的声音的音调具有确定的数字关系。出现这样的情况并非是偶然的。若一根弦的长度是另一根的两倍，则它发出声音的音调将比另一根低八度（假设两根弦上的张力相同）。如果两根弦的长度之比为3∶2，则它们发出声音的音调差别称为“五度音程”。如果长度之比为4∶3，则它们发出声音的音调差别称为“四度音程”。增大弦中的张力，则音调能以可预见的方式升高。这表明，毕达哥拉斯作出的关于声音的结论，至今仍然有效。

毕达哥拉斯发现了原来他人未曾想象的音乐的规律性。如果音乐能用数学来解释，那么其他的事物为什么不能呢？

毕达哥拉斯才是第一位“宇宙先生”。是他（而不是卡尔·萨根*）创造了kosmos①一词，来代表宇宙中从人类到地球，再到在头顶上旋转着的恒星等所有事物。kosmos是一个不可直译的希腊单词，表示秩序和美好的程度。毕达哥拉斯说宇宙就是一个kosmos，是一个有秩序的整体，我们每个人也是一个kosmos（有的人比别人多一点）。

——利昂·莱德曼（Leon Lederman，1922—　），美国物理学家，诺贝尔奖获得者，《上帝粒子》

（*天文学家卡尔·萨根写过一部了不起的著作《宇宙》）

译者注：① kosmos是希腊文单词，意为“宇宙万物”。其也是英文cosmos（宇宙）一词的来源。

在吉萨的大金字塔约于公元前2550年埃及老王国期间建成。在“埃及艳后”克娄巴特拉(Cleopatra)统治时，这些纪念碑已有2 500年的历史了。不知是故意设计还是纯属巧合，金字塔的尺寸具有数学趣味。它的直角三角形的斜边与底边的比为黄金比率(见第84页)。

毕达哥拉斯认为宇宙就如同一个管弦乐队。他将行星视作天体乐器，在演奏着完美、和谐的数学和音乐共鸣曲。这并非只是在作比喻，他相信音乐在天空中真实存在着，但只有神能听见。这听起来可能有点奇怪，但这确实是一种充满想象力的统一理论：宇宙的所有部分，如同管弦乐队中的各种乐器那样相互作用，谱写出伟大的乐章!

在证明声音可以通过数字来理解之后，毕达哥拉斯又把目光转向了视觉世界。可能他曾经仔细观察过地平线：如果一条垂线(竖直上下的直线)与地平线相交，它们之间成直角。毕达哥拉斯可能在他脑海中用这种直角做游戏。他发现了一条定理，这条定理对我们而言似乎很简单，但实际上却是古往今来人类最伟大的智力成就之一。毕达哥拉斯说：**直角三角形斜边(即最长的边)长度的平方，等于其余两个直角边长度的平方之和。**这一结论称为毕达哥拉斯定理。

迄今为止，毕达哥拉斯定理仍是数学领域中最重要的单个定理。

——雅各布·布罗诺夫斯基(Jacob Bronowski，1908—1974)，波兰物理学家，生物学家，诗人，作家，《科学和人类的价值》

古埃及人肯定用过这一原理，否则他们无法建造起金字塔。但他们从没想到过将其总结归纳为有用的理论。巴比伦人

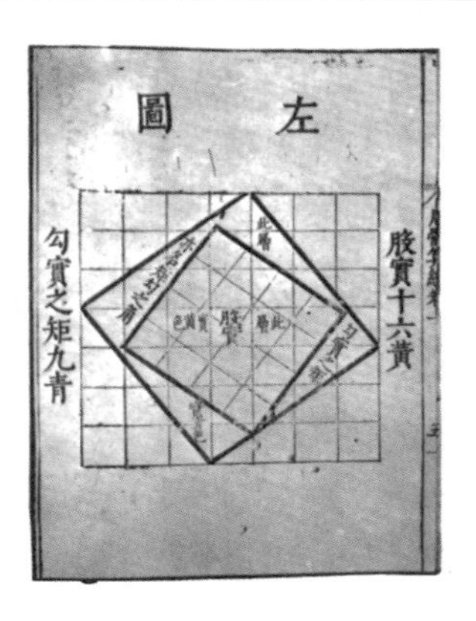

上图讲述了古代中国人证明勾股定理的过程。勾股定理与毕达哥拉斯定理是相同的。它最早出现在中国古代一本写于公元前1世纪的名为《周髀算经》[①]的数学和天文学著作中。

保罗·克莱（Paul Klee，1879—1940）曾经面临一个艰难的选择：是成为音乐家还是画家。最后成为画家的愿望占了上风。克莱是一位瑞士人，他还对数学和“设计科学”感兴趣。在看上去天真质朴（实际上不是）的作品中，他将创造力和抽象性有机地结合起来。你认为我们将他选入本章的目的是什么？你看到左面他的绘画中的直角了吗？

宇宙数学

毕达哥拉斯定理的数学表达式为：对于三条边长分别为a、b、c（最长边）的直角三角形，$a^2 + b^2 = c^2$。这一简单的方程式也被称为宇宙语言，这意味着它在任意星球的任何地方都是成立的。如果在宇宙中的某个地方也存在着生物，则这一公式可被用作与他们开始进行交流的一种方式。

对追求完美的古希腊人，与这一定理对应的简洁的例子是：$3^2 + 4^2 = 5^2$（即9+16=25）。

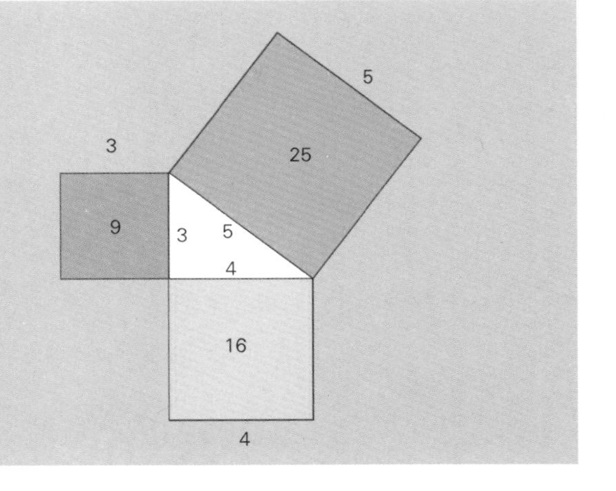

译者注：① 据《周髀算经》记载，中国人早在公元前1000年就已总结发现了勾股定理。这比毕达哥拉斯定理早了约500年。

不可想象的恐怖

毕达哥拉斯学派发现2的平方根（没有终点的小数1.414 213…）不能被写成两个自然数的比率。这太可怕了！到底是怎么回事？不能精确表达的数显然对毕达哥拉斯的“数字统治宇宙”观点发出了挑战。这一令人困惑的平方根后来被证明是人们此前未曾想过的数——无理数。无理数的出现在算术学家和几何学家间制造了裂痕。算术学家发现了这种奇怪的数，而几何学家却找不出能精确测量它们的方法。更糟的是，毕达哥拉斯学派很快发现$\sqrt{2}$并非是唯一具有这种性质的数，除此之外，还有无限多的无理数。事实上，绝大部分数都是无理数。

［毕达哥拉斯学派］说……火球位于中央，而地球则是众多星球中的一颗……而且，他们还构想了与我们处于对立位置的另一个地球，并称之为“对地”。

——亚里士多德，《物理学》

可能也知道这一原理。但是，这需要一次智力上的飞跃，再加上数学证明，才能将一种用于建造某个建筑（如金字塔）的想法，上升为一个不论何时何地都适用的、永不改变的公式。毕达哥拉斯作出了这种飞跃而且证明了这一定理，并将其介绍给讲希腊语的人们。

世界是精确的，是整齐有序的，遵循着用数字可以理解的规则。这就是毕达哥拉斯告诉我们，并一再得到肯定的结果。

如果你认为所有这些仍显不足，那么，毕达哥拉斯还被认为是告诉世人大地是球形的第一人。他比阿那克西曼德的大地是圆筒形结构的模型又前进了一步。

将大地看作球形（现在已知它并非完全的球形），这真是令人惊奇的科学大餐。如果没有人告诉你，你能得出大地是球形的结论吗？但这还不是毕达哥拉斯结论的全部，他还认为地球是在运动着的！

阿那克西曼德也解释过太阳和星星的运动，他说它们是固定在同一个不停转动的天球层上的。毕达哥拉斯部分接受了这种观点。但在他的宇宙学中，地球、太阳和行星不是像恒星那样被固定在同一天球层上的，而是沿着不同的路径运动。有一些天体，包括地球，是绕着一个巨大的火球天体转动的。记住这个火球，在毕达哥拉斯的宇宙中，是火球而不是地球位于宇宙的中心。

除此之外，毕达哥拉斯还引入了复合球层的观点。这种观点的提出，在以后1 000多年中，天文学家将为太阳和行星位于不同球层而烦恼。当然，现代科学依据万有引力理论最终打碎了水晶球层的观点。

想象的数

现代数学家将数轴上的所有数称为实数。但也有一些数称为虚数(imaginary)，这是因为它们不能呈现在数轴上。那么，虚数究竟是怎样的数呢？它们是诸如$\sqrt{-1}$(即 -1 的平方根)那样的数。可以说，任意负数的平方根都是虚数。

数学家利用虚数能解决很多难题。如用负数的平方根来处理交变电流问题等。虚数也可被用于制造分形。分形(来自拉丁文 fractus，意为“打破”)是一种锯齿状边缘的几何图形，向着小而又小的无穷多个重复前进，这种不断变小的重复放大后与整个图形相似。这种重复可由在方程中插入一个无穷数列而产生。这个所谓的无穷数列中也包括虚数。碰巧，电子计算机分形图看起来总是像非常美观的艺术品，但它也有实用的方面。如锯齿形的海岸线，由于凹凸不平难以精确测量。事实上，当你贴近观察时，就会发现更多的凹凸不平，这使得实际测得的长度变大了。分形随着向无限小趋近的自身重复，提供了一种处理这类问题的方法。对此你若想了解更多的内容，请参阅加斯顿·朱丽亚和伯努瓦·曼德勃罗的著述。分形也可在电影中用电子计算机生成特殊的效果。电影制作人可以使电影中的树快速长高、高山移动等，他们可以利用以分形为基础的计算机软件产生整个虚拟电子世界。

如果你持有“数学没有想象力”的观点，那就再重新审视一下这种观点吧。现代数学是创造，它既是变幻的，更是激动人心的。

在分形中，无限趋小的循环(重复)，每一个都像是整体图。

毕达哥拉斯是第一个意识到早晨之星(称为启明星)和晚上之星(称为昏星)是同一颗星的希腊人。现在，我们知道它们确实是同一颗行星，即是太阳系中八大行星之一的金星。

这位令人咋咋称奇的思想家和观察家认为，宇宙间的结构和关系均可用数学公式来表达。他使数学成为西方科学的语言。到目前为止，在这一方面尚无人比他做得更多。

无理数中有黄金

毕达哥拉斯学派认为，用数可以解释所有事物。那么，该如何处理诸如 π 那样不能准确地以小数形式写出的数呢？一般来讲，数字被要求是精确的、完美的。因此，古希腊科学家对无理数的出现表现出极大的震惊。

这种令人厌烦的数是以无限不循环小数的形式出现的。有一些分数，如$\frac{1}{3}$或$\frac{1}{7}$等，虽然是无限的小数，但却是循环小数，即小数点后的数字是以一定的规律重复出现的。如$\frac{1}{3}$的小数形式为 0.333 3…。你将看到，它不是一个无理数。无理数小数点后的数字是以非循环的序列组成的。

那么，我们还需要无理数吗？是的，事实证明，我们需要它。假如一个正方形的面积是 1，从这个正方形的一个角向对角画一条对角线，我们知道这条对角线的长为$\sqrt{2}$（见第 80 页框内）。毕

数轴上的无理数

古希腊人知道，数轴上的每一个点都表示一个数，即使是无理数也是如此。数轴上 0 和 1 之间的长度即为 1 个单位。它可能是 1 英寸、1 厘米，或其他任何单位。我们如果画一个边长为 1 个单位的正方形，再在其上的一个角向相对的角画一条对角线，这样就产生了两个三角形。若用 x 表示对角线的长度，则由公式：$1^2+1^2=x^2$，求得 $x=\sqrt{2}$。但由此也带来了难以理解的数：$\sqrt{2}$——2 的平方根，就是对角线的长度是一个无理数。换言之，$\sqrt{2}=1.414\ 213\cdots$，它是一个无限的不循环小数。我们可以在数轴上标示$\sqrt{2}$，也可用它来进行运算，但我们却无法把它准确完整地写出来。

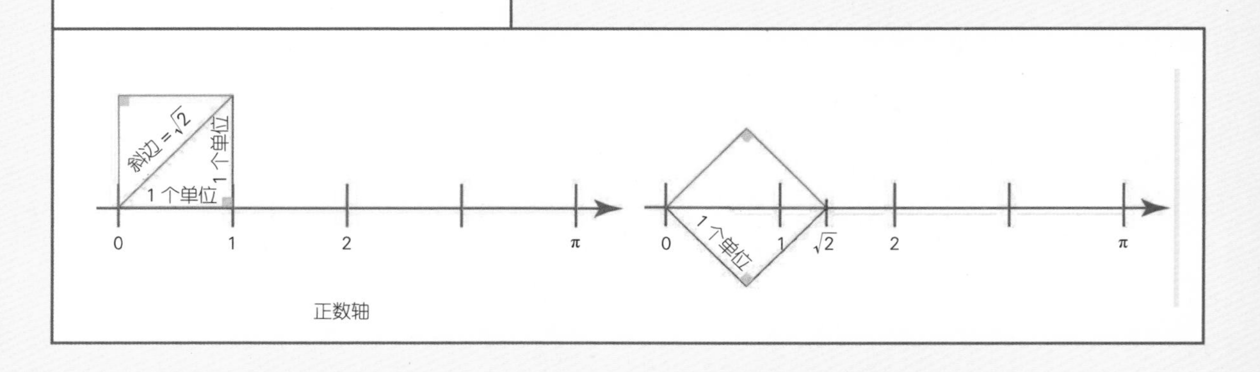

达哥拉斯学派的成员们建构了一个面积为 1 的正方形，但在测量它的对角线长度时，他们发现了这个非常奇怪的数：它接近于 1.414，但又不是正好等于 1.414。他们无法写出一个无论简单还是复杂的数，使之乘以自身后结果是 2。他们原来知道的所有数都是有理数，但有理数中不存在其平方等于 2 的数。肯定有地方出现了问题。

在毕达哥拉斯定理发现之前，尚无人有理由提出这样的数。此后，他们不得不与这种全新的数打交道。理解这种数还尚需时间，但无理数是一种非常有用的数。他们可能已经知道，用无理数可以进行不用它就无法进行的运算。可以说，如果没有无理数，就没有现代数学、科学和技术。

无理数纪念碑

π（3.141 592…）和 $\sqrt{2}$（1.414 213…）有一个无理数兄弟 e，其小数形式为 2.718 28…。现在，e 特别受到工程师们的钟爱。他们用 e（而不是 10）作为对数计算时的底数。在美国密苏里州的圣路易斯市有一座拱形门，它是开发西部的纪念碑，也是工程师给无理数 e 建立的纪念碑。它的形状是上下倒置的悬链线形（来自于拉丁文 catena，意为“链”）。如果你用两手分别在同一高度将一条链子的两端提起，其所成的曲线即为悬链线。

这座优雅的悬链线状拱形门高 192 米，宽 192 米。但悬链线可以具有其他的形状。试想将一根链子（或跳绳用的绳子）向两边展开，随着你手的移动，所形成的曲线变得“扁平”起来。而若链子的两端靠向一起，则形成了非常“陡峭”的曲线，这是悬链线的极端情况。因为这种高和宽的比率是可以变化的（见第 43 页），对同一长度的链子，两个端点间距离的变化，将引起另一个量，即高度的变化，从而使曲线的形状发生改变。这些都可以用公式计算出来。悬链线的公式即是以 e 为底的指数形式。

从拱形门的顶部，可以看到西部大地和密西西比河以东的壮丽景观。

古希腊和文艺复兴时期的艺术家利用 φ，即黄金比率来创作理想的人体。图中的这尊雕塑是由古希腊雕塑家菲迪亚斯制作的。他名字的希腊文为 Phidias，黄金比率的希腊字母 φ 即取自其首字母 phi。什么是黄金比率呢？即雕塑人体的总高度和其肚脐高度的比应等于 φ。那么，真正的人体都是黄金比率吗？并非所有的人都有雕像般理想的比例。但如果你测量很多人的话，大量男人和女人人体的平均比率接近于黄金比率。

无理数美吗?

人们很容易混淆无理数 pi（即 π）和无理数 phi（即 φ）。但一定注意避免出现这样的错误。phi 本身就是一个很特别的数。它是为纪念古希腊雕塑家菲迪亚斯（Phidias）而命名的，是众所周知的所谓黄金比率，在数学中亦简记为 φ。马里奥·利维奥（Mario Livio）在他的《黄金比率》一书中写道：“在数学历史上，尚无任何其他数能像黄金比率那样激发起了各领域思想家的灵感。”

为什么这样说呢？首先，这一比率到处流行。你可以从苹果籽或海星的五角星形图案中发现这一比例。菠萝和松塔的螺旋状外形的比例也是黄金比率。从自然界中可以找到这种比率的大量例子。和其他的艺术家一样，菲迪亚斯知道黄金比率的价值并将其用在自己的作品中。

人类也已知道在那些具有黄金比率的地方，能够产生平衡、和谐和美感。例如，建筑物的高度和长度之比如果是黄金比率，就会显得特别美观。

当你下一次观察和欣赏玫瑰的时候，请注意花瓣的空间布局花样，你将会发现它们不是简单地一瓣置于另一瓣的顶部的，而是按黄金比率排列的。自然界并非是完美无瑕的，故你可能会发现有的玫瑰花瓣不是按这一比率排列的，但对大量的玫瑰而言，按这种排列生长的玫瑰的数量是占主导地位的。

$$黄金比率=\frac{长度}{宽度}=1.618\cdots$$

这里有一些数学问题供你思考。一个黄金矩形的两条边，或黄金线段的两部分间的关系如下：短边与长边的比等于长边和两边之和的比。如果长边的长为 1，那么短边的长则是 0.618 03…；而若短边长为 1，则长边长是 1.618 03…。注意这里有什么非同寻常的地方。黄金比率为 1.618 03…，从数学上看，它的倒数是 0.618 03…，这看起来像是有 $1/\varphi=\varphi-1$ 这一关系。这两个数字经常神秘地在自然界中出现（如见第 226 页中的向日葵），并被用在建筑设计中。帕台农神庙的前面（见左上图）就是一个黄金矩形，柱子间的空间也是黄金比例的。

古希腊人在处理黄金比率问题时，常会用到“中”（mean）和“外”（extreme）。这通常被解释为将一条线段分成较小部分的线段——“中”，而整体则为“外”。黄金比率是无理数：它不能被写成一个确切的分数。而关于 φ 的表达式依赖于另一个无理数，即 5 的平方根：$\varphi=\frac{\sqrt{5}+1}{2}$。

难怪追求完美的古希腊人在解这一问题时遇到了巨大的困难。这么麻烦的数字怎么可能是美的呢？想了解更多关于黄金比率的内容，以及产生黄金比例的具体数字，请见第 25 章。

将正五边形的各个顶点用直线连起来，就构成了一个五角星。毕达哥拉斯学派一定是被五角星的几何性质迷住了，故采用五角星来作为自己学派的符号，他们称其为“昌盛”。

如果你观察右图中依次变短的线段 A、B、C、D，较长的线段与邻近的较短线段之比都恰为黄金比率 φ。线段 A 形成了一个等腰三角形（即有两条边是相等的三角形）的一条边。在一个五角星中，有这样 5 个相同的等腰三角形。你能找出它们来吗？

你可能也注意到在五角星的内部，还有一个较小的正五边形，在其中，你还可以再作出一个五角星，而其中将又出现一个正五边形，如此反复循环。在这种循环过程中，正五边形和五角星相互嵌套直至无穷。这是关于正五边形的边长与其顶点连线长之比不可通约的另一个证明，也是表示这个比值是无理数的另一种方式。在这一圆浮雕中（圆形画面），文艺复兴时期伟大的艺术家米开朗琪罗（1475—1564）将圣家庭安置在一个正五边形（五角星）内。

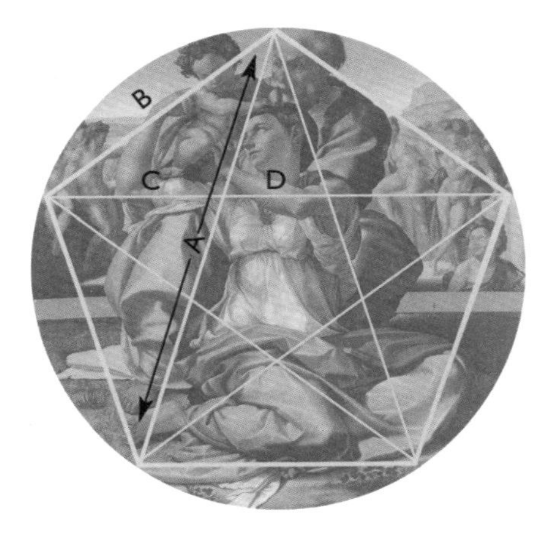

10 抓住原子

颜色是约定的，甜是约定的，苦是约定的，实际上只有原子和虚空。

——德谟克利特（公元前约 460—公元前约 370），希腊哲学家

原子永远不断在运动，有的直线下落，有的离开正路，还有的由于冲撞而向后退……这些运动都没有开端，因为原子与虚空是永恒的。

——伊壁鸠鲁（Epicurus，公元前 341—公元前 270），希腊哲学家，《给希罗多德的信》

德谟克利特（Democritus）曾说："我宁可理解一个事物的原理，也不愿成为波斯国王。"德谟克利特出生于毕达哥拉斯后 100 年（我们认为是公元前 460 年）。当时的波斯国王具有至高无上的权力，财富也多得惊人。故只有那些知道思维的力量的人，才能理解德谟克利特上述话语的含义。

有些人可能在听到他说这些话时对他发出嘲笑，因为德谟克利特出生于色雷斯，而色雷斯是一个很落后的地方，被认为是不会出产哲学家的地方。他们可能说过："你能指望出生于色雷斯的人能成什么大事呢？"

德谟克利特说："幸福不在财富中，也不在黄金中。幸福居于灵魂深处。"在法国艺术家安托万·夸佩尔（Antoine Coypel，1661—1722）的笔下，德谟克利特被描绘成了一个充满幸福感的人。

色雷斯位于黑海的西部和爱琴海的北部（见上面的地图）。它不像米利都、雅典和萨摩斯那样是哲学的中心。如果某人说他是来自色雷斯，别人往往会投来轻蔑的一笑。但这些没有使德谟克利特在探索科学真理的道路上止步，他最终成为世界上最具影响力的思想家之一。

德谟克利特认为，要想理解宇宙的奥秘，首先就要知道它是由什么构成的。伊奥尼亚人已经想到它是由4种基本元素，即土、空气、水和火构成的。对此，德谟克利特认为，应该还存在更小的物质，这4种元素都是由它们构成的。而且，构成这些元素的更小的物质种类是相同的。

德谟克利特关于虚空所做的工作是具有革命性的。例如，他知道空间是没有上部、下部和中心之说的。虽然这一说法是由阿那克西曼德最早提出的，但它对于出生在这个一般以其为中心的星球上的人来说，仍然是一项重大成就……德谟克利特另一个超前的信念是：宇宙中存在着大小不同的无数个世界。

——利昂·莱德曼，美国物理学家，《上帝粒子》

以原子说为“种子”

阿那克萨哥拉相信，宇宙是通过抽象的“意识”作用在无限多的“籽”上而组成的。他的一位伊奥尼亚朋友留基伯（Leucippus）被认为是原子观念的发明者。当你看到树、岩石和人时，能立即想到这些都是由原子组成的吗？

留基伯是德谟克利特的老师。他曾说过原子是牢不可破的实心体。他也相信它们都具有一定的几何形状（用来说明物质的多样性），并做永不停息的运动。（请记住这些观点，我们以后还将要用到。）对于这一关于原子一直处于运动状态的说法，他是正确的！当这一观点被再次真正确立之时，已是20世纪了。

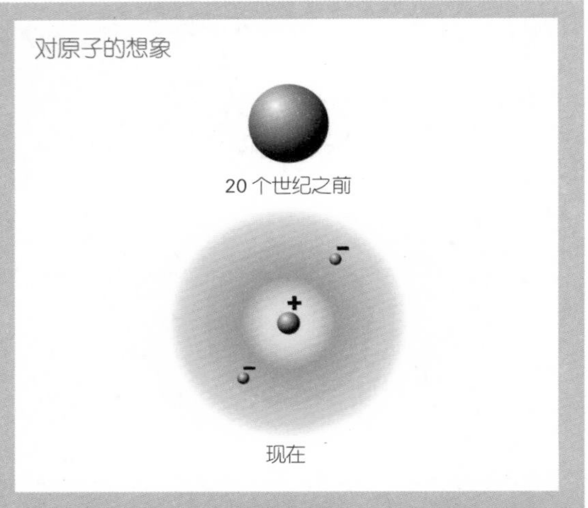

原子并非是如图中上面那样的实心体。它有一个至少包含一个质子的（带正电荷）原子核，外有电子（带负电荷）绕其旋转。

他说宇宙中一定存在着一种最小的物质，其不能被分割或消灭，它是世间每一种东西的基础。他称这种最小的物质为原子。德谟克利特还说，除了原子和虚空，世界上什么也没有。德谟克利特想象的原子是一种坚硬而紧凑的实心体，没有任何东西能穿透它。另外，它是如此之小，以至于无人能看见它。

我们所知的德谟克利特大多是传闻。除了一些残篇之外，他所写的东西都散失了。这是因为在印刷术出现之前，所有的书都是手抄的，因此数量不多。我们确实知道他游历广泛：到过埃及，也到过希腊东部。据说他是一个长寿的人，曾写过73部著作。

他的观点是正确的吗？生命有基本的组成部分吗？世上万物是否真由小之又小的最小东西构成？这仍是我们还在研究的问题。

古希腊相信原子说的人都无法证明这种极微小的粒子确实存在，显微镜和其他科学技术手段的出现尚在遥远的未来。因此，他们只能开动大脑想象。但即使这样，他们取得的成就仍然给我们带来了巨大的震撼。

当增加或减少物质的能量时（例如对液体加热或冷却等），你如何来解释这一过程中物质发生的变化？

原子理论的前沿

在希腊语中，a 意为“不可”，而 tom 意为“分割”。因此，古希腊语中的 atom 表示的是“不可分割的东西”。它后来也成为英语中表示“原子”的词。但直到 19 世纪，真正意义上的现代原子概念才被发现。我们发现一种元素中的所有原子（如金等）都是相似的，但它们和任何其他元素中的原子都是不同的。之后一段时间，人们认为这些元素的原子是基本的“不可分割的最小单元”。但这一观点被证明是错误的。

原子本身就是一个小世界。每个原子的中心都有一个原子核和绕原子核旋转的电子，原子核中有更小的称为质子和中子的粒子。在 20 世纪 30 年代，科学家知道了使原子核分裂的方法，这一方法称为裂变反应。右图中所示的原子能发电站中的核反应堆堆芯就是利用裂变反应工作的。与其相反的过程，即将较轻的原子核聚到一起形成较大的原子核也是可行的：在聚变反应中，原子的核被聚合在一起。

对小于原子的粒子（称作亚原子粒子）的研究开启了科学发现的新领域。很多比原子小得多的粒子，如夸克、轻子、中微子等都相继被发现了。这是否意味着德谟克利特的观点是错误的呢？或者，存在一种更基本的粒子，这些比原子小的粒子都是由它组成的？对此，如今无人能作出肯定的回答。但很多物理学家倾向于德谟克利特的假设。他们正在努力寻找一种能统一所有物质的最小粒子。到目前为止，虽然找到了很多线索，但却缺少能令人信服的足够证据。

古希腊人推断，原子是存在的，原子的作用和反作用可以解释物质的变化。他们的信息是零散的，但却是有希望的。但此后，因为宗教和文化上的原因，科学的发展几乎停滞了 1 000 多年。

另一方面，仅靠思考和想象只能使你在科学上走到一定限度，然后就如同撞到了墙上。没有科学实验和测量技术，你就无法确认你的理论是正确的。这也正是古希腊人面临的难题，因此他们无法建立真正的科学。德谟克利特的观点令人惊奇，但他却不能证明自己的观点，也无人知道它是正确的还是错误的。在他所处的时代，想找到原子的想法是无法实现的：如果它存在，则因它是如此之小而无法观察到。同理，用肉眼来研究恒星，使人们错失了大量的对宇宙现象的了解。

“原子核”一词的英文 nucleus 来自拉丁文，其原意为“小坚果”，类似于硬壳中的小坚果。它是指某些物体，诸如彗星、表皮细胞、原子等位于其中心的物质。

核裂变（nuclear fission）：重原子（如铀，其有 92 个质子和 92 个电子）的原子核分裂成轻原子（如钡，其有 56 个质子和 56 个电子）的原子核的过程。

核聚变（nuclear fusion）：轻原子的原子核结合到一起形成重原子核的过程。

在核裂变和核聚变的过程中都要放出能量。如在原子弹或民用核电站中。

即使是现在，我们也不能用光学显微镜（用可见光来放大物体的像）看到原子。直到 20 世纪 80 年代，原子的形象才为电子显微镜拍摄下来。在用这种令人惊奇的设备扫描物体的表面，当它探测到一个电子（比原子小得多）时，就在信号图上记录下一个点。电子显微镜就是用这种逐点扫描的方式作出了原子的图像。艺术家使用这种技术创作了如上图所示的电子艺术品《量子围栏》。他们将 48 个铁原子围成一圈，俘获其中的电子。

因此，他们的下一代走到不同的方向上，他们开始研究人的情感和思想。伊奥尼亚人认为，宇宙是可知的，且遵循着人类（无论男人或女人）可以理解的规律。但这种观点却被粗暴地弃之一旁。（重新发现它已是 1 000 年后的事了。）所有由伊奥尼亚人写的书，几乎都散失或被销毁了。他们的观点是通过他们留下来的残篇，或是通过他人的记述传下来的。

苏格拉底在德尔斐被称为“最聪明的人”，他由研究自然科学转而研究人的灵魂。“认识你自己。”他对他的追随者说。这句话可能来自神谕，它确实是很好的忠告，但对科学研究却没有太大作用。

据说德谟克利特曾去雅典会见过苏格拉底。他们的年龄仅相差约 9 岁。但他到达那里时，却羞于介绍自己。太可惜了！苏格拉底从来就不相信原子说，他的著名学生柏拉图，以及柏拉图的著名学生亚里士多德同样也不信。他们都认为“元素”是可以无限分割下去的，但是得不到任何新东西。他们从来都不相信有什么处于最底层的所谓基本粒子，而坚持认为土、空气、火和水是我们所能得到的最基本的东西。德谟克利特所说的坚硬而不可分的原子对大家没有多少吸引力。

亚里士多德诞生于德谟克利特已垂垂老矣的时期，后来成为希腊最著名的科学家。他是一位集大成者、一位分类学家，同时也是一位原创思想家。但他从来就不相信原子说。

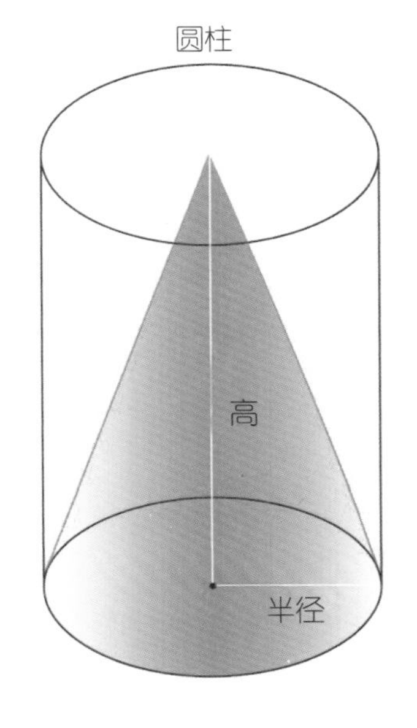

德谟克利特建立了圆锥体积的数学公式，他的方法是将圆锥看成是由一个比一个小的圆片堆叠起来的图形。古希腊的其他人后来进一步发展了这种思想。不幸的是，他所有的书籍被宗教狂热分子销毁了，使我们无法直接看到它。但我们知道他的这一公式：圆锥底面圆的面积（πr^2）乘以圆锥的高后再除以3（如果忘记了除以3，得到的将是圆柱的体积），见上图。

这张画出现于13世纪早期叙利亚的一本语录中。画中苏格拉底（坐在岩石上）和他的学生在一起。虽然画的主题说的是希腊，但他们却都穿着阿拉伯服装。

颂歌原子

卢克莱修（Lucretius，公元前约 99—公元前约 55）是古罗马时期的诗人，他生活于耶稣的前一个世纪。他赞同德谟克利特的原子说，并将其作为他著名诗篇中的中心观点。下面给出了他诗作的片段。请注意他在其中对原子的说法。经过了约 17 个世纪，原子说又将再次得到拥护。现在，关于原子的理论是科学的核心理论。因此，说德谟克利特和卢克莱修的思想远远超越他们的时代，是一点都不为过的。

论宇宙的本质（或论物性）

因此你可以看到，

各种作用从来都不像物质或虚空那样自己独立存在，

而宁为物质或空间两者的副产品。

一部分物体是由基本元素构成，

另外一部分是由元素复合而成。

基本元素没有任何力量能将其分散，

因为，它是坚实的固体，能抵抗破坏。

然而，似乎难以相信会有任何物体是坚实的。

雷电能穿透房屋的墙壁，

噪音和人语也完全可以。

铁块在大火中发白，

石头在熔点崩裂，

坚硬的黄金在热浪中软化，

冰冷的青铜在烈焰中解体。

温热与寒冷可以透过白银，

因为当我们把银杯端在手里，

我们常感觉到它的热或冷。

冷水或热水中，都可以掺入白酒。

不！万物中不存在实心体，

至少看上去是这样。

然而，理性与科学是无可辩驳的力量。

所以，请继续听我说，

我将用很少的诗句，

向你解释存在坚实而永恒的东西。

这些东西我们称之为种子、始基、原子。

我们四周的一切皆由它们构成。

右图中有卢克莱修关于原子的诗句的一部分，它是在15世纪献给教皇西克斯图斯四世（Sixtus IV）的拉丁文手抄本中，并配有插图。虽然卢克莱修被视作古罗马的异教徒，但他的诗句还是在笃信基督教的意大利广为流传。

化合物是由几种元素结合而形成的均一物质。例如，水是我们都知道且每天都离不开的一种化合物，它是由两个氢原子和一个氧原子结合而成的（H_2O）。

11 亚里士多德和他的老师

帝国的命运取决于对青年人的教育。

——亚里士多德（公元前 384—公元前 322），希腊哲学家

婴儿时，拥有拨浪鼓对其是合适的；长大后，教育如同婴儿时的拨浪鼓。

——亚里士多德，《政治学》

吾爱吾师，吾更爱真理。（Amicus Plato，sed magis amica veritas.）

——亚里士多德的名言，括号中是拉丁文

亚里士多德大约在毕达哥拉斯之后 200 年出生。当时，星空观察者们已经明确知道：在月食时月亮上的圆形阴影是我们这一行星——地球投射在月亮上的影子。星空观察者通常都是最聪明的学者，因此这对“大地是平的”这一说法是沉重打击。

天文学家告诉我，星空观察者仍是最聪明的学者。

还有其他理由挑战“大地是平的”这一说法。古希腊的一些人在进行广泛游历时发现，不同地方观测到的北极星位置不一样，在南方的埃及比在北方的希腊要低。而这只能用大地是球形的观点才解释得通。古希腊人还注意到，当一条船从地平线处向我们驶来时，我们最先看到的是它的帆，然后才能看到船身。这好像进一步证明了大地是球形的理论。

然而，关于星空的其他谜题还有待解答。亚里士多德卷起袖子——这对于穿飘逸长袍的人来说，或许有点困难——但无论如何，他准备大干一场了。

这是一座 19 世纪的大理石雕像，它刻画的是沉思中的少年亚里士多德。

亚里士多德是又一位聪明的古希腊人，或许他是其中最聪明的那一位。当他于公元前 384 年出生之时，希腊正处于充满创造力的鼎盛期，它将影响整个世界历史的进程。这就是众所周知的希腊古典时代。

地球的阴影并非任何时候都能出现在月球表面。月食出现于满月之时（见第 27 页），这时地球位于太阳和月球的正中间。对于没有望远镜的古希腊人而言，当地球的阴影在满月上扫过时（只有数分钟时间），能看到这一阴影的边缘是弯曲的。他们由此断定：地球的边缘一定也是弯曲的。

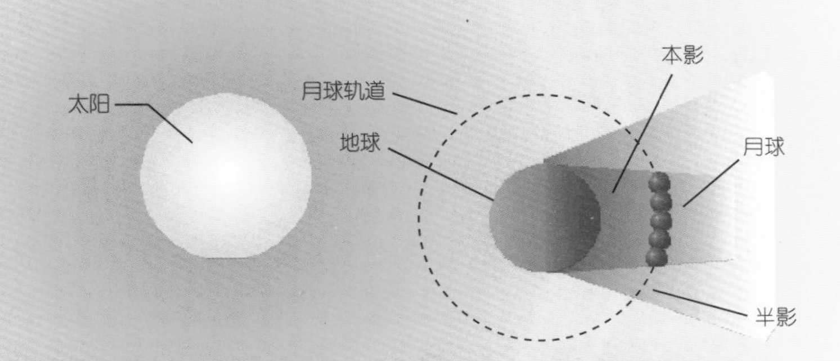

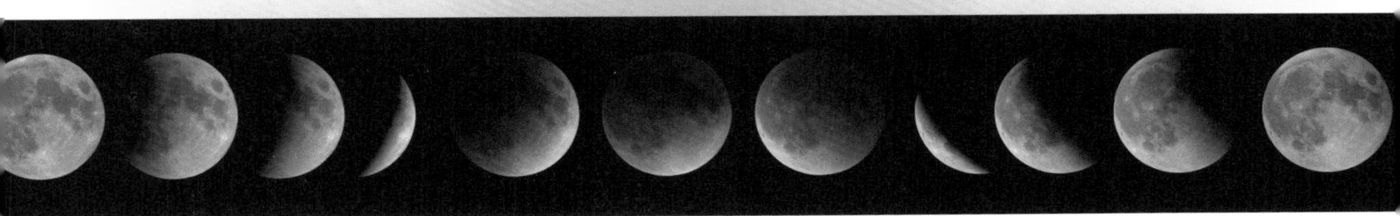

上图中的系列照片描述了发生于 2000 年 1 月 21 日的月食现象的全过程，它历时 1 小时 18 分钟，约每 20 分钟拍摄一次。在食甚阶段，月面上变化的黑暗区是地球的影子。本影出现时，月面并非完全黑暗，这是因为地球的大气折射了一部分阳光到月面上。由于蓝光在经过大气层时发生散射，所以月食期间的月亮看上去是橙黄色的。

古典时代的希腊人在艺术、建筑、文学和哲学等诸方面建立了美好与卓越的标准，这对于现在的我们来说仍是值得敬畏的。我们之所以成为当今的我们，大部分是因为有古希腊人奠定的基础。（试看希腊古典时代的雕塑，你有何感想。）

希腊古典时代是在泰勒斯很后的时期。虽然说早期的伊奥尼亚人不应被忘记，但他们看起来有点过时了。清新之风已经吹来，更富有活力和影响力的新思想，已经从土耳其海岸的伊奥尼亚越过爱琴海，来到了希腊大陆。

亚里士多德出生在北方城市斯塔吉拉，它位于一个多山的半岛上，半岛的触角伸入爱琴海中。儿时起，他就非常幸运地进入非常好的学校学习，特别是在那里他能学习泰勒斯和毕达哥拉斯的著作。然后，在 18 岁时他离开那里前往雅典。当时的雅典是希腊境内一个最为发达的城邦。他到那里去的目的是去当时最伟大的哲学家柏拉图的学园学习。

一位名叫阿卡德摩（Academus）的德高望重的古希腊人曾经拥有柏拉图学园的土地。从那时起，他的名字成为“学院”和“研究院”的专用名词。英语 academy 一词即源于此。

和伊奥尼亚人不一样，柏拉图（公元前约 427—公元前约 347）并不十分相信自己的眼睛、耳朵以及其他感官。如果他想了解某种事物的本质，就先回到最纯粹的思想中。柏拉图追求美、真理和明晰。他从不轻信在地球上看到和听到的一切，因此督促他的学生去学习数学和有关星空的知识。在对数学和星空的研究过程中，他发现了令人惊奇的模式和规律。数学所具有的纯洁性使它能凌驾于地球上所有平庸和有缺陷的事物

《爱丽丝梦游仙境》的作者刘易斯·卡罗尔（Lewis Carroll）写过《符号逻辑学》一书，以纪念亚里士多德。这一点也不奇怪：亚里士多德被尊为逻辑学之父。逻辑学是用思维解决问题的方法论。《符号逻辑学》是为年轻人写的，所以我推荐青年人读一读这本书。

之上。对于星星，柏拉图认为它们是用与地球上不同的材料构成的，而这也是上帝完美性的体现。

柏拉图深受毕达哥拉斯学派数学的影响，后者致力于完美图形和完美弦律的研究。他为这种完美性所深深吸引，几乎到了痴迷的程度。他思考过完美的桌子、完美的猫、完美的花，总之完美的任何事物。他一直在搜寻“完美的形式”（ideal forms）[①]。柏拉图认为在地球上不可能找到完美的事物，但他认为如果我们试图想象完美的事物并为之奋斗，我们将过上尽可能美好的生活。正是因为柏拉图对完美（最漂亮和最和谐）的追求，使他成为深受艺术家、诗人和数学家们喜欢的人。

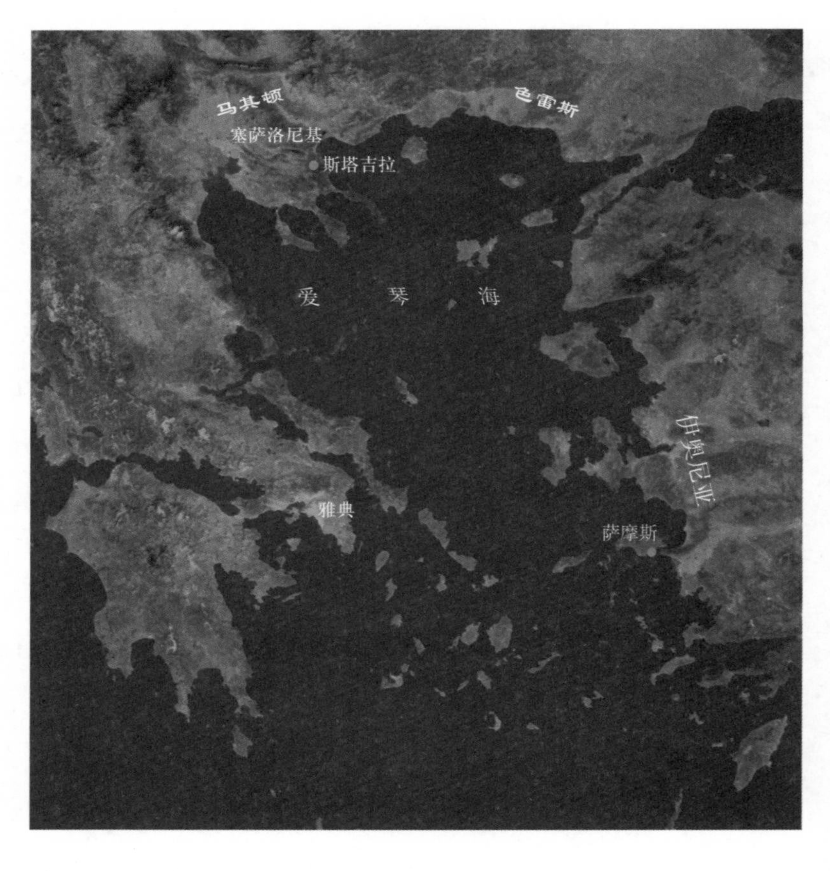

译者注：① 在哲学中，ideal 可译为“理念”“共相”。柏拉图的哲学属于 idealism，译为“理念论”或“唯心主义”。form 意为“形式”。这里对“ideal form”一词采用直译，请读者在阅读时关注它背后的哲学含义。

其实，柏拉图的真名是阿里斯托勒斯（Aristocles）。而且，他还是雅典早期国王的后裔。因为他的肩膀很宽，所以他在学生时代的外号为“柏拉图”，其希腊语意为“宽肩”。此后，他一生干脆就使用了这一名字。在青年时代，柏拉图广泛游历并积极参与政治活动。后来，他又致力于哲学研究、写作和教学。他的作品大多是以对话的形式呈现的，内容是他的老师苏格拉底和他人对问题的讨论。

全部西方哲学史，不过是柏拉图哲学的一系列注脚。

——阿尔弗雷德·诺思·怀特黑德，英国哲学家和哲学家，《过程和现实》

观点的对决

柏拉图和亚里士多德间的差异是很明显的，它们一直在思想史中出现。柏拉图一直在寻找“完美的形式”；而亚里士多德则提出问题，然后再考察现实中的事物。柏拉图的哲学引导人们深入思考，亚里士多德的哲学则引导人们进行观察和实验。

这两种方法都是必需的，我们为什么一定要分出哪个更重要呢？

柏拉图（左）和亚里士多德在雅典学院交谈。（见73页）

古希腊智者的心灵再次相遇①

柏拉图是苏格拉底的学生，也是毕达哥拉斯的崇拜者。亚里士多德又是柏拉图的学生。那么，这说明什么？年轻人从老人那里学到很多东西，但有时可能恰恰相反。科学需要新思想、新观点和新方法以使其一直能持续向前发展。但又需要有由经验而生的智慧，才能很好地利用这些新思想。

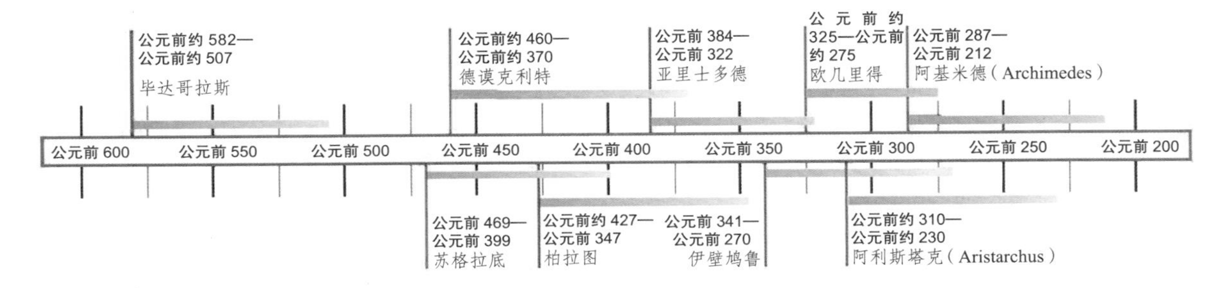

译者注：① 前面讲过智者泰勒斯、阿那克西曼德、阿那克西米尼的师承关系；这里是苏格拉底、柏拉图、亚里士多德的师承关系。

柏拉图，数学和完美数

柏拉图看不起当时绝大部分自然哲学（我们现在称之为科学）。它们对于他的思维方式来讲，看起来有点过于实际了。他一直在做的，是寻找“纯真”的知识。因此，数学这一被他认为是纯粹思想的知识，对于他具有特别的意味。在他那所著名学园的门口，刻着一句名言：“不懂数学者，不得入内！”

柏拉图追求完美，简直到了痴迷的程度。他甚至定义了所谓的“完美数”。那么，什么是完美数呢？

我们先来考虑 14。它能被 1、2 和 7 这三个数整除，而这三个除数加起来的结果为 10，即它们的和比被除数 14 小。因此柏拉图认为 14 不是一个完美数：它因过大而“溢出”了。

四面体。它由 4 个相同的三角形构成。

那么，我们来考虑 12。可将它整除的数为 1、2、3、4 和 6，把这五个除数加起来的和为 16，其比 12 大。故 12 也不是一个完美数：它因过小而“亏欠”了。

现在，我们再来试一下 6。能将它整除的数为 1、2 和 3，这三个除数加起来的和为 6，而被除数也等于 6。既不溢出也不亏欠！从这一点来讲，6 是一个完美数。

这一观点贯穿了古希腊时代。基督教圣人奥古斯丁（Augustine）曾写道：“6 是一个完美数，只是它自身的原因。这并非因为上帝创造世界万物用了 6 天，而应该反过来解释：上帝之所以用 6 天来创造世界，是因为这一数字是完美的。”

由两种或两种以上的正多边形组成的 13 种凸多面体，后世称为“阿基米德立体”。其中一种是足球形状，阿基米德称之为“截角二十面体”（Truncated icosahedron），它可由本页右下角的正二十面体截去它的 12 个角得到（所以共有 20 个正六边形，12 个正五边形）。另外 12 种阿基米德立体是什么样的呢？请思考。我们将在第 17 章给出答案。

在 6 后面的下一个完美数是 28，然后还有 496，再往后是 8 128，其后还有 33 550 336，如此延伸下去。我们由此可以看出，它们都是偶数，且完美数全是 6 或 8 结尾的。

现在假设你对完美数彻底着了迷。但是，这时你又发现有些数不仅不完美，甚至还是非常怪异和不可解释的，你肯定会为此感到不安。而这正是当年古希腊人发现无理数时的情况（见第 82 页）。你可以想象他们为何如此苦恼。

正八面体（具有 8 个面）

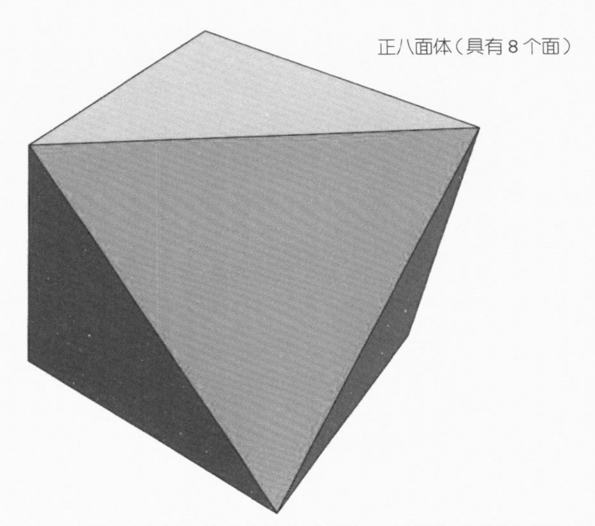

实际上是毕达哥拉斯发现了这些立体形状，而柏拉图在他的对话集《蒂迈欧篇》中使其闻名于世，故人们称其为柏拉图立体图。柏拉图认为有且仅有 5 种具有相同的边长、角度和面（如都是正三角形）的规则多面体。他将这些多面体视为完美立体图，并确信天上的物体也应具有与此相同的精确几何外形。他相信恒星和行星也处于完美的几何和谐之中。虽然这种说法不真实，但几何确实有助于我们了解星星。

正六面体
（有 6 个面，它就是立方体）

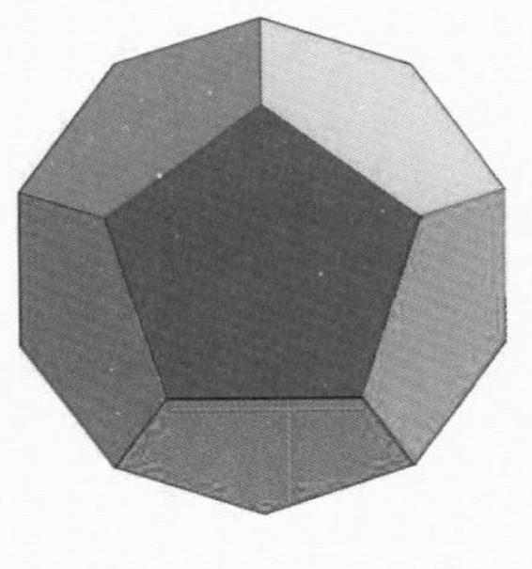

正十二面体
（具有 12 个面）

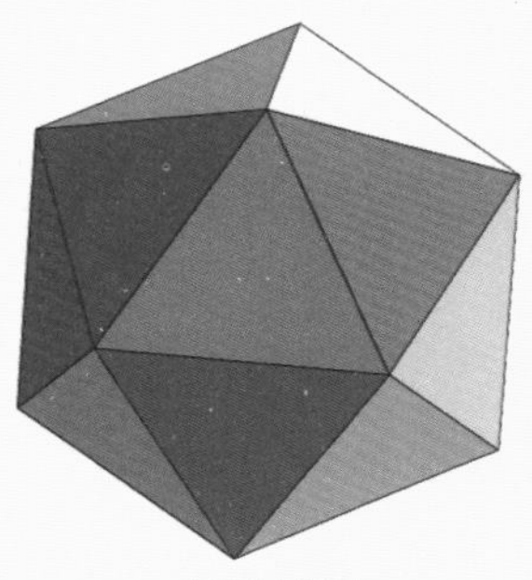

正二十面体
（具有 20 个面）

右图为在庞贝城出土的古罗马时期的马赛克画，作画时间可追溯至公元前 1 世纪。其中描写了柏拉图在学园中和学生在一起。

亚历山大大帝（公元前 356—公元前 323）的大理石半身雕像。雕像是在他死后两个世纪雕成的，显示的是少年时代的亚历山大。亚里士多德以科学和哲学教导这位未来的“王中之王”。

他们讨论政府、教育、伦理以及其他主题。柏拉图可能是所有时代中，其著作被阅读最多的哲学家。而他所建立的学园，至今仍是教育家们所要追求的模式，无论是否同意，但绝不能无视这些观点。

亚里士多德是柏拉图学园中最著名的学生，据说柏拉图曾将他称为“学园的智慧”。

但当柏拉图痴迷于数学及其完美性时，科学家们却在对现实世界进行着孜孜不倦的探索，而亚里士多德也是这些科学家中的一员。因此，亚里士多德虽然受到柏拉图纯粹和抽象观念的巨大影响，但他自己却生有一颗务实的、面向真实世界的头脑。亚里士多德被周围日常生活中的大千世界深深迷住了。

亚里士多德的头脑可能是继承了他父亲的思考风格。他的父亲是马其顿国王的一位宫廷医生（他在亚里士多德年轻的时候就去世了)。医生每次只专心致志地考虑一个问题。亚里士多德的成就正得益于他那有组织的和讲究实际的思维方式。他建立了逻辑原理,即一个能研究天文学、生物学、化学等大多数科学学科的推理系统。但在做这些之前,他专注于向柏拉图学习了多年。

柏拉图去世后,亚里士多德接到了来自北方马其顿国王菲利普二世(Phillip Ⅱ)的召唤。因为雅典和马其顿是竞争对手,所以他是怀着复杂的心情去的。当菲利普国王知道曾任他父亲医生的儿子已是闻名于世的学者时,便要他做自己的继承人亚历山大王子的导师。亚里士多德在那里做了8年的宫廷教师,据说他的教导对这位后来的统治者产生了极为深远的影响。在菲利普二世去世后,亚历山大成功地登上了王位。后来他成为世界史上著名的征服者,即亚历山大大帝,真正的"王中之王"。

这时,亚里士多德又返回了雅典,创立了自己的学园。有人说,这是因为他没有被柏拉图指定为继任者感到恼火而另立门户。也有人认为,亚里士多德和柏拉图两人在观点上的差异,必然导致两个不同的思想流派。当然,他们的观点在有些方面也是一致的,但在其他方面则相互冲突。

这是马其顿(见第96页中的地图)境内靠近塞萨洛尼基的古米耶萨的遗迹。其被认为是10~15岁儿童的学校遗址。亚里士多德于公元前343—公元前340年在米耶萨儿童学校教书,之后便回到雅典,在吕克昂学园任教。

亚里士多德激发亚历山大对自己周围的世界产生广泛的兴趣。右图为取自一份 15 世纪法语手稿中的插画，它虚构了亚历山大乘坐一个玻璃桶（原始的潜水钟）潜入印度洋海底观察海底生物的情景。

柏拉图主义致力于追求精神生活和“完美的形式”。而亚里士多德主义则观察自己周围的世界，并用来指导他们的思想。要记住，在古希腊，没有人能认识到，实验作为验证科学假说的一种方法的重要性。对于包括亚里士多德在内的古希腊人而言，他们相信，所有的科学真理无论多么复杂，都是可以通过思考来发现的。而对于现在的科学家来说，首先通过对自然界的观察而形成假说，然后再用实验对这种假说进行证实或证伪，最后得出正确结论。而这正是希腊人从未真正跨出的最后一步，或许只是因为他们确实做不到：他们尚没有技术条件开展深入的实验。

亚里士多德从未将自己的研究限制在一个学科内，而是尽可能地将所有能接触到的领域都纳入自己的研究范围。他在诗歌、艺术、音乐、数学、战争学、伦理学、宗教学和科学等方面都颇有建树。他的头脑就像是一部百科全书，被称为伟大的知识综合者。他将自己所发现的自然界中的一切规律列成表，然后再对它们进行组织、分析和联接。这在科学发展中具有里程碑式的意义。

除了这些贡献外，我们认为亚里士多德是世界上第一位生物学家。他解剖过数以百计的动物标本，并把在解剖过程中看到的现象记录下来。他曾观察过鸡蛋中形成三天的小鸡胚胎，仔细观察胚胎中那微小的心脏的跳动。他看到并记录了它向延伸到蛋黄中的血管中泵血的情景。与他同时代的很多人认为亚里士多德这么做是在浪费时间，因为只有人类才是值得研究的。但亚里士多德却说："如果有人认为对除了人之外的动物王国进行研究是不值得的，那么这也应该是对人进行研究的蔑视。"

亚里士多德的学生，亚历山大大帝，就对他所做的这些研究非常欣赏。在登基后，他指派了很多人到希腊境内外去收集各种动物供亚里士多德作研究之用。亚里士多德将动物集中饲养，这可称为世界上第一个动物园。这给了亚里士多德集中观察、了解和研究各种动物的机会，当时可没人看到过这么多种动物在一起。

"我们绝不能幼稚地对观察相对低等的动物表示厌恶，因为自然界中所有事物都有其奇妙之处。"他曾这样写道。

但亚里士多德不满足于只了解一种生物的局部情况，而要了解各部分是如何整合为一个完整的生物体的。"我们不能满足于只是说明一张椅子是用青铜还是木头制成的……而是应该阐明椅子的设计或其物料组成的方式……对一张椅子而言，它正是如此如此的一个形式，具体于这样或那样的物料之中。"亚里士多德意识到了生命远非只是各个部分的简单集合。

亚里士多德错在哪里？

亚里士多德认为地球位于宇宙的中心。他说重力使所有物体都趋向地球中心。他相信一切物体的自然状态都处于静止状态，除非受到力的作用才能发生运动。他还认为重的物体比轻的物体下落得快。（右图中在月球上进行的实验验证了并非如此。）

上述他所说的都是错误的。但鉴于亚里士多德的名气以及他曾得出了大量正确的科学结论，很多人仍对他的错误说法深信不疑，这将很多代的思想家和科学家都引入了歧途。亚里士多德的研究常伴随着错误，但我们要学习的是他提出问题和组织数据的方法。好的思维和观察过程有助于我们最终发现正确的答案，而这正是亚里士多德教给我们的。

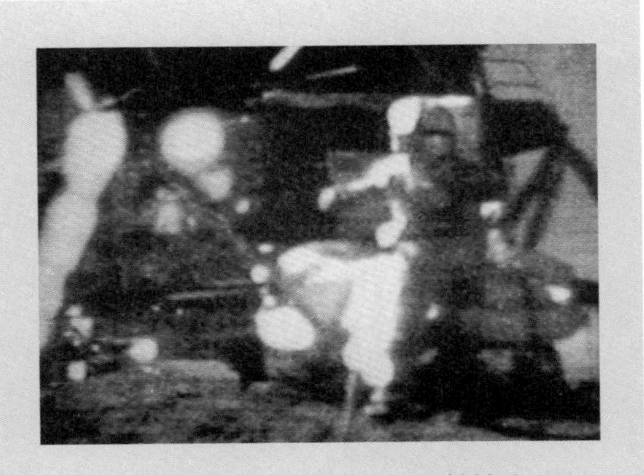

1971年，宇航员戴维·斯科特（David Scott）在月球上做实验驳斥了亚里士多德的观点：掉下的锤子和羽毛同时落在月球表面上。

和其他古希腊科学家一样，亚里士多德也对光和视觉进行了研究。毕达哥拉斯学派认为，是因为有“视线”从眼睛中射出并射到物体上，才使我们能看到了物体。(现代科学告诉我们的恰好相反：光经过某一物体反射后进入眼睛，才使我们能看到这一物体。)恩培多克勒认为，眼睛就如同一盏小灯，其内部存在着“小火苗”，它发出的光可以照亮外部世界使我们能看到。但亚里士多德对这一说法提出了质疑(他与其他优秀的科学家一样，都是伟大的质疑者)。他反驳道：“如果眼睛是一盏小灯的话，为什么我们在夜间看不到东西？”虽然当时他并不能给出正确答案，但亚里士多德确实在光和视觉的关系方面进行过认真的思考。光对生命是如此重要，但又如此难以理解和分析，它实际上是20世纪物理科学的中心课题之一。

而在天文学领域，亚里士多德的观点则大多是错误的，大概是因为他接受了天空是球壳状固体的观点，这是在他之前的学者们建立的理论体系。亚里士多德甚至加上了更多球壳，认为有54层球壳分别载着属于它的恒星和行星按各自规律转动着。他赞同毕达哥拉斯学派和柏拉图的观点：地球和天空分属不同的自然领域，它们遵循着各自不同的自然定律(现在我们知道并非如此)。亚里士多德的这些错误观点在他身后的很多个世纪中都被人们认为是真理。而这些错误常使科学发展倒退。尽管如此，我们仍对亚里士多德在科学上宽广的视野和深层次的工作深表钦佩。

当我们在夜晚看到野兽发光的眼睛时，就很容易相信其内部有“小灯”从而有“视线”射出的说法。但如果将这只母狮放到漆黑一团的房间内时，就看不到它眼睛发出的光了。只有存在光并有光进入眼睛时，我们才能看到物体。

亚里士多德在分析前人观点的基础上，将其融合进能够解

走近苏格拉底

在法国画家弗朗索瓦 – 路易斯 – 约瑟夫·瓦托（Francois-Louis-Joseph Watteau，1758—1823）的画中，苏格拉底平静地接过一杯毒酒饮下，而他的追随者们极度忧伤且无助地看着他。

苏格拉底不是一位科学家，但他确实值得铭记。据说苏格拉底相貌丑陋：短而粗的身体配上一个大鼻子。但他却有着高尚的人格，机警而智慧。他用充满幽默的话语赢得了广泛的赞誉。他还是一位亲和力极强的谈话者，他的对话总能迷倒对方。他从不在意自己的衣着，也不关注财富和时尚物品。因此，他的老婆粘西比（Xanthippe）有理由对他心生抱怨，她因此也给我们留下了泼妇的恶名。

我们认为苏格拉底是阿那克萨哥拉的学生，但他对伦理学（研究行为方式和准则的学问）研究的兴趣却远大于对宇宙研究的兴趣。我们还知道，他具有超乎常人的勇敢精神。他不相信古希腊所谓的神，对民主政体的评价也不高。请记住，他是一位伟大的演说家，且对公众有着非常大的影响力。对此，如果你是一位雅典议会的成员，将会作何感想？在历史上，苏格拉底被指控犯有无神论罪、叛国罪和腐蚀青少年罪而入狱，并受到审判。

其实，苏格拉底还是有可能自救的，但他拒绝这样做。他没有为自己的所作所为辩护。最终，由 500 人组成的陪审团判定他有罪，应处以死刑。后来，他在有轻易逃跑的机会时，又加以拒绝，直到最后选择了平静地喝下一杯含有毒芹汁的毒酒。他的学生柏拉图将要耗费一生中大部分时间想弄清苏格拉底生与死的意义。我们至今仍在思考苏格拉底提出的问题。

释和区分所有已知事物的基本理论之中。这是一项了不起的巨大成就，它为科学，包括当代的科学都奠定了坚实的基础。即使他的多数观点被证明是错误的，重要的是他为思想家们提供了思考的起点，即可供后人研究和检验，并表示同意或不同意的诸多观点。而这正是一个优秀的思想家才能做到的。

12 宇宙有变化吗？亚里士多德认为没有

神圣之物的运动一定是永恒的。天空就是神圣之物。因此它被赋予圆球形，其本性就是要做圆周运动。那么，为什么不是所有的天体都在天球上做圆周运动呢？这是因为，在旋转体的中心必须有一个静止的物体……因此，地球必须存在！因为地球正是静止在这一中心的。

——亚里士多德（公元前384—公元前322），古希腊哲学家，《论天空》

不是一次或两次，而是无数次，同样的观点不断出现在世界上。

——亚里士多德，《论天空》

亚里士多德认为：地球是静止的，而日月星辰都在各自的圆轨道上绕地球运动。出于神秘的原因，他坚信：地球是宇宙的中心，而圆周运动是最为完美的运动形式。

——斯蒂芬·霍金（1942— ），英国物理学家，《时间简史》

关于亚里士多德，有一些有趣的说法。他可以说是历史上最有影响力的科学家，但在今天，他却无法从大多数宇宙学家手中赢得“最受欢迎奖”的桂冠。很多人说亚里士多德使得这一领域的研究倒退了几乎2 000年。你如何看待这一说法？

亚里士多德相信，宇宙是固定的、静止的，而且这种状态是永恒不变的。“在整个世界中，变化到处可见。但是宇宙常在，它是没有生成与毁灭的。”他曾这样写道。

另外，“根据传承下来的历史记录，在整个过去的时间范围内，无论是整个外层空间，还是它的某一部分，都没有出现明显的变化。”

1660年，荷兰阿姆斯特丹一位名为安德烈亚斯·塞拉里厄斯（Andreas Cellarius）的教师兼数学家，出版了一本惊人的彩色地图集《和谐的宇宙》。地图是他手工刻成的，其中包括了地心说（托勒密，Ptolemy）和日心说（哥白尼）两种系统。在上图中，在轨道上绕地球转动的天体，由近及远依次为月球、水星、金星、太阳、火星、木星、土星和黄道诸星座。

亚里士多德认为：宇宙就是以这种方式存在的，而且永远也只会以这种方式存在，不会发生变化。

然而，挑战来自对宇宙的理解。亚里士多德创立了地球和恒星模型，带领我们走上了认识宇宙之路。亚里士多德关于宇宙的构思看来似乎有理，特别是通过他在公元前350年写的《论天空》一书中的解释，人们更加相信。

亚里士多德认为，一个像地球那样非常重的物体是不可能运动的。他反对毕达哥拉斯学派关于地球是一颗运动着的行星的观点。在亚里士多德的宇宙学中，地球是固定在宇宙

意大利西西里蒙雷阿莱大教堂中12世纪的拜占庭式马赛克装饰画。画中耶稣作为原始推动者坐在宇宙边缘自己的球体上，用自己的意志操纵着天体。

中心的，而太阳、恒星和行星都绕着地球转动。它们又都固定在完美无瑕、清澈透明的水晶球壳之上。这些封闭的宇宙球壳一层套一层，共有54层，并由此创造出了一个无比优雅、闪闪发光的宇宙。他还指出，最远的球壳属于原始推动者，即上帝。

关于天空，有一个之前没人能够解释的问题，这个问题也曾困扰过柏拉图，即：行星是沿着奇怪而不规则的轨迹运动。它们每天夜晚出现时，如果与恒星构成的固定背景相比较的话，通常看起来每次都会向东方偏远一点。但有时，这些行星又会向后返回，即从东向西移动一点。这一过程称为逆行运动，然后它们又返回正轨（详见第112—113页）。柏拉图深受毕达哥拉斯的影响，将这视为对数学的挑战。需要有人来理清楚这些行星轨道发生左右摇摆的原因。亚里士多德的方法是，设想每一颗行星都还有一个它自己特有的天球壳，其运动与恒星天球壳的运动不同。这是一种好的尝试，而且在较长的时期内被认为是最好的设想。尽管这一模型是非常复杂的，但却似乎能较好地解释这一问题。还有一些希腊人认为，行星是固定于一些有各自圆轨道的不同连接杆上的。

现在我们知道所有这些观点都是错误的，一些行星看起来向后逆行运动的原因，是我们从一颗运动的星球（即地球）上观察的结果。而古人不知道我们脚下的地球是运动的，当然也就无法理解逆行运动了。因为当时无人能够感觉到地球在运动，故也就无人能够弄清楚这些事情了。至于球壳，如

亚里士多德的科学在生物学和分类学方面是非常重要的。他和另外一位古希腊科学家希波克拉底（Hippocrates）共同创立了这些科学学科。左图为亚里士多德于公元前2世纪的雕塑：他正准确地观察自然并形成逻辑理论。现代科学家更倾向于实证，即都是以实验为中心进行研究的。

轻浮力

亚里士多德认为地球上存在着4种元素和2种力。

• 重力（gravity）——使物体向下运动的力。他认为正是它使土和水两种元素下沉。

• 浮力（levity）——使物体向上运动的力。正是它使空气和火两种元素向上运动。

我们现在仍把宇宙划分为不同的元素和不同的力。亚里士多德所说的重力与恒星和行星无关。现在我们已认识到重力与恒星和行星的运动有关，但我们仍在探索重力产生的机理。这也是现代科学研究的一个热点问题。而浮力呢？现在人们只当这是一个笑话。

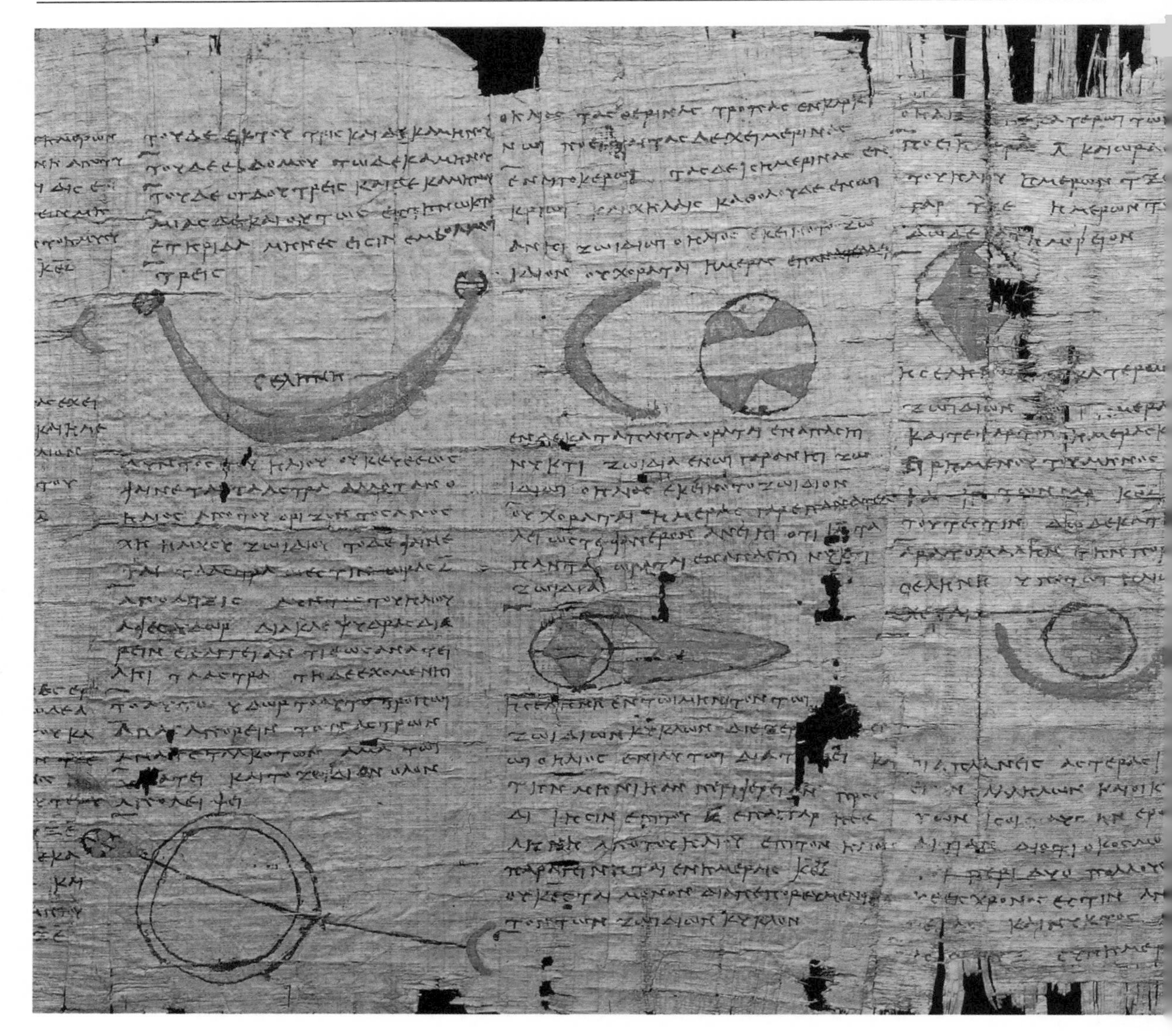

欧多克索斯（Eudoxus）没有手稿传世。在公元前2世纪，即他去世后200年的莎草纸上，写有他对天文学研究的几何方法。欧多克索斯在他的家乡尼多斯（现位于土耳其境内）建立了世界上已知最早的天文台之一。

果你不知道任何关于重力的知识，你又如何能解释天上星辰悬在空中呢？古希腊人关于天空是坚硬的水晶球壳的观点，是他们深思熟虑后的猜想。只是很不巧，这个猜想是错误的。

亚里士多德将他的宇宙模型塑造成一个具备完美性的模型。亚里士多德终究还是柏拉图的学生，虽然他在很多问题上不同意柏拉图的观点，但柏拉图对他的观点无疑是影响深远的。亚里士多德认为，天体是均匀的、完美的。因为古希腊人认为圆周运动就是完美的，所以亚里士多德相信恒星和行星一定也是沿着完美的圆轨道运

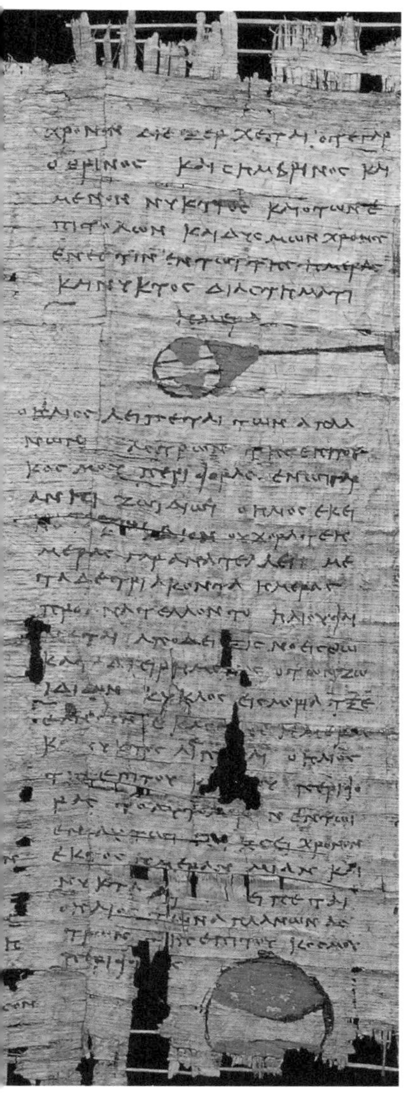

行的。

在他的世界里天空是完美的，恒星和行星也是由完美的元素构成的，因此与地球上的任何事物都不相同，它是神圣的、永恒的第五种元素，称为“以太”。他认为，天空中的任何天体都是永恒的、完美的和静态的。

以太（Aether或Ether，英语中与化学中的“乙醚”同名）来自希腊语，意为“燃烧或生长”，也被认为是一种完美的元素。它是纯粹的和不变的。对现代化学家而言，乙醚是由乙醇和硫酸反应生成的无色透明的化合物，常被用于在手术前使病人失去知觉。

但是，亚里士多德心目中的地球，却是不完美的。如构成地球的元素土、空气、火和水，并非理想的完美状态。看一下我们的周围，所有的事物都不是静态的，这是一个充满变化之地：出生、长大、衰落、死亡、腐朽等过程一直在发生。按照亚里士多德的观点，天上的世界和地上的世界是完全分离的，也是完全不同的。

他所说的这些，后来都被证明是错误的。但我们了解这些内容却是非常重要的，因为在一个相当长的时期内，所有人都相信他的这些观点。此外，这也将使你认识到，即使在今天，科学所建立的观点也不一定是正确的。

天文学迫使我们向上看，引导着我们从一个世界到另一个世界。

——柏拉图，《理想国》

亚里士多德的错误观点将导致其他错误观点的产生，并使科学走进死胡同。亚里士多德和他同时代的科学家无法借助技术的支持，甚至连望远镜也没有。设想一下，如果你处在他们那个时代，仅凭大脑、眼睛和数学来探索，你能做些什么。由此可知，他们在当时的条件下取得了令后人惊叹的成就。

为什么火星出现了异动？

如果在某一个夜晚，你注视火星并进行了持续的观察，那颗明亮的、橘红色的点，看起来就如同在巨大地图上看到的数千个城市点中的一个。若你观察的时间足够长，而不只是观察几分钟，就可能注意到整个天空的“地图”（当然火星也包括在内）是在运动着的，即缓慢地由东往西划过夜晚的天际。

因此，如果恒星和行星都是步调一致地运动着的，那么古希腊人为什么称行星为“流浪汉”（planet 的希腊语意思是“漫游者”）？若你多关注一下，此后再这么持续观察火星两个星期，你会发现这个橘红色点的行为并不像“地图”上的一个“城市”，它更像一只在固定的恒星地图上沿着古怪路径缓慢爬行的甲虫。

土耳其工程师通奇·泰泽尔（Tunc Tezel）在他年少时就注意到了这颗行星“甲虫”。现在，他将夜复一夜观察到的现象记录到了胶片上。他在几个月内不间断地观察夜空中这一相同的“点”，并用照相机对其进行了拍照，然后再将这些照片合成为一幅图像。请注意第 113 页图中他拍摄的 2001 年火星系列照片，其中恒星间的相对位置没有发生变化。2001 年 2 月 18 日，火星好像也固定在一个位置上不动，位置靠近黄道带上天蝎座的尾部。这颗红色的行星整夜都“趴”在那里不动。但到了 2001 年 3 月 1 日，火星已漫游至天蝎座尾部的另一侧。

眼睛的错觉和运动的物体

如果你坐在行驶中的汽车后排座位上向车窗外看时，会看到路边的树、建筑物、电线杆等都在向后运动。当然，你知道这是眼睛在为你“变戏法”。树是不可能运动的，而是你和汽车一起在运动，而你和车的运动让你产生了一种错觉，认为车窗外静止的物体是在运动的。

这与我们观察星空时的情形完全一致，所有的恒星和行星看起来都是以相同的速度在运动。这只有两个理由可以解释：一是它们确实是以相同的速度运动着的，这意味着它们只可能是固定在水晶球壳上的；二是因为地球是运动着的（是眼睛欺骗了我们）。一些古代思想家对此能理解，但并非所有的人都能理解。因此在相当长的历史阶段内，水晶球壳说占据了上风。

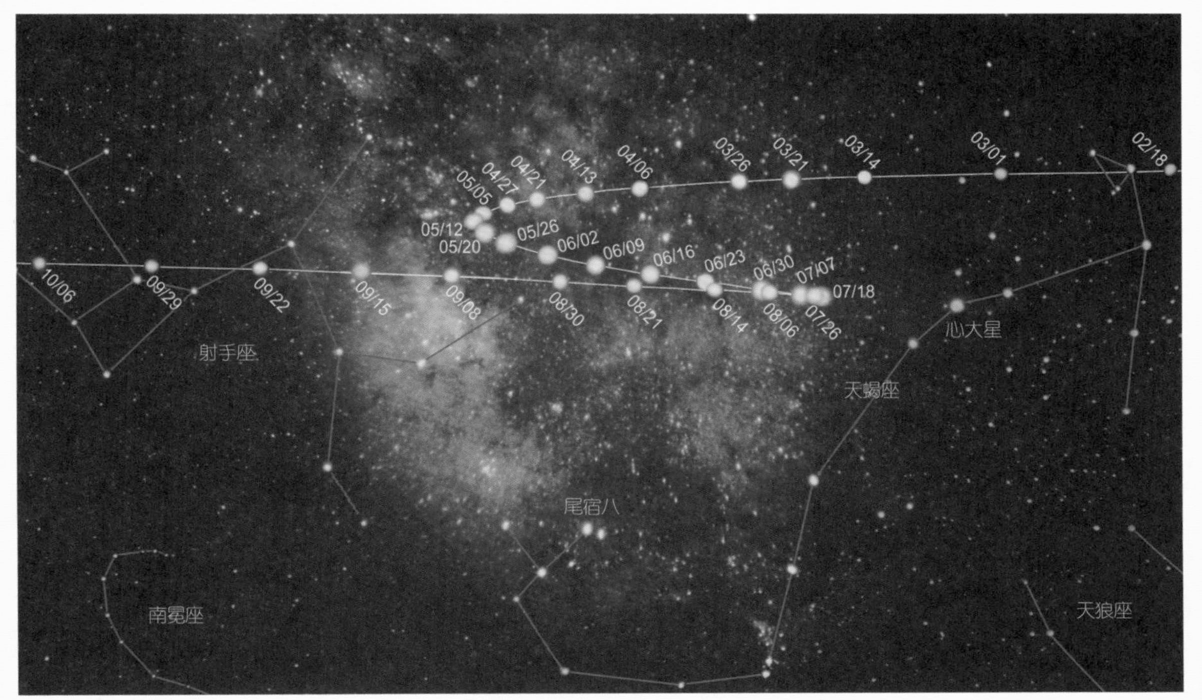

土耳其大天文迷通奇·泰泽尔，白天是土木工程师，晚上则拍摄星空。他从 2001 年 2 月至 10 月，耐心地拍摄下了火星的这些照片。

经过 3 月、4 月两个月的时间进入 5 月，火星竟然“爬”到了接近黄道带上的另一个星座——射手座的位置。接着，在 5 月中旬，又发生了更为怪异的事情：火星沿着弧形路径向相反的方向，即从射手座回向天蝎座运动，我们称这种运动为行星逆行。而在 7 月 18 日，火星又来了一个急转弯，开始向东边的射手座方向运动。

真是一个谜。火星和其他行星并不是真的在那里走 Z 字，那么它们在夜空中的移动路径为什么看来如此奇怪呢？很多古代的天文学家致力于用复杂的方法来解释这种古怪的运动，但却从来没有得到过完美的解释。影响时间最长，也很巧妙，但却远非完美的解决方法，是托勒密提出的本轮说（见第 178 页）。这一观点的核心是设想在静止的地球外面，在群星运行的大轨道上，还存在着另一种小圆轨道。

为了完美地解释行星的运动轨迹，天文学家后来不得不接受了地球也在运动的观点，而且其运动速度与其他行星不同。当地球经过一颗速度较慢的行星（如火星），或一颗速度较快的行星（如金星）经过地球时，逆行运动就发生了。从我们的角度看，行星相对于固定不动的恒星发生了显著的漂移，有点像我们骑在旋转木马上看一位慢跑者一样。

13 阿利斯塔克几乎搞对了!

经过长时间的勤奋研究后，很多原来隐藏着的、看不清的东西将会明晰起来，这一时刻必会到来。一个人寿命的时间即使全部奉献给了对天空的研究，也不足以对如此博大精深的主题进行深入的探索……因此，很多奥秘要经过一代又一代人的努力才能展现出来……自然之谜是不可能一劳永逸地被揭示出来的。

——卢修斯·安内乌斯·塞内加（Lucius Annaeus Seneca，公元前约3—公元65），出生于西班牙的罗马哲学家，《自然问题》

任何人要求整个宇宙的运动来确保地球固定不动，都是极其荒谬的，就如同一个人登上高塔去观察整个城市及其环境，却要求周围的乡村绕着自己旋转，以使他不必费力转动自己的脑袋。

——伽利略·伽利莱，意大利科学家，《关于两大世界体系的对话》

亚里士多德的宇宙观是以地球为中心的模型，它是有序的，而且可以合理地解释一些宇宙现象。当我们观察周围世界时，会感觉到地球是静止不动的，而天上的太阳和星辰一直在运动。这就是感官告诉我们的，也是亚里士多德告诉我们的观点。因此，这也是古代大多数人头脑中关于宇宙的图景。

但生活在亚里士多德身后一个世纪的阿利斯塔克却不这么认为。我们认为他出生于公元前约310年，卒于公元前约230年，其鼎盛年大致在公元前约270年。阿利斯塔克既是一位伟大的数学家，也是一位细致入微的星空观察者。他完全秉承了伊奥尼亚人的传统，这一点毫不奇怪，因为他就出生于萨摩斯岛。

试将哥白尼所作的宇宙图（上图）与安德烈亚斯·塞拉里厄斯所作的宇宙图（第107页）进行比较。可以发现，地球和太阳的位置发生了转换，而且水星和火星位于地球轨道的里面。这有助于说明这两颗行星的行为与其他行星不同的原因。月球这时也不再具有自己的环形轨道了，而只是地球的一个小伙伴。

阿利斯塔克描绘了地球绕太阳运转的图像。在他的模型中，运动着的地球在轨道上绕着静止的太阳转动。这不能不说是一个革命性的观点！但也肯定使大多数人感到震惊。他们发问道：是谁提出了这么愚蠢的想法？

人们总是充满敬意地谈起阿利斯塔克。因为阿利斯塔克有一个强大的头脑，但在太阳中心说这件事情上，他似乎又失去了头脑。怎么能说地球绕着太阳转呢？我们天天都看到太阳从东方升起，然后向西运动。除此之外，伟大的亚里士多德也认为地球是固定不动的。要跟亚里士多德争论是很困难的。（特别是，当时亚里士多德已经去世了。）

阿利斯塔克从不畏惧死去的权威，除了地球绕着太阳转的观

变化的四季

要理解季节的成因，需要归结到一个角度：23.5°（如果要求更精确的话，则为23.45°）。可能你以前已经知道它了，如果要学习天文学或地理学，你需要反复用到它。这一角度是地球倾斜的角度。你是否注意到这一角度也是北回归线的纬度（23.5°N）和南回归线（23.5°S）的纬度？它们并非巧合。在这两个纬度之间的是热带地区，它如同一条带子绕过地球腰际。也只有在这一区域，太阳才有可能处在地面的正上方，充沛的直射阳光使热带整年都暖烘烘的。

地球上其他部分接受的非直射阳光相对较弱。例如，美国的佛罗里达位于热带的北部，因此，每过一段时间，这里的柑橘园就要遭受一次冬霜的袭击。

如果你用90°（极点的纬度）减23.5°，则能得到另一个值得你记住的角度66.5°，这是北极圈的纬度（66.5°N）和南极圈的纬度（66.5°N）。它们是温带和极地的分界线。极地之所以是极地，是因为在那里一年中有一段时间太阳不落下（夏天）或不升起（冬天）。在纬度66.5°（北半球和南半球均如此），出现这种情况只有两天，即在至日。而在两极，这种情况出现则是整个冬季或整个夏季。

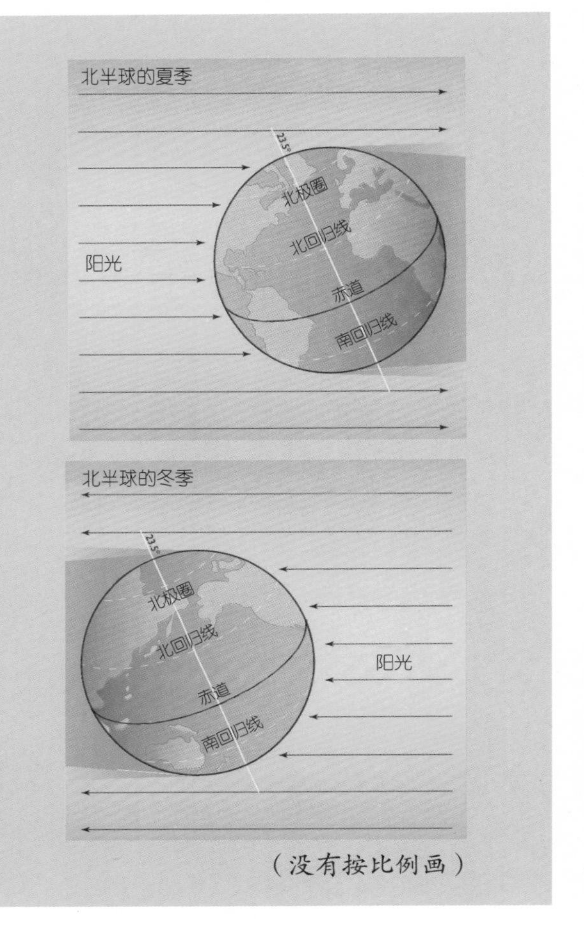

（没有按比例画）

点外，他还得出了月球的大小以及它到地球的距离。他是如何做到这些的？在月食时通过观察地球投射到月球上的阴影，然后再利用得到的数据进行数学运算。按照他的计算结果，月球的大小是地球的三分之一。这一数据偏大，但相差也不是太大。

然后，阿利斯塔克说太阳比地球大！而且地球还在绕着自己的轴线自转，并由此产生了白天和黑夜。但这还不是全部：他还说地球的轴线是倾斜的，这意味着在绕日轨道上的不同地点，太阳光线是以不同的角度照射到地球上的，又由此产生了季节。这一点他说得非常正确，但对于当时的大多数人来说，却是远远无法理解的。

当阿利斯塔克说地球绕着太阳转时，几乎所有人都不把这一说法当回事。现在，是否也有什么声音，我们本该倾听，但却听不进去？

每个人都能看到太阳是很小的。为什么？因为你用一只手就可以将它遮蔽掉。与阿利斯塔克同时代的希腊人克里安堤斯

一张胶片经曝光9小时记录下的恒星由东方缓慢从内华达山脉升起的轨迹，这是该山脉在美国加利福尼亚州内的部分。

一种新的旋转

第一个认为地球应该是在绕太阳运动的人是赫拉克利德斯（Heracleides，公元前约388—公元前315），他也是柏拉图的学生，因此他应该认识亚里士多德。赫拉克利德斯是从何处得到这一令人惊讶的观点的？当他观察天空时，看到的和我们现在看到的一样，而且是夜复一夜的相同，熟悉的群星出现后，即从东向西运动。亚里士多德和其他一些人认为它们的运动是真实的，它们都绕着地球转圈。

赫拉克利德斯利用自己的想象力认识到，如果地球绕着自身的轴从西向东做旋转运动，则我们将能看到与此相同的景象。这也说明了为什么在北极正上方的北极星不与其他恒星一起运动的原因（见第62页）。阿利斯塔克出生的时间，与赫拉克利德斯去世的时间相近，他应当听说过赫拉克利德斯的相关推测。大多数人都嘲笑赫拉克利德斯，而他却在认真地思考这一推测。

（Cleanthes）说，阿利斯塔克应该为他散布虚假和不诚实的观点而受到审判（请记住，在阿那克萨哥拉身上发生的事）。观点超越时代可能是危险的。阿利斯塔克关于地球和太阳间关系的观点成为公众嘲笑的对象，并受到了大多数人的反对。不过他很幸运：没有被放逐，也没有被监禁或处死。

阿利斯塔克的大多数著述都被扔到了一边，他的观点也被封埋在了历史书中。下次不耐烦时，你应该想一想阿利斯塔克。因为整整过了1 700年后，波兰一位名为尼古劳斯·哥白尼（Nicolaus Copernicus，1473—1543）的教士，才看到阿利斯塔克的著述并引起了他的注意。哥白尼利用阿利斯塔克几近被遗忘的观点，为近代科学的创立作出了重要贡献。

古希腊时代，人们一直在为解决一些重要问题而奋斗着，如地球有多大，月球有多大，恒星有多大，它们有多远。当时，这些都是难以回答的问题。但他们树立了一种社会风气，人们在很大程度上可以自由地研究、讨论他们的一些天马行空的想法。

阿利斯塔克在公元前约260年指出，如果假定包括地球在内的所有行星都是绕着太阳转动的话，那么天体的运动就很容易解释了。既然恒星看起来是不动的，除了昼日交替归因于地球的转动，则星星应该在无限远处。

——艾萨克·阿西莫夫，科学作家，《阿西莫夫科学技术传记百科全书》

月球有多远？用时间测量

你如何利用时间来测量距离？在太空时代，我们用激光束射向月球，它到达月球后被放置在月面上的镜子反射回来，于是，我们就根据激光在这一过程中所用的时间来计算我们和月球间的距离。这一时间越长，距离就越大。

利用时间来测量距离并非新事物，在古代就有应用了，但古人应用的是自己的头脑，而非激光器。其过程大概是这样的：古代的天文学家先是等待月食现象的到来；当月食发生时，他们测量地球的阴影扫过月球表面的时间，由此估算出月球的距离。而且估算出的结果已经很接近真实距离了。我们可以想象一下他们可能的具体步骤。

需要用到几何方法这一有力的工具。阿利斯塔克把月球轨道看成一个巨大的圆（确实如此，非常接近）。他注意到从地球到月球的距离接近这个圆的半径。因此，他将这一距离标上大写字母 R（见下页图）。

众所周知，所有圆的圆周长（当然也包括月球轨道）无一例外都是 $2\pi r$（其中 r 代表圆的半

我们如何了解那些故去的古希腊科学家？特别是那些著述已经散失了的科学先贤们。我们通常是靠其他人著作中的文字来了解他们的。阿基米德（后面的章节中将介绍）告诉了我们关于阿利斯塔克的一些事："他的假设是，恒星和太阳是静止不动的，而地球在绕着太阳的轨道上做圆周运动，太阳则位于这一轨道的中心。"普卢塔赫在他的著作《月盘之面》中写道，克里安提斯"认为指控阿利斯塔克是希腊人的责任，其罪名是他对天神不敬，因为他要将宇宙的壁炉（the Hearth of the Universe[①]，指地球）置于运动之中"。

译者注：① 古希腊人似乎有把地球称作诸神壁炉的说法。

径）。因为 π 的值约为 3.14…，由此，阿利斯塔克可得月球绕地球运行的轨道圆周长 $6.28R$，月球在上述圆周上运行一圈（绕地球公转一周）的时间为 T=656 时（约 27 天）。

阿利斯塔克认为，地球的直径就等于阴影的直径（这一数值偏小，但也很接近实际值）。在月食发生时，月球通过了地球的阴影区，而这阴影区的直径（或说长度）为 $2r$（亦即地球的直径）。当发生月全食时，月球通过地球阴影区的时间约为 t=3 时。

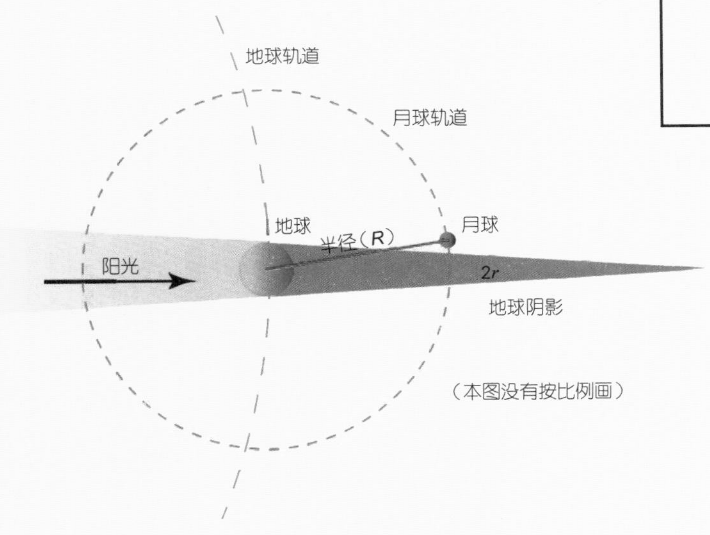

（本图没有按比例画）

阿利斯塔克现在已得到了所有他需要的数据。他知道，圆周长（$6.28R$）和阴影的直径（$2r$）之比，即等于月球绕地球轨道运行的时间（T）和月球通过阴影区的时间（t）之比。亦即：

$$\frac{6.28R}{2r}=\frac{T}{t}$$

阿利斯塔克代入已知数据和两个时间（T 和 t），有

$$\frac{6.28R}{2r}=\frac{656\text{时}}{3\text{时}}$$

接下来只要进行算术运算：

$$\frac{6.28R}{2r}\approx 219$$

$$6.28R\approx 438r$$

$$R\approx 70r$$

这一简单的等式意味着到月球的距离 R 约为 $70r$，即将 35 个地球紧密排成一列的长度。我们现在知道这一距离接近于 60 倍地球半径，即 $60r$。但这并不重要。重要的是阿利斯塔克做了前人无法做到的事情，而且是远在激光问世之前，实在了不起！

14 亚历山大的城市

他（亚历山大）天性极其喜爱各种学问……他经常把荷马的《伊里亚特》……和他的短剑一起放在枕头底下，他说那本书是一个可随身携带的一切军事美德与知识的完美宝藏……有一个时期，如他自己所说的，他对于亚里士多德的敬爱不亚于自己的父亲，因为他认为，他的父亲给予他生命，而亚里士多德则教他过一种高尚的生活。

——普卢塔赫（约 46—120），希腊历史学家，《亚历山大传》

（在亚历山大）由于商业是由那些自由人经营的，他们在社会上与学者们有密切的联系，因而学者们了解并且研究了大多数人遇到的实际问题……亚历山大产生的数学，几乎与希腊古典时代所产生的数学有着完全不同乃至对立的特征。这些新数学是实用性的，早期的数学则与实用几乎毫无联系。

——莫里斯·克兰（Morris Kline，1908—1992），美国数学教授与作家，《西方文化中的数学》

地中海沿岸国家此时正处于混乱之中。亚里士多德的学生，马其顿的亚历山大打败了强大的波斯军队。这也使他的征服欲高涨起来。随着一个接着一个的胜利，他建立了一个庞大的帝国，从俄罗斯南部到希腊，再到印度、埃及和叙利亚。因此，他的士兵称他为亚历山大大帝。很快，这一称呼传遍各地，并为所有人所接受。因为他集勇猛的战士、具有远大眼光的统治者和受过良好教育的人于一身。他建起了 70 多座城市，其中就包括建在埃及，打算作为首都，并用他名字命名的亚历山大城。

17 世纪的画作描写了亚历山大在读荷马史诗的情景。请阅读源自普卢塔赫的引文（见上面）。

亚历山大要对一些事物进行改革。他力图打破人与人间的隔阂，以使他的统治更为容易。因此，他将亚历山大城建在了地中海边靠近亚洲、非洲和欧洲的交汇处。对于把这个城市建成世界贸易和文化中心的计划，这是个极佳的选址。后来它确实做到了。

上图为在庞贝遗址中部分保存下来的马赛克地板画。它赞美了公元前 333 年，亚历山大在与波斯王大流士三世的战争中取得胜利的场景。在图的左侧，强悍而又坚定的亚历山大骑着他心爱的坐骑比赛弗勒斯在战场上，而大流士（右侧）则痛苦地站在他的战车上。这幅马赛克画由 100 多万块小瓷片组成，它是古代艺术中最大和最重要的作品之一。

左图为 17 世纪的画作《亚历山大的巨大胜利》，由夏尔·勒布伦所绘。其描写的是亚历山大于公元前 331 年征服巴比伦城并光荣地入城的情景。这一胜利使他能统治西亚，并能在随后的岁月中使希腊灿烂的文化影响全世界。

亚历山大立志将希腊的艺术、科学和哲学观点传播到所有被他征服的土地上，并且立即将这一想法付诸实施。

亚历山大虽然如此强大，但却无法战胜自己的命运。他在参加了巴比伦的一次盛宴之后生病了。有人说他喝了过量的烈性酒。11 天后，亚历山大大帝就去世了。这一年是公元前 323 年，当时亚历山大只有 33 岁。

在这之后，再也没有人能将强大的帝国维持统一。因此，帝国被其官员分割。一位马其顿将军托勒密到达并占领了埃及。托勒密家族在那里统治了约 300 年。最后一任托勒密家族的国王是

马其顿是古代的一个王国，现在是位于希腊北面的马其顿地区。

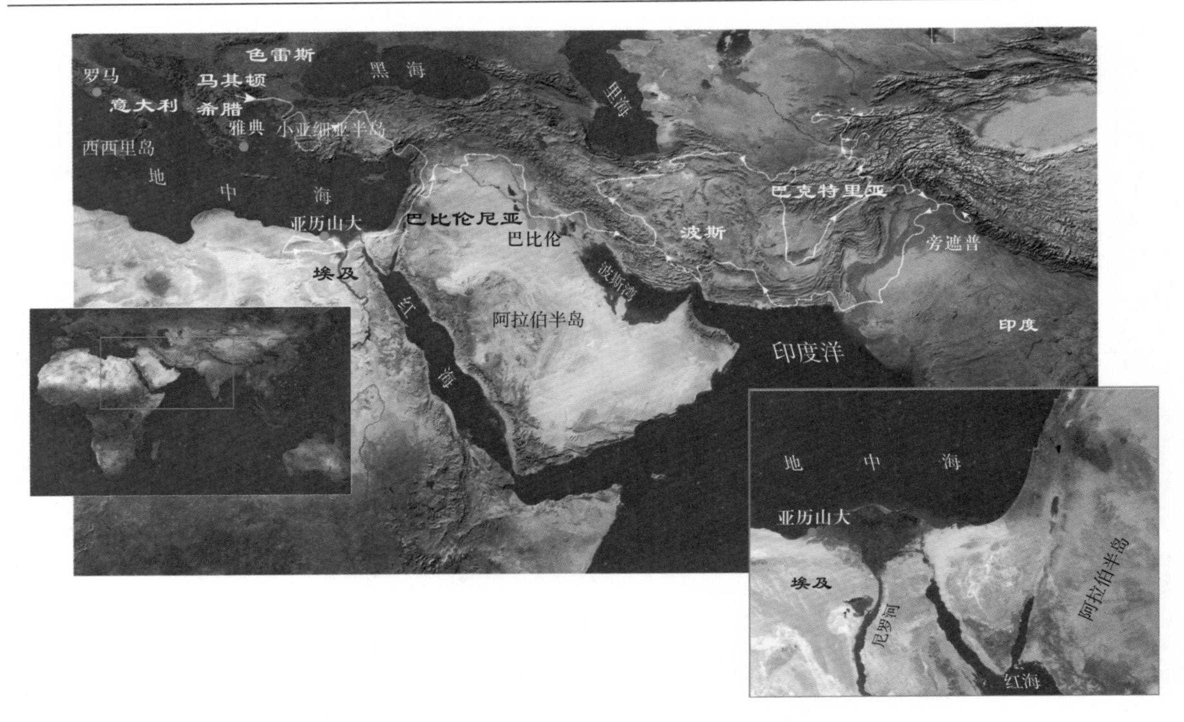

在成为马其顿国王后仅仅9年，亚历山大大帝即征服了整个波斯帝国，并将希腊文明传播到了远至印度地区。但他的帝国在他离世后就解体了。

位女王，即有“埃及艳后”之称的克娄巴特拉。

托勒密一世，其原名为托勒密·索特尔（Ptolemy Soter）。他将希腊的艺术、学术、经营等观念带到了亚历山大城。但这一过程并不是单向的。他也深深地被具有深厚底蕴的埃及文化所影响。他也因在亚历山大城建造一个壮观的公共场所而闻名于世，这个公共场所被称为缪斯神庙（Mouseion），以纪念缪斯女神（Muses）①。它们实际上是包含有博物馆、图书馆、演讲大厅、教室、公园、动物园、住所和就餐处的大学。

托勒密二世，人们称其为托勒密·费拉德尔甫斯（Ptolemy Philadelphus）。他甚至比他的父亲走得更远。他特别关注图书馆的建设，他将图书集中到一起，达到前所未有的程度。他还到处寻觅所能找到的最好的思想家，将他们请到亚历山大城，然后出资请他们从事教学和研究工作。阿利斯塔克就是其中之一。

他还向已知的世界各地派出侦查人员，让他们负责寻找、探查所能找到的所有图书；然后再让抄写人员前去将它们一一抄写下来。进

译者注：① 缪斯（Muses）是希腊神话中九位主司艺术与科学的女神的总称，英语单词博物馆（museum）也源自她们的名字。

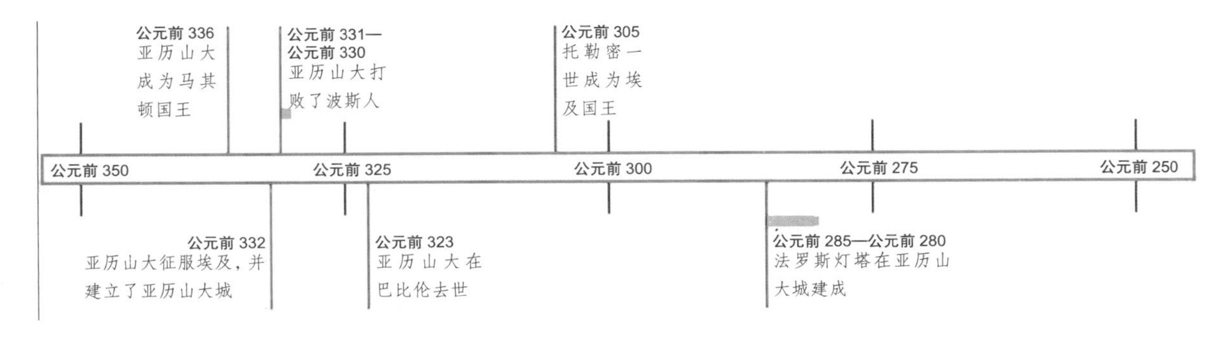
公元前 336
亚历山大成为马其顿国王
公元前 331—公元前 330
亚历山大打败了波斯人
公元前 305
托勒密一世成为埃及国王
公元前 350
公元前 325
公元前 300
公元前 275
公元前 250
公元前 332
亚历山大征服埃及，并建立了亚历山大城
公元前 323
亚历山大在巴比伦去世
公元前 285—公元前 280
法罗斯灯塔在亚历山大城建成

硬币和浮雕宝石上有历史人物的图像。左边硬币上是托勒密一世的像；中间的浮雕是托勒密二世和阿尔西诺的像；右边硬币上则是埃及艳后，即罗马人入侵前古埃及最后一位统治者的像。

入亚历山大港的船舶也要被搜查，以期找到图书资料。这些图书多被抄下来，也有一些图书会直接被收缴。托勒密二世想在亚历山大城的大图书馆中陈列世界上所有图书。最终，其中的藏书量达到了 700 000 册。它们都是用手工抄写在书卷或像现代书本一样的册籍（codex）中。

雅典曾经是西方世界的智慧中心。但当时，这一中心已经转移到了亚历山大城。天文学家卡尔·萨根在谈起缪斯神庙时说：“这一地方曾经是我们这一星球上最伟大的智慧和荣誉之城，是世界历史上第一所真正的研究机构……正是在亚历山大，从公元前约 300 年起的 600 年间，人类开始了引导我们通往外太空的智慧之旅。”

雅典尽管精彩非凡，但只是希腊一个小而紧凑的社会，而亚历山大城却是一个拥有 600 000 人口的新兴大都市。直到 18 世纪，欧洲还没有出现如此规模的大都市，当时巴黎和伦敦正在开始成长。

亚历山大人从讲究实际的埃及人那里获取思想，并将其与希腊人的理性、犹太人的探究精神、波斯人的勇猛结合起来。所有这些都帮助他们创造出了在古代世界中最崇尚自由精神的

codex，册籍，是古代书籍的一种形式，由很多纸页装订在一起。其复数形式是 codices。与泥板书或书卷相比，它已接近现代图书。英文 codex 源自于拉丁文，意为“将厚板分成薄片”。古罗马喜剧家特伦斯（Terence，公元前 190—公元前 159）用 codex 指称木头人、笨蛋。

上图罗马硬币上的图案为法罗斯灯塔，它是古代世界七大奇迹之一（见第 126—127 页）。左边为埃及女神伊西斯（Isis）手持一片风帆和一个摇鼓（一种宗教乐器）。

社会。其结果是产生了一种新的文化，现代史学家称之为希腊化（Hellenistic）时代。Hellenistic 之名取自赫楞（Hellen），即希腊神话中的一位国王，他是普罗米修斯神的孙子，也被说成是所有希腊人的祖先。大概没有其他任何一座城市能如此成功地使世界各地的人聚居在一起，可能现在的纽约也没达到那种程度。非洲人、波斯人、罗马人、希腊人、埃及人、犹太人、阿拉伯人、印度人、腓尼基人在那里都是受欢迎的。在亚历山大城，天才人物是要受到赞美的，而且天才人物层出不穷。管道工人和教授摩肩接踵地出现在课堂和商店中。杰出的女性也是这种混合体的一部分。巨大图书馆的存在意味着人们可以自由地阅读和学习，而且图书和设备都是由公费提供的。自由的空气激励着这里的每一个人。这些，都导致了专业化程度的提高和专业人才阶层的形

亚历山大图书馆被一场神秘的大火夷为平地。历史学家在是谁放的火的问题上意见不一。他们大多指责尤利乌斯·凯撒（Julius Caesar）是罪魁祸首。据说在公元前约 48 年对该城的进攻中，他命令他的舰队对敌船纵火。结果大火烧到了岸上，并蔓延到了城里，最终烧到了城中心。如今，在这一遗址附近新建了一所图书馆，称为亚历山大图书馆，并于 2002 年开放，其中藏书 800 万册。右图中为其花岗岩外观上蚀刻着的世界上已知的 120 种文字，其中既有现代的，也有古代的。

成。在那时，如果你是一个富有探究精神，并在寻求新观点和新方法的人，那么，亚历山大城就是你应该去的地方。

然而，它也并非是完美的。社会上有各种阶层。如果你是希腊人，那么就有最多的权益。而生活在社会底层的人，不得不做很多使统治者生活舒适的繁重工作。在那里还有奴隶。托勒密王朝的历代国王也开始被当作神祇崇拜，并且他们的行为举止也模仿神的样子。然而，贸易引发的思想碰撞，对艺术和科学的激励，仍然使得亚历山大城成为一个独一无二的保持开放和令人激动的城市，放在任何地点、任何时代都是如此。

如果你能穿越历史而回到世界过去的任一阶段，那么古亚历山大城是你最应该去的地方。在下一章中，你将了解一些在这一令人神往的城市中培养出来的思想家。

在世界学术的历史长河中，古代亚历山大图书馆是浪漫神话的终点和顶点，是一个失去了的乐园(paradise lost)。

——亚历山大·斯蒂尔(Alexander Stille，1957—)，美国作家，《纽约人》杂志

用烟火和镜子传递信息

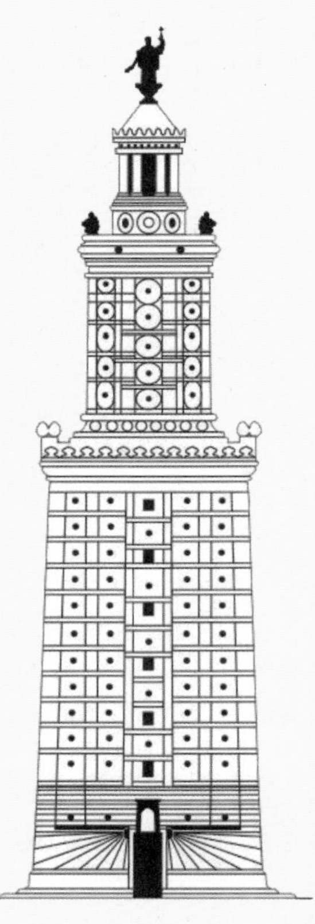

据说是荷马史诗《奥德赛》中的某个片断，启发亚历山大修建法罗斯灯塔的。但是，亚历山大的寿命太短，所以无法亲眼见证这一古代世界七大奇迹之一的建成。工程于托勒密一世时开工，经过5年多的时间完工。人们从50千米外就能看到这一灯塔发出的信号。在白天，用镜子反射阳光的方法发出信号；而在夜晚，则用燃火的方式向海员们发信号以起警示作用。

右图是16世纪荷兰画家梅尔腾·范海姆斯凯克（Maerten van Heemskerck）对灯塔富于想象力的描写，给出了北欧人所能接触到的景观和建筑风格。

曾建在亚历山大港湾外法罗斯岛上的巨大灯塔，是建筑工程史上的奇迹，也是古代世界的七大奇迹之一。它由三层塔叠加而成，每一个侧面上都有很多矩形的窗户。它的底层是矩形的，第二层是八角形的，顶层则是圆柱体。在最顶端，耸立着一座人物雕塑，但他的身份一直是个谜。大概是海神波塞冬

（Poseidon），也可能是亚历山大或托勒密。总之，无人确切地知晓到底是谁。

法罗斯灯塔高约 117 米，这相当于 36 层高的大楼，也相当于最高的金字塔的高度。其内部有 300 个房间。基座上矗立着巨大的王室夫妇雕塑，以至于进入港湾的每一个人，都会因它的宏伟雄壮而留下深刻印象。

这一灯塔的建设用时超过了 5 年，于公元前约 280 年建成。是地震，而非人们的愚蠢行为毁了这座建筑史上的奇迹之作。我们已知从公元 320 年起发生了至少 22 次地震。公元 796 年，大地震摧毁了灯塔的上层。公元 956 年，灯塔的墙体开裂并开始坍塌，灯塔也降低了约 18 米。发生在 1261 年和 1303 年的地震致使灯塔上的很多石构件掉落。但最致命的是 1326 年发生的地震，剧烈的摇晃使灯塔的大部分倒塌并落入地中海中。

20 世纪 90 年代中期，考古学家开始发掘亚历山大和法罗斯岛的水下遗迹。法罗斯岛上建有卡特巴城堡（始建于约 1477 年）。在所发现的遗址文物中，潜水员发现了很多狮身人面像（右下图示）和灯塔上残余的巨大石块。上中图中所示出水的石块质量和 10 头大象的质量相当。其被认为是灯塔入口处的构件。现代的亚历山大（左上图）是一座繁忙的港口城市。

15 谁是希罗？

气、土、火、水四大元素的融合，以及三种或四种基本原理的共同作用，会产生种种组合。一些能够满足人类生活中最迫切的需求，而另一些则会带来惊恐。

——亚历山大的希罗（Hero，生活于公元 62 前后），《气体力学》

我们的发明常常是漂亮的玩具，只是吸引我们的注意力，使我们偏离了严肃的事物。它们只是对毫无改进的目标提供一些改进过的方法。

——亨利·戴维·梭罗（Henry David Thoreau，1817—1862），美国哲学家和作家，《瓦尔登湖》

男人——务实的唯物主义者，就像一个技工，偏爱工具和设备。

——伊丽莎白·古尔德·戴维斯（Elizabeth Gould Davis，1910—1974），美国女权主义者和作家，《第一性》

在多个世纪中，亚历山大一直被认为是地中海上明珠般的城市。如果没有在亚历山大学习过，很难被认为是受过教育的人；如果没有到这里游历过（哪怕至少一次），很难被认为是知识广博的人。当你在那里访游时，你不禁会对那些公共建筑留下深刻印象：到处都是入口处有壮观大柱子的大理石建筑。雕塑、喷泉和巨大的纪念碑，再加上王权的气派，无处不透射出辉煌的光芒。当然，这也为售卖纪念品的小贩、乞丐、导游人员提供了叫卖商品的场所。各种饭店随处可见。在珍贵物品琳琅满目的商店中，陈列着亚麻布、香料、玻璃制品、莎草、书、地图，甚至还有奴隶。来自东方和西方的游历者比比皆是。

莎草是芦苇的一种，它茂盛地生长在尼罗河岸边。它的售价在亚历山大是非常便宜的。这里的人们用它制成了一种可以用于书写的纸，即莎草纸。是它促进了抄书业的繁荣。

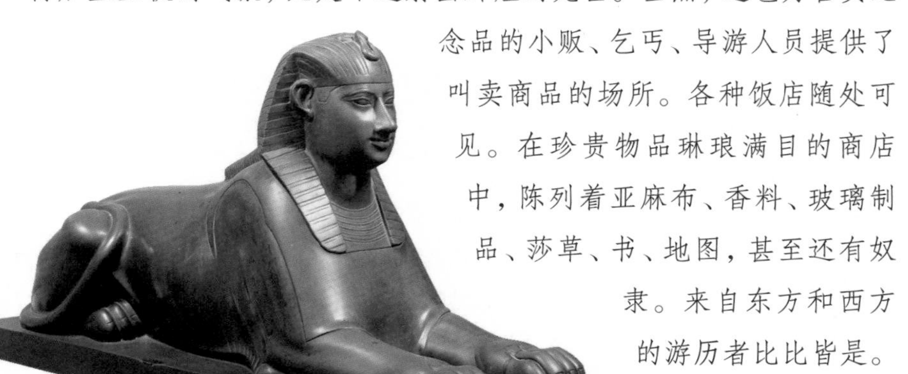

斯芬克斯（Sphinx）是神话中的一种怪物，它长有人的头和狮子的身体。在古埃及，这种狮身人面雕塑到处可见。左图中是一尊用绿色石头雕成的狮身人面像，完工时间可追溯到公元 1 世纪。

亚历山大将城市规划成具有巨大的网状街区和林阴大道的结构，使人有一种有序化规整的感觉。庙宇、王宫和公共场所都精心放置了狮身人面像和方尖碑。城市最东部的太阳门和最西部的月亮门，被一条名为老人星（canopic）的宽阔的中央大道联接起来。公元前1世纪西西里的历史学家狄奥多罗斯（Diodorus Siculus）写道："在街道建设中选用直角的方法，亚历山大使这一城市能呼吸到……如同越过宽广无垠的大海吹来的风，它使城市的空气清新，为居民提供了适宜的气候和健康的体魄。"

很多精美的雕塑是从古老的太阳神的城市赫利奥波利斯运来的。赫利奥波利斯位于开罗以南约10千米，它在新王国时期，即公元前约1554年至公元前1085年间的辉煌岁月中曾经是埃及的首都。这些雕塑将亚历山大和埃及辉煌的过去联系了

方尖碑是一种有四个侧面且上端尖锐的高石柱。它通常由统治者竖起，上面刻有歌颂神的图文等。在埃及只有很少的古代方尖碑遗留了下来。其中最著名的两个在卡纳克（位于埃及卢卡索）的阿蒙神庙中。上图中右侧的一个是为法老图特摩斯一世（Thutmos Ⅰ）建造的。而左侧的一个，是为他的女儿，即哈特谢普苏特（Hatshepsut）建造的。她是历史上唯一的女法老。

Canopic一词源自老人星（canopus），它是天空中的第二亮星（仅次于天狼星）。亚历山大东部的一个城镇也以此命名，是一个娱乐城市。Canopic也可作形容词，用来描述放置木乃伊器官的漂亮盒子。

起来。现在已成为旅游观光胜地的亚历山大大帝的陵墓，又将这座城市与公元前4世纪该城的奠基者联系了起来。

到公元1世纪时，亚历山大又成为出技术奇迹的地方。在宗教游行仪式上，用蒸汽推动的车辆在街道上穿行；在神庙中，机器鸽子能飞到天花板上；诸神的雕塑能伸出臂膀或流下眼泪，甚至能倒出祭酒。它们大多数都是用蒸汽的力量驱动的。如果你将5德拉克马（古希腊货币）硬币投到一种自动机械中，它将向外喷撒圣水；在投入硬币后，管风琴还能自动演奏音乐；神庙的大门也能自动打开；水压机的力量能使公园中的雕塑动起来；在法庭上，用水钟和日晷来对律师发言的时间进行限制。

所有这些发明都是亚历山大的希罗[也有人称他为赫伦（Heron）]的工作成果。希罗集发明家、数学家和作家于一身。他曾建造了一台蒸汽动力的发动机，从原理上讲，其与喷气发动机几乎没有差别。希罗是一位备受尊敬的学者，但人们更牢记于心的是他那未泯的童心。他利用虹吸发明了一种抽水机，但这台抽水机的用途却是驱使一只玩具喇叭发声。现在虹吸和抽水机已成为几乎所有现代管道系统和卫生系统的基础。希罗还利用蒸汽动力使玩具响尾蛇动作并发出嘶嘶的声音。直到18世纪后期，英国的詹姆斯·瓦特（James Watt）才造出了完善的蒸汽发动机，并用它来驱动火车和轮船。但在相当长的时期内，科学家和历史学家没有认真地看待希罗所做的研究。他们认为希罗至多是一个聪明的修补匠式的人物，充其量只能制作一些有趣的小玩艺。

但希罗的能力远超这些。他发现了一个公式，用于计算任意三角形的面积（见第132页）。这一公式至今还在被使用着。他在自己的一本著作中描述了6种装置，直到当今电子时代，它们仍构成了所有机械的基础。它们是：（1）杠杆；（2）滑轮；（3）劈；（4）轮轴；（5）螺丝钉；（6）虹吸管。

很多世纪以来，他在数学、天文、大地测量、机械方面的著作被作为教科书使用。他还写下了这些机械的制作指导书。如

祭酒（libation）通常是在宗教仪式或敬神时倒的酒。今天有时意为“饮料”。

水压机（hydraulic machine）是一种利用水的压力来工作的机器。“液（水）压”一词的英文hydraulic源自希腊语中的“hudro”（水）和“aulso”（管道）二词合成。hydraulic原意是一种用水演奏的乐器名称。

虹吸管是用来将液体从一处抽到另一处的管子。

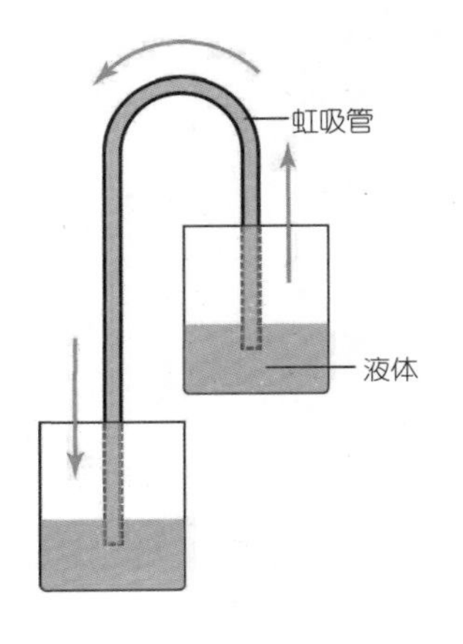

抽水机亦称水泵，是一种通过挤压、推动的方法提升或抽取液体的机械。心脏就是一台靠挤压使血液运动的泵。

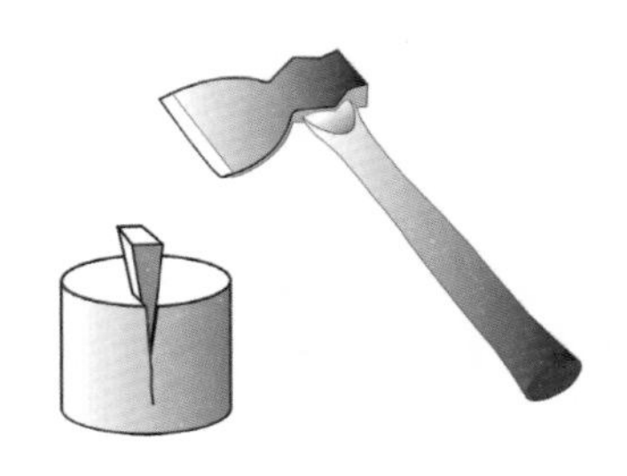

希罗提到的劈（wedge），是一种类似于斧头或斜面的简单机械。现在，我们将具有形成利刃的两个面的任何物体都称为劈，如斧头和船头等。

狄奥多罗斯出生于西西里岛。曾到亚洲和欧洲游历，后定居于罗马。他是公元前1世纪狂热的历史学家，写过一部40卷的世界史，从宇宙的诞生一直到盖乌斯·尤利乌斯·凯撒的战争。1 600年后，他的著作仍具有基础性的重要意义。在左侧的画中，该书的翻译本被呈现给法国国王弗兰西斯一世（Francis Ⅰ，1515—1547）。

果你有兴趣制造弹射器、木偶剧院或是战争机械的话，参考希罗的著作是个不错的选择。

希罗是一个非常普通的希腊名字。因此，在相当长的时期内，无人能确切地知道我们所说的古代希罗到底是哪一位希罗。现在，我们所能肯定的是，这位亚历山大的希罗在公元62年3月13日还活着。因为在他的一本书中，他推算出了在那一天的夜里将会在亚历山大看到月食。当时，无人知道从罗马到亚历山大有多远。因为地中海将这两个城市隔开了，也无人能够测量出这一距离。希罗根据两地观察到月食发生的时间差，想出了一种能够计算两地间距离的方法。

希罗的著作先是被译成阿拉伯文，后来又从阿拉伯文译成欧洲各国的语言。人们对他的研究工作一直进行到16世纪。1896年，在君士坦丁堡（现为土耳其的伊斯坦布尔）发现了一些老旧的

带给我们欢乐的只有各种玩具。

——托马斯·坎皮恩（Thomas Campion，1567—1620），英国诗人

希罗的公式（数学中通常称为“海伦公式”）

如何测量三角形的面积？如果你读过前面的数学介绍栏，可能会想：“这是很容易做到的呀！只要类似毕达哥拉斯定理 $a^2+b^2=c^2$ 的操作，即先测量三角形两直角边的长度，即 a 和 b，然后用它们的积除以2，即可得这一三角形的面积了。”你的想法是对的，但仅是部分正确。这一简易公式只适用于直角三角形，即它的内角有一个是90º。这是因为直角三角形可以视作矩形的一半（见下左图），因此，你所做的本质上就是先计算矩形的面积 $a\times b$，再取其一半。

但如果不是直角三角形（见下右图），该如何做呢？这需要更多的技巧。但作为几何学家的希罗解决了这一难题。下面就是用希罗的公式计算下右图中三角形面积的过程。

1. 将三角形的三条边长加起来：$a+b+c=20$，再除以2，即 $20\div2=10$。这一数字可记为 s（可用任意字母表示，其意为“半周长”），是一个关键数据，本问题中的 s=10。

2. 从 s 中分别减去各边（a，b，c），即（10–5=5，10 – 7=3，10–8=2）。

3. 再算出这三个数的积 $5\times3\times2=30$，然后乘以 s：$30\times10=300$。

4. 用计算器算出这一结果的平方根：$\sqrt{300}=17.3$。这就是所求三角形的面积，本例题的结果是17.3平方单位。这一单位可能是英寸、千米、光年等任意长度单位。因此，希罗的公式可用代数式表示如下：

$$s=\frac{1}{2}(a+b+c),$$

$$面积=\sqrt{s(s-a)(s-b)(s-c)}。$$

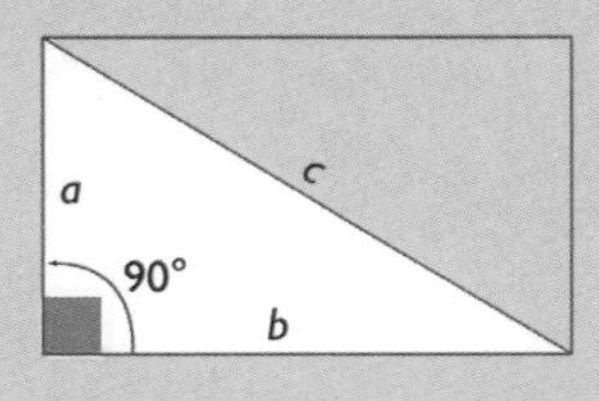

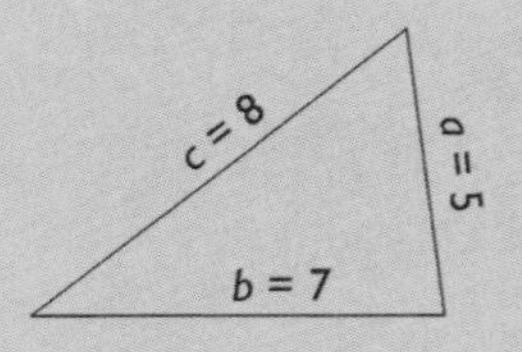

88

FAR CHE CON UN DRACONE, CHE STIA ALLA GUARDA DE I POMI D'ORO COMbatta un' Hercole, con una mazza, & mentre ch'egli l'alza sibili il Dracone, & nel punto che Hercole lo percuoterà in capo: far che esso le spruzzi l'acqua nella faccia.

Theorema Primo.

SIA la base A.B.C.D. una parte della quale C.D.E.F.G.H.K. sia eccellentissimamente chiusa: si che non possa di essa uscirne l'aria. Sopra di questa sotto il canale S. sia posto lo insundibulo T. la coda del quale ristretta uerso il fine: come dimostra la parte di esso nottata V. tanto stia dissopra dal fondo della base G.H.K. quanto per il flusso dell'acqua parrà che basti: in questo fondo siano assaldate le due inflesse siffoni X. & Y. ma la Y. sia sottile molto piu della X. indi sia posto oue è la P. lo Hercole, doue è la N. il pomo d'oro, & sotto di esso oue è la L. siaui posto il Dracone. Fatto questo pongasi nel lato della base E.F.G.H. la canna M. che in O. si uolga, & arriui alla bocca del Dracone in maniera accommodata, che mandi sibilo, mentre l'aria (dall'acqua del canale S. che per lo infundibulo entra nella base) scacciata conuerrà (non hauendo altro exito) uscire per essa canna; & sia anco accommodata in maniera (che mentre per la siffone Y. si uoterà la base non potendo essa d'altronde, che per la bocca di detta canna riceuer aria, che in questo anco mandi sibilo maggiore, come non è difficile à niuno il ciò fare per mio auiso. Sia doppò questo dal perno OO. sostenuto il Regolo DD.CC. sotto l'un capo, del quale CC. sia accommodato il conno uoto RR. Ne la parte di dentro con circoli perfetti, & linee rettissime giustissimamente con il torno lauorato. Et dentro di esso siaui accommodato il conno sodo BB. che in esso giustissimamente stia; questo nella parte superiore habbia un'anello à cui legata una fune sia in CC. attaccata stando il Regolo DD.CC. in perfetto piano. Et sotto DD. vi sia appeso il Vaso Z. che (uoto) sia assai piu leggieri del cōno BB.

& questo

AGGIVNTI. 89

& questo, & il Regolo, & il conno siano in maniera disposti che il uaso Z. stia sotto la gamba esteriore della inflessa siffone X. & al suo manico sia legata una fune che per la gamba destra d'Hercole passi, & per il corpo aggiunga nella snodatura delle braccia di esso, le quali da una chiaue in figura d'una T. siano in bilico sostenure lo essempio è la ⊣. 3. è la spalla destra 2. la spalla sinistra, & 4. la scitala stando dunque 2. 3. in bilico sia la fune allegata in 4. capo della scitala.

Et sia dopò questo posto nelle mani d'Hercole la mazza Q. indi sia sottoposto alla gamba della inflessa siffone X. il uaso AA. & questa cāna nel coperto di detto uaso sia benissimo saldata, & esso coperto al uaso: fuori del quale esca la canuccia TT.R. la quale ponga capo nel uoto conno RR. che con lei sia bucato & habbia in questa bocca un'assario, ò cartella che nella parte di dentro di esso si apra. Scontro di questo buco ue ne sia fatto un'altro, & in esso sia assaldata la canna uota QQ. la quale anco lei arriui alla bocca del Dracone: questo eseguito corra l'acqua per il canale S. nell'infundibulo T. ch'ella scenderà nella base fuor della quale conuien che se ne fuga l'aria per la canna M.O. la quale farà ciuffollare il Dracone & ripiena d'acqua la base ella si uoterà. & l'aria ritornādo in dietro per la canna M.O. dara maggior sibilo, & stridore. Si uoterà dico per la inflessa siffo

M ne X.

希罗关于机械原理的著作《气体力学》，在16世纪末被翻译成意大利文。

手稿。这竟然是希罗的一部著作。现在，我们相信他是在亚历山大城授课，因为他的一些书看起来像是授课讲义。但希罗不是普通的教授。他在《气体力学》一书中描述了78项发明，其中近一半是关于倒酒和水的容器的，如将双层帽子作为饮水杯等。下面是他对能盛两种液体的容器的评述：“我们也可以……为一些人斟的是酒，为另一些人斟的是酒和水的混合物，而对那些我们准备捉弄的人，则斟的全部是水。”

希罗发明的“小玩意儿”

第 50 项发明：蒸汽发动机

用炉火加热水，使其变成蒸汽，蒸汽通过两根管子导向一个球。球可绕轴转动，当蒸汽喷到球上时，它就会转动起来。转动的球能带动机械的其他部分运转。在制作了这种简单模型后，希罗还对它进行了改进和校整。其中有一个蒸汽机械工作起来与现代的喷气机一样。

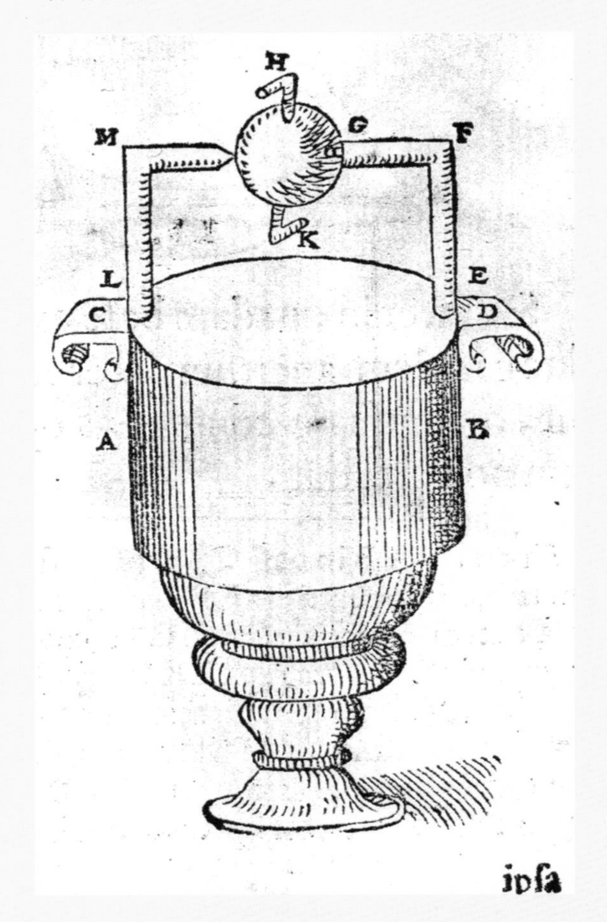

希罗写过一本名为《气体力学》的著作。其英文名 pneumatics 源自于希腊语 pneuma，意为“空气”。希罗制作了很多令人惊奇的小装置，它们都是以压缩空气作为动力的。他曾对此解释说：“大多数人看到并认为是空的容器，实际上并不是空的，因为其中充满了空气。空气……应是由非常小、非常轻、看不见的粒子构成的。”关于空气是由微小粒子组成的观点，要在 1600 多年后才被人们再次认真考虑。希罗又描述了我们现在科学课上仍十分普遍的演示实验：他让读者将一个容器（如茶杯）倒置（即开口向下），然后再将它浸入水中，“要仔细地使它保持竖直状态……空气也是一种物质。因为它已经充满了这一容器的空间，就不再允许水流进来……”从水中拿出容器，再用手去触摸它的内壁。他继续说道：“我们将发现，容器的内壁一点也不潮湿。”希罗还创造性地利用风力（“风只不过是运动中的空气”）、真空（没有空气）、火（见第 37 项发明）和水力（水产生的压力）。他有一大串小发明、小创造。下面列出了希罗发明的一些小装置，其中有一些是充满孩子气的“小玩意儿”，但也有一些是实用价值很高的重要发明。

- 我们已知的第一台售货机
- 用风车驱动的乐器
- 用液压（水压）驱动的乐器
- 气动力枪（空气）
- 机械木偶剧院
- 用火为动力的发动机
- 能喷出着火液体的软管
- 注射器
- 水动力钟表
- 用太阳能驱动的喷泉
- 用蒸汽驱动可以动作的神庙中的神像
- 能自动打开和关闭的门
- 能唱歌的机械鸟
- 能自动调整灯芯长度的油灯

第37项发明：
神庙中用火开闭的门

炉中的火（*A*）对球壳（*B*）加热，使球壳中的空气膨胀而对其中的液体施加压力，迫使液体通过虹吸管（*C*）进入由滑轮吊着的容器（*D*）中。这一容器因为水的增多导致重力增大而下落，拉动与门枢相连的轮轴（*E*）转动，从而使门打开。当炉火熄灭时，则门又将自动关闭。

16 欧几里得和他的《几何原本》

唯欧几里得亲见过无蔽之美。

——埃德娜·圣文森特·米莱（Edna st. Vincent Millay，1892—1950），美国女诗人

平行直线是在同一平面内的直线，可以向两个方向无限延长，但不论在哪个方向上它们都不相交。

——欧几里得（公元前约 325—公元前约 270），《几何原本》

伊万说："告诉你，我无条件地接受上帝。但你必须注意到：如果上帝存在并创造了世界，那么，正如我们所知的那样，他是按照欧几里得几何学原理来创造的。"

——费奥多尔·陀思妥耶夫斯基（Fyodor Dostoyevsky，1821—1881），俄国小说家，《卡拉马佐夫兄弟》

一位名叫欧几里得的数学家证明，存在着无限多个的质数（即素数）。

古希腊人对质数非常着迷（见第143—145页），因为质数与他们的以原子为中心的宇宙观相契合。他们认为，宇宙万物都可以分解成最基本的组成部分，即原子。而质数则是数的最基本组成部分，即其他所有整数都是在质数的基础上构建起来的，亦即都是它们的整数倍。古希腊人将质数比作原子，而其他的数都类似于我们现在所说的"分子"。对于那些持有如此世界观的人来说，欧几里得证明的"质数有无限多个"的结论，无疑是具有颠覆性的。

重温毕达哥拉斯定理

对于任意直角三角形，其两条直角边边长 a 和 b 的平方和等于斜边长 c 的平方，即 $a^2+b^2=c^2$。（见第 79 页）

在意大利佛罗伦萨的15世纪的大理石块上，雕刻有毕达哥拉斯和欧几里得的像。

在这幅雅各布·德巴尔巴里（Jacopo de' Barbari，约1440—1516）的画作中，数学教授卢卡·帕乔利（Luca Pacioli）正在复制欧几里得著作中的图形。注意图中右下部放在帕乔利畅销的数学著作上的正十二面体，它是基于欧几里得的定义并由莱奥纳尔多·达芬奇设计制成的。在画的左上方，吊着一个有着26个面的玻璃多面体（准确地说，应称为菱方八面体），其中一半装有水，它清澈透明，象征着数学的明晰。站在图中右侧的学生，可能是阿尔布雷希特·丢勒。他是一位德国艺术家，正跟随帕乔利学习数学。

欧几里得还给出了毕达哥拉斯定理的严格证明。毕达哥拉斯对直角三角形进行了认真的观察研究，并总结出了可普遍使用的简单公式。不过，是欧几里得证明了这一公式适用于任意直角三角形。

光学（optics）是研究诸如光、颜色、透镜、视觉等光现象和规律的科学。

同时，欧几里得把光线视为几何中的直线，从而将光学纳入几何学的研究范畴。这一做法将人们引向了令人称奇的科学发现之路。他还写下了古代使用最广泛的数学教科书。那么，欧几里得到底是怎样的一个人呢？

约翰尼斯·开普勒（Johannes Kepler）是17世纪著名的科学家。他曾写道："几何学有两个伟大的宝库：一是毕达哥拉斯定理，另一个是将一条线段按'中外比'（extreme and mean ratio）分割。如果我们将前者视为黄金，那后者我们可视之为珍贵的宝石。"

什么是中外比？这是对按黄金比率将一条线段分成两段的一种表述（见第85页）。

我们知道欧几里得生活于公元前约300年，并认为他曾进入位于雅典的柏拉图学园。我们可以肯定地说，他曾在亚历山大研究过数学，后来又在那里从事写作和教学。他将用毕生心血写成的著作献给了托勒密一世。这使我们认为，他可能曾与这位国王有些联系。这些几乎就是我们对欧几里得的全部了解。

我们了解得比较透彻的，是他撰写的著作《几何原本》。这是有史以来最有影响力的著作之一，《几何原本》实际上是由13本书①组成的一个系列丛书。

译者注：① 对于《几何原本》的"13本书"，中文通常翻译为第一章至第十三章。

视线和航线

柏拉图在谈到直线时说，“它的中点能挡住两端。”这听起来好像谜语，大概只有来自德尔斐的祭司才能说出这样的话，但柏拉图其实是从视线的角度来说的。他的意思是说，如果你站在一条线上的任何位置，都能沿着它看到两端，那么由此可知这条线是直线段。

欧几里得关于直线的公理（两点之间直线段最短）也来自上面两个端点和一个中点的思想。它的表述如此简单，看起来像是一种挑战：我们能否在两点间作出一条不是直线的最短连线呢？如果用铅笔和纸进行验证的话，你就能得到正确的结果：每次最短的都是直线。欧几里得几何学在两个维度上，即在一个有长和宽的平面上都是成立的。

但是，我们是在地球上的，而地球是一个具有三个维度的球体，故还应在长和宽基础上再加上高。假如你要在曲面上的两点间飞行，如从美国加利福尼亚州的洛杉矶飞往以色列的特拉维夫，则你的航线肯定就不是直线，因为你是在弯曲的地球表面上方飞行。你甚至不应该向东飞（在地球表面同一纬度上，特拉维夫离美国的正东边近，中间经过印度），而应先向北，飞过北极后再向南，沿着一个称为“大圆弧”的航线飞行，这才是最短的路程。要想知道其中的原因，可以在一个地球仪上用一根细线连接两个城市（注意不要让线松弛），再测量线的长度。利用此方法就可以找出两点间的最短距离。

柏拉图定义的直线像是一条老街：“它是双向的。”即如果街道是直的，则沿着它你能看到视线所及的最远处；如果向相反的方向看，你也会看到相同的笔直街道。柏拉图说，这样你就得到了一条直线。

地球表面上任意两点间的大圆弧都有共同的圆心，即是地球的中心。赤道（纬度为 0°）是最著名的大圆弧。其他的纬度构成的圆弧都比它小，而且它的中心偏离了地球的中心。

球面是非欧几里得几何应用的一个例子，非欧几何是更为复杂的几何知识，但可能并非如你所想象的那样难。

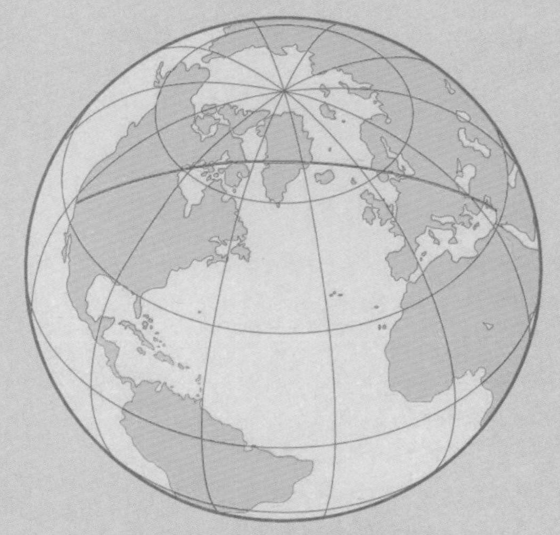

上图中的红线就是一条大圆弧，表示球面上两点间的最短距离。若沿着整个大圆弧航行，则能绕着以地球中心为圆心的圆周航线再回到起点。

Euclidis Megarensis acutissimi mathematici elementorum liber primus ex traditione Theonis Bartholameo Zaberto Vene. interpte icipit aue foelici.

Diffinitio pzima.

Signum est cuius pars nulla.

Diffinitio .ii.

Linea uero longitudo illatabilis.

Diffinitio .iii.

Lineæ autem limites sunt signa.

Diffinitio .iiii.

Recta linea ē q̄ ex æqli sua iteriacet signa.

Diffinitio .v.

Superficies est quę longitudinem: latitudinemque tantum habet.

Diffinitio .vi.

Superficiei extrema sunt lineæ.

Diffinitio .vii.

Plana superficies est quæ ex æquali suas interiacet lineas.

Diffinitio .viii.

Planus angulus ē: duarū linearum in plano se se tangentium: & non in dirrecto iacentium ad alterutram inclinatio.

Diffinitio .ix.

Quando autem quę angulū continent lineæ rectæ fuerint: recti lineus angulus nuncupatur.

Diffinitio .x.

Cum uero recta linea super rectam consistens lineam utrobiq; angulos æquales ad inuicem fecerit: rectus est uterq; æqualium angulorum: & quę supstat recta linea perpēdicularis uocitat' sup q̄ steterit.

Diffinitio .xi.

Obtusus angulus maior est recto.

Diffinitio .xii.

Accutus uero minor est recto.

Diffinitio .xiii.

Terminus est quod cuiusq; finis est.

欧几里得的《几何原本》是一种精炼的几何学定义、公理、公设以及其他重要数学事实的集合大成。左图是其中的一页，取自大概印刷于15世纪的一种精装本。这已是欧几里得身后约18个世纪了。我们现在的数学著作有多少到18个世纪后还能被奉为经典呢?

欧几里得发明了一种除法，它允许有余数。例如，17除以8有一个余数1。你对此熟悉吗？如果这对你有用，你应该感谢欧几里得和他的除法。

欧几里得是一位天才，对于这一点没有人否认。他的天才在作为学者和典籍汇编者方面都展露无遗。他似乎汲取了自泰勒斯时期以来的所有数学积淀，并有效地进行了消化和发展，然后以清晰的文字表述出来。因此，他的《几何原本》就是这样一种百科全书式的世界数学知识宝库，它为数学著作的准确性和可读性树立了标准。

右图为艺术家马克斯·厄恩斯特（Max Ernst，1891—1976）画笔下超现实的欧几里得形象，它就像是一个思考着的三角形。如果让你来画，你会怎样描绘欧几里得？

几何学（geometry）是研究关于诸如点、线、角度、圆、球等形状的学科。它也研究体和面。“几何学”一词的英文名为 geometry，来源于希腊语 geometron，其中 geo 意为“地球”，而 metron 意为“测量”。所以几何学是对地球 、自然和空间的测量。

早期的数学主要聚焦在两个大方面：即处理商务（基本算术）和测量（基本几何学）问题。古埃及人和古巴比伦人已经用几何学知识解决较为特殊的问题，但欧几里得走得更远。他思考可以作为数学指南的普遍规则和支配性观念。欧几里得的探究，是从一系列公理开始的。

公理是指那些数学家认为不证自明的基本陈述。“整体比部分更重要。”欧几里得认为，我们不能在不经证明的前提下就肯定任何的陈述。因此，他着手去证明它们。毕达哥拉斯已经观察到$\sqrt{2}$，即 2 的平方根，是一个无理数。欧几里得则提出了一系列逻辑陈述去证明它。经过证明后的陈述称为定理，如毕达哥拉斯定理等。

联想一下冰淇淋蛋筒

欧几里得并非是古代最伟大的几何学家。我认为，这一桂冠应另属他人。欧几里得的研究范围并没有涉及几何学中所有的几何形状，例如他就错过了一类特殊的重要曲线——圆锥曲线，其中包括椭圆、双曲线和抛物线。它们都不能用直尺或圆规画出来，但可以用切割圆锥的方法得到。

切割圆锥？是的。数学家们发现这是一件非常有趣的事（我对此也十分感兴趣）。但在你开始做这样的切割之前，请先停下来明确一些要求。在数学学习中，数学用语和日常用语是有区别的。当数学家谈及“圆锥”时，往往意味着它是成对出现的。对数学家而言，冰淇淋蛋筒上的圆锥筒，只是圆锥的一半。想象一下这样两个蛋筒顶点相对并达到对称时，就得到了数学上的“圆锥”。

古希腊有一位名为阿波罗尼奥斯（Apollonius）的数学家，曾对圆锥进行了认真系统的研究，他也因此被称为古代最伟大的几何学家。如果你想记住阿波罗尼奥斯，就把他想象成一位长着圆锥形头的人。他的出名在于对圆锥进行切割并得出我们称为“圆锥曲线”的图形。阿波罗尼奥斯生活于公元前3世纪。我们认为他是在亚历山大接受的教育，还有可能是阿基米德的学生，而且比与他同时代的埃拉托色尼（Eratosthenes）年轻。我们知道他就圆锥曲线问题写过8本著作。仅次于欧几里得的《几何原本》，他的这些著作也是古代世界中最畅销的数学书。

现在，我们取半个圆锥作某种切割。首先，平行于圆锥的底面做切割。这样，由此得到的截线是一个圆。然后，以与圆锥底面成一定的角度“切断”这个圆锥，由此得到的截线是一个椭圆（一个拉伸的圆）。再其后，沿与圆锥侧边平行的方向做切割，由此得到的截线是一端开口的曲线，我们称其为抛物线。它可以延伸到无限远处。最后，将整个圆锥（不再是半个）沿着与中轴线平行的方向切割，可以得到一对截面，其截线是一对开口的曲线，我们称之为双曲线。

在很长的时期内，圆锥曲线被认为只是无用的数学游戏，或称为纯粹数学。然而，到了阿波罗尼奥斯之后的18个世纪，一位名为伽利略的科学家发现，炮弹或子弹运动的轨迹是抛物线的形状，喷泉喷出的水划出的弧线也是抛物线。与伽利略同时代的科学家约翰尼斯·开普勒发现，大多数行星都是沿着椭圆轨道运动的。这些令科学家大为震惊。此后，圆锥曲线也成了他们研究的内容。

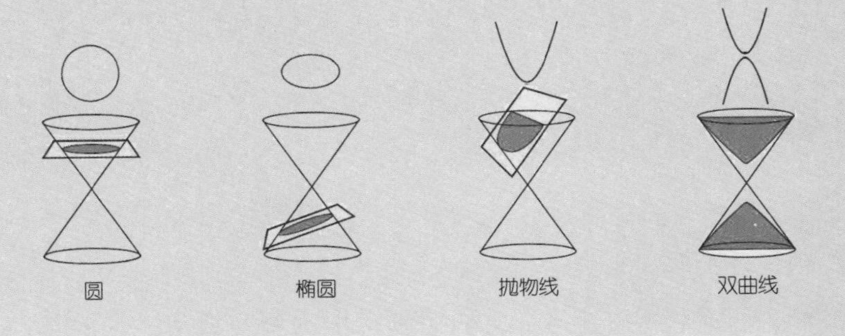

欧几里得开启了全新的数学思维的方法之路，建立起了高标准的证明要求。更重要的是，他的公理和他的证明长期以来被赞美为既简洁又明晰。如果把欧几里得看成一位蓝图绘制者，那么，他所绘制的就是数学的蓝图。很难想象现代人对其能有什么改进之处。

现在我们唯一能找到的关于欧几里得的个人轶事，是他试图指导国王托勒密一世学习几何学。这位国王问欧几里得是否有一种方法能使他学得更容易。据说欧几里得告诉国王说："几何无王者之路。"但这可能是后人杜撰的，因为相同的故事据说也发生在阿基米德身上。（下一章我们将介绍阿基米德。）

机械印刷时代到来之后（即15世纪之后），《几何原本》被重印了超过1 000次，这使得它成为有史以来最成功的教科书。在几乎2 000年中，即直至20世纪，对几何学的研究，占据主导地位的就是欧几里得的几何学，特别是他的简洁定义和证明。欧几里得的工作被视为绝对真理，无可争辩。下面列举了他的5项著名公理，他将它们称为"公设"：

1. 用两个点可以确定一条直线。
2. 直线可以无限延长下去。
3. 用任意线段作半径都可以画一个圆，而线段的一端在圆心上。
4. 所有的直角都是相等的。
5. 给出一条直线和直线外一个点，过这个点只能作一条与这条直线平行的直线。

在19世纪，数学家开始质疑欧几里得的公理，因为它们现在被认为只是约定的事实。现代科学家对绝对真理的观念产生了怀疑，而科学就是以质疑为根本的。自古以来，数学家们也试图减少欧几里得列出的公理清单，甚至更进一步，用前4个公理去证明第5个。但最终证明，第5个公理是不能从其他公理中导出的。但在这种努力过程中，数学家发明了非欧几里得几何学（见第138页）。这为集现代数学家和物理学家于一身的爱因斯坦提供了研究基础。

爱因斯坦的观点将帮助我们理解空间和广袤的宇宙，但这是将来的事。欧几里得持有的是解决地球上日常问题的钥匙。我们对他了解不多，我猜想他是一个害羞且性格内向的人，但他的数学成果却引发了人们观念的爆发性更新和大量技术奇迹的出现。读完下一章，你将能明白我所说的意思了。

"一"和"多"

欧几里得清晰地定义了"一"和"多"（many）。"一"是所有数的基础，并且按照古希腊人的说法，它还是存在本身的基础。欧几里得写道："所有事物中都由此构成的最小单位称为'一'。"而超过了"一"则为"多"。他又说："数是由多个'一'组成的。"当"多"是有限度时，欧几里得用希腊语称它为arithmos，或称为数（number）。对数的研究是算术。而当"多"没有限度时，欧几里得用希腊语称它为plethos，英语也有源自它的词plethora，意为"多到无法数"。

数与质数

为了好玩，数学家里奇·施瓦茨（Rich Schwartz）用自己创作的怪诞卡通画来表示数。这是数学与想象力结合的产物：

45=5×3×3。用海星表示 5，用两个重叠的三角形表示两个 3。它们相互穿插在一起。

46=2×23。用一只小蓝蜜蜂表示 2，它平躺在太阳下（右上），熔化到一个想象的表示质数 23 的单眼且方脑袋的家伙之上。

55=5×11。表示 5 的海星剥离开，以展示一个长有 11 个面的头的家伙。

56=2×2×2×7。三只表示 2 的蜜蜂（头上有两个触角）围绕着一个表示 7 的长有 7 只眼的 7 边形女孩，女孩拍打它们试图将它们赶跑。

你喜欢做难题吗？其实，有很多跟质数（prime number）有关的难题，它们曾困扰过很多思想家。

那么，什么是质数呢？质数是比 1 大，且仅能被 1 和自己本身整除的数。如数 2、3、5、7 都属于质数；其他的还有 11、13、17、19，甚至 1 299 007 等。2 是唯一的偶质数。正因为它们不能被其他数整除，所以有时也将质数称为“不可整除的数”（indivisible）。在所有的正整数中，除了 1 和质数以外的其他数称为合数（composite）或“可整除的数”。常识可能会让你这样认为：如果一个数足够大的话，则一定存在某个数能整除它。这种想法对质数而言是不对的。一个很大的数，完全可能是质数。虽然质数会越来越稀少，因此很难把它们挑出来，但它们是没有尽头的。欧几里得证明，质数有无穷多个。

自然数是一个接着一个排成完美的奇偶数序列，就如同项链上的珠子一般。然而，质数在自然数中的出现没有任何规律可循，虽然也有一些思想家似乎找到了质数分布的一些规律性变化的线索。寻找质数分布被认为是如同在数字系统中

数学通常是用来解决难题的。仔细观察下面由数学家里奇·施瓦茨创作的海报拼图。你能发现他的这些丰富多彩的卡通画是如何表示数的吗？你能发现其中隐含的质数吗？

寻找潜在的音乐主题。还有人把质数比作杂草：它们会没有任何规律地突然在某处出现。数学家里奇·施瓦茨说："很多人确实认为质数是以一定的模式或规律出现的，只是这一模式存在于一个非常大的范围内。在自然数序列中逐一确定它们是否是质数，就像一个分子一个分子地去观察一幅绘有房屋的图画。这样，你就不会看到这间房屋，因为你离它太近了。"

在 1 和 100 之间，有 25% 的数是质数。但在 1 和 1 万亿之间，却只有不到 4% 的数是质数。再想一下你的出生日期或家庭住址的门牌号，看它们是否是质数（22 973 是质数，98 713 也是）。你如何知道一个数是不是质数呢？这是一个关键问题。有很多方法可以一试。其中一种称为拉宾试验法（Rabin's test）。这种利用计算机的快速检验方法是：每次取一个小于待检验自然数的数，不断地将之代入一个代数式中。只要有一个数没有通过测试，待检验自然数就必不是质数。而通过测试的数越多，你对待检验自然数是一个质数就越有把握。2003 年，马尼德拉·阿格拉沃尔（Manindra Agrawal）发现了一种新的试验方法，用它能毫无疑问地告诉我们一个数是不是质数。（想详细了解这一方法，可去咨询热心的数学教授。）

古希腊科学家埃拉托色尼（见第 18 章）曾发明了一种找出质数的简便方法，这种方法至今仍在使用着，被称为埃拉托色尼筛选法。你写下一串数字，如 2、3、4、5、6…，用笔将 2 圈起来，划掉所有 2 的倍数；再将 3 圈起来，也划掉所有 3 的倍数；然后，再将没有被划掉的第一个数圈起来，划掉所有它的倍数。这样，你将不用费多大事就可以筛选到 100（见第 270 页）。当你取一个较大的数时，你筛选的数可能大至 10 000 000（如果你对此想学得更多，且也不认识相关的数学教授，则你可参阅托拜厄斯·丹齐格（Tobias Dantzig）的著作《数字：科学的语言》）。现在，你能否判断 19、57、81、97 是否是质数 *？

由 1 000 位以上数字组成的质数称为"超大质数"。当这一术语于 1984 年被引入时，人们只知道 110 个这样的超大质数。到现在，我们知道的超大质数已超过了 1 000 个。古希腊人很早就意识到了质数的非凡意义，他们认为：质数如同原子，而所有其他的数如同分子。

* 答案：19 和 97

17 阿基米德之"爪"

罗马人已经陷入风声鹤唳之中，只要看到一段绳子或一根木材在城墙出现，立刻发出恐怖的惊叫，好像阿基米德又要搬出机具来对付他们，马上转身向后逃走。

——普卢塔赫，希腊传记作家，《希腊罗马名人传》

阿基米德作为古代最具创造性的数学家的地位从未受到质疑。事实上，他常与牛顿、高斯一同被称为有史以来最卓越的数学天才。

——斯图尔特·霍林代尔（Stuart Hollingdale，1910—），英国作家，《数学先驱》

阿基米德（公元前287—公元前212）的有些话听起来好像是在自夸。虽然人们普遍认为他不是一个喜欢自夸的人，但他确实曾向国王耶罗二世（Hievo II，当时希腊一个城邦国叙拉古的统治者）夸口说："给我一个支点，我将能撬动地球。"

现在，这被认为是一句出色的名言。希腊神话中，阿特拉斯被认为是用肩膀扛着天空的人，但几乎无人认为这一传说是真的。可是，人们却对阿基米德的这句话特别关注。阿基米德发现了很多的数学原理，写下了大量的科学著作和文章，发明了非常多的东西。迄今为止，几乎没有人在数学和科学成就上能与他比肩。

这幅阿基米德的肖像是在他去世很长一段时间后创作的。意大利艺术家朱塞佩·诺加里（Giuseppe Nogari，1699—约1763）描绘了拿着圆规的阿基米德。要知道，圆规是在公元1世纪后才发明的。

阿基米德酷爱几何学。几何学以研究平面和立体形状为主。他对三角形、圆、椭圆、正方形、矩形和其他多边形进行了深入研究。此外，他还研究了金字塔、立方体、锥体、圆柱体、球体和其他多面体。他研究出了度量它们的方法。（欧几里得的长处是定义、综合和系统化，阿基米德的长处是创新，这两者都是非常必要的。）

多边形（Polygon）在希腊语中意味着是具有很多角的图形。它是二维的，即只有长度和宽度，有3条（个）或更多条（个）边（角）。而多面体（Polyhedron）是立体的，是三维的，即有长度、宽度和高度，且具有4个或更多个面。

为什么要测量圆的面积、球的体积或者圆柱体的体积？你可能会被要求计算水管中水的体积、一段原木的体积或者宇宙的大小等。在阿基米德时代，正如现在一样，前两种测量都是重要的应用性问题。但为什么要测量宇宙呢？难道有什么人，甚至在阿基米德时期，就想着去空间旅行了？但是，对阿基米德而言，他有着世界上最具创造性的头脑，没有什么东西不在他思考范围之内。

阿基米德立体

阿基米德发现了多面体的13种构成方式，其中所有的面都是正多边形。其中一些，他只是将柏拉图的5种完美立体图（见第99页）中的一种去掉角而得出的。如下图中的第三种立体图，就是将立方体截去角后形成的。

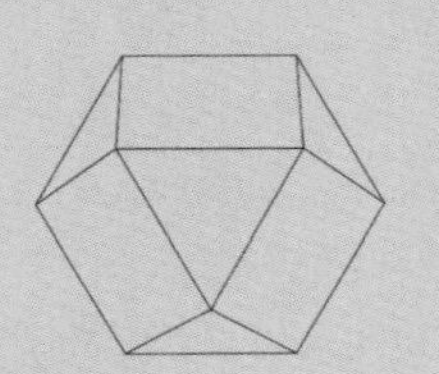

立方八面体：
8个等边三角形，6个正方形

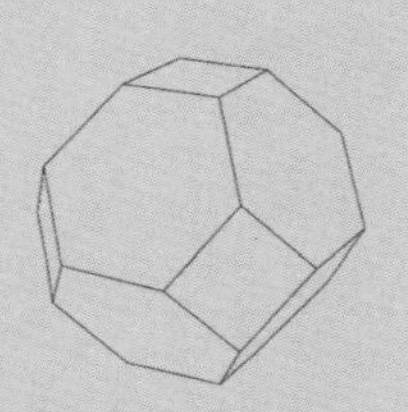

截角八面体：
6个正方形，8个正六边形

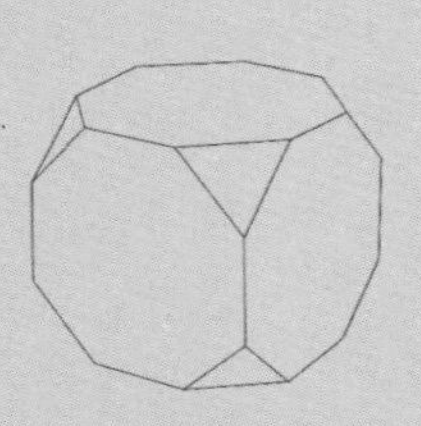

截角立方体：
8个等边三角形，6个正八边形

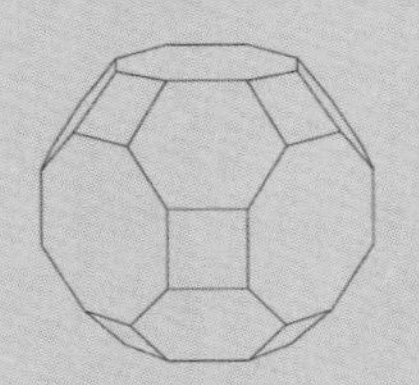

截角立方八面体：
12个正方形，8个正六边形，6个正八边形

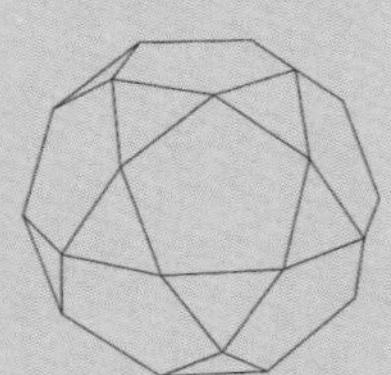

三十二面体（截角二十面体）：
20个正三角形，12个正五边形

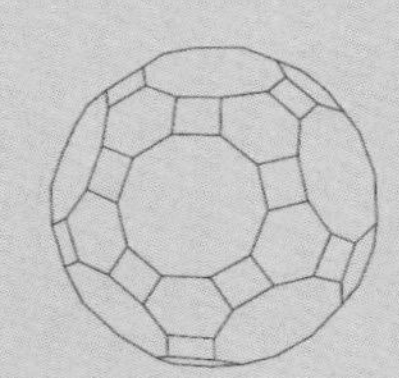

截角三十二面体：
30个正方形，20个正六边形，12个正十边形

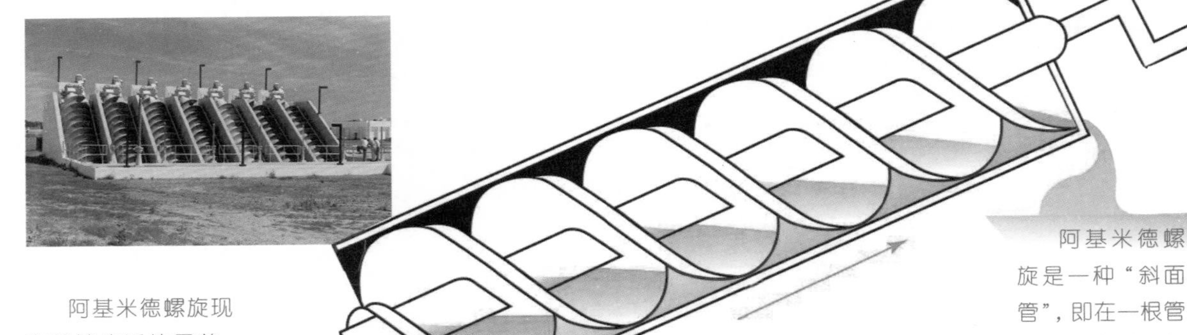

阿基米德螺旋现在仍被广泛使用着。上图为在美国田纳西州孟菲斯由 7 台这种机械构成的废水抽水机。每一个螺旋的直径为 2.5 米，能够在 1 分钟内抽取 75 000 升的水。这些水能装满 600 个浴缸。

阿基米德螺旋是一种“斜面管”，即在一根管子中安装了巨大的螺旋。转动把手，螺旋旋转，即能将水抽到高处。它之所以用阿基米德来命名，是因为阿基米德于公元前 236 年写过它，但有人对它是否由阿基米德发明表示怀疑。

在《数沙者》这本著作中，阿基米德估算了要填满整个宇宙所需的沙粒数。他试图证明两件事：一是数是无限的，即你不可能找到“最后”的数；二是可以表示和运算非常大的数字。

设想越来越大的数

阿基米德想证明没有数大到了不可表示的程度。他从创造自己的大数表达系统开始。他用一个“myriad”表示 10 000，用一个“myriad myriad”表示 100 000 000（或 10^8），即 10 000 乘以 10 000 等于 100 000 000。

阿基米德当时面临的严重困难，就是很难表示那些大数。古希腊人用字母表中的字母来代表数字，他们没有我们现在使用的数字符号，数字中又没有 0。阿基米德表示一万（myriad）的方法是在字母 M 顶上加小写字母 α，即 $\overset{\alpha}{M}$。因此，古希腊数学家在研究数学时遇到了很大困难。但是，如果我们只关注到这一点是不够的。我们还应看到，古希腊数学家在这种条件下居然还取得了令人惊奇的成就。

阿基米德利用他那能够表达大数的数字系统，估计出我们可见世界中的沙粒数约为 10^{63} 个。这是一个非常大的数字。但他想要表达的是：没有一个数大到了不可表示的地步。

他是正确的。我们仍在寻找越来越大的数字。我喜欢的一个数是“googol”（古戈尔），即 10^{100}。这一数字比阿基米德的沙粒数还要大。数字 googol 是 1955 年以 9 岁的密尔顿·西洛塔（Milton Sirotta）的名字命名的，他是数学家爱德华·卡斯纳（Edward Kasner）的外甥。到目前，最大的数字单位名是 googolplex，即 10^{googol}（10 的古戈尔次方，即 1 后面有 googol 个 0）。

这些表示大数的词也常见诸于日常用语中，如单词 myriad 现在意为“无穷大”。互联网上，googol 的拼写变形 google 成了我们常用的搜索引擎名。下面是摘自新泽西《纪录报》的一段话：“在北泽西，水库达到了最大承载量的 99.2%，水坑到处都充满了数以 googolplex 计的孑孓。”这意味着，如果你在雨季时前往北泽西，最好要带上驱蚊剂。

阿基米德给国王耶罗二世写了一封信，用以宣传他书中的观点。这次他说：“我将试着用陛下能够理解的几何证明方法，向陛下展示由我命名的那些数……有些超过了……宇宙中所有沙子的数目……”

用沙粒去填满整个宇宙？这将是何等的数量！即使在古希腊人看来，整个宇宙仅有人的视线范围那么大。

阿基米德是一位天文学家的儿子。起初，他也像他的父亲、亚里士多德以及同时代的大多数人一样，相信恒星和行星都是固定在透明的固体球状天穹之上的。他建造了一个小型行星仪，目的是能更好地理解天空的奥秘。然而，这些模型却向他揭示了一个重要问题，即地球是宇宙中心的观点是不正确的。因此，和萨摩斯岛的阿利斯塔克（比阿基米德年长约23岁）相同，阿基米德转而相信仅被少数人认可的观点：地球和行星绕着太阳转。如果不是阿基米德曾经在他的著述中提到过阿利斯塔克，我们对他可能一无所知。

这里是普卢塔赫对阿基米德著述的评价：“不可能找到比几何更为困难和艰深的问题了，也难以找到如此简单和明晰的解释。有些人将此归因于他天生的才华，另一些人则将此归因于他难以置信的努力和辛劳。这才使得他能轻易获得巨大的成就。”

阿基米德在写作方面努力吗？我不知道。但他确实在为包括我在内的大多数人而努力工作，写出了清晰而简单的句子。所以，我也要不断地写作再写作。

阿基米德认为，思想远比实用重要。在实用科学方面，古希腊历史学家普卢塔赫曾说过：阿基米德认为，和各类艺术相比，工程是肮脏和卑贱的，只是为了使用和赢利。（这也是柏拉图的观点，这种影响对阿基米德来说是难以改变的。）

工程是指利用科学原理来建造诸如桥梁、隧道、庙宇、纪念碑、机械等物体。如果说建造这些有用的东西是肮脏的和不值得的，那么我们该怎样评价亚历山大的工程师希罗呢？他建造了那么多有用的东西。

但真实情况是，每当阿基米德对工程问题进行思考时，好像都能发明一些有用的东西，而且通常还能赢利。人们可以称他为工程天才而不会有什么不妥。事实是，只有当纯思考和实用性相平衡时，文明的进步才能达到最佳状态。在这个令人惊奇的人身上，纯粹的思维能力和高超的应用能力这两种极端完美地结合了。无论是对某个人还是对某个文明，这都是不多见的。

阿基米德生活在叙拉古，那是地中海中部西西里岛上的一个城邦（见第150页中的地图）。当他准备到我们可称之为“大学”的地方去时，就漂洋过海到了亚历山大。他的老师是科农（Conon），而科农又是欧几里得的学生。在他后来的余生中，阿基米德一直与亚历山大的学者们保持着联系。

一枚铜币上的耶罗二世（Hiero II）的头像。他统治叙拉古约60年。普卢塔赫认为阿基米德是国王耶罗的近亲，故此耶罗常就军事和其他问题向阿基米德求教。

这并不困难。地中海沿岸国家都由海路连接了起来，使得交通和通信都很容易。对于贸易、旅行和军事也都是如此。在阿基米德时代，有两大敌对国家的军队在对峙：罗马人（来自意大利）和迦太基人（来自非洲），为争夺对沿海地区的控制权而进行着殊死搏斗。

西西里岛的大部分是由迦太基人控制的。但繁荣的叙拉古位于西西里岛的一端，却是独立的。这在当时是很不容易的。迦太基人垂涎于叙拉古，而罗马人也有同样的野心，因为叙拉古的地理位置和富有对于这些强权者来说太有吸引力了。

阿基米德对政治毫无兴趣，他关注的只有数学和科学。但国王耶罗二世（他们有可能是表兄弟）总是向他求助。因此，阿基米德为他研制了一些武器和机械，以备叙拉古的防御之用。

一天，国王耶罗来看阿基米德，他带了一个私人问题。他给了一位珠宝工匠一大块金子，要求制作一顶精美的王冠。但当王冠做好后，耶罗却感觉金匠欺骗了他。他认为金匠用便宜的白银

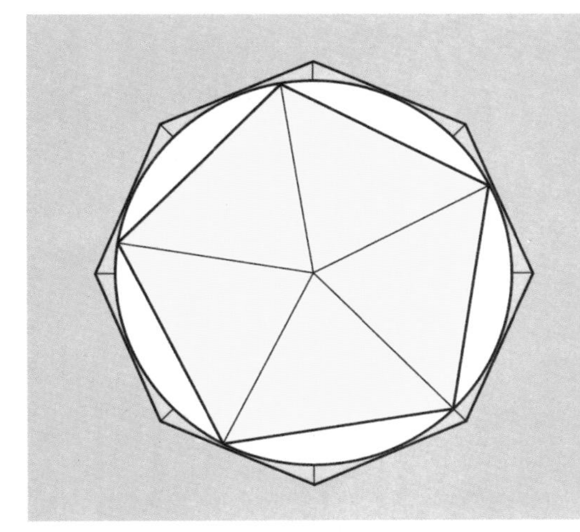

向准确值靠近

如何测量弯曲的圆周呢？阿基米德研究出了一种被称为“穷竭法”（method of exhaustion）的测量方法。这是朝向微积分迈出的第一步，如果有合适的数字符号可用，或许他已经发现了微积分。他得出了比别人更为精确的 π 值（见第 71 页）。他用的是在圆周内外同时作正多边形的方法。随着多边形边数的增多（这就是“穷竭法”），它们也就越来越接近一个圆了。计算 π 需要测量一个圆的周长，其长度就介于圆周内的多边形周长和圆周外的多边形周长之间。

冒充黄金，而将换下来的黄金据为己有。包括阿基米德，当时无人知道怎样区分金属混合成的合金和纯金属。

于是他开始思考这一问题，并且到了如痴如醉的程度。如何区别合金与单一金属呢？通常可以用比较颜色、光泽、硬度等方法。这些方法在王冠上都试过了，仍难以判断。这意味着需要用其他的方法，但耶罗要求阿基米德在检验时不能破坏王冠。阿基米德在吃饭、走路时一直思考这一问题，甚至很可能睡觉时也在想。

检验密度或许是一种办法，因为黄金的密度比白银的大，所以在相同的体积下，纯黄金制成的王冠要比掺了白银的王冠重。但在称量时发现，王冠的质量和国王给金匠的金块质量相同。这条路也被堵死了。

如果你会科学地思考，那么，重新表述问题将有助于问题的解决。阿基米德可能重新考虑如下：在质量相同的条件下，纯银王冠要比纯金王冠大一些，即纯银王冠的体积要比纯金王冠大。如果王冠中掺了白银，那么王冠体积是不是比国王给的金块体积要大呢？测量不规则外形物体的体积看起来是不可能的。那又该如何使其变为可能呢？

理解密度的概念有助于定义质量和体积。质量表示了物体所含物质的多少。一个物体在月球上的质量等于其在地球上的质量，但此时它的重力却比在地球上时小。这是因为月球对这一物体的吸引力小。

体积是物体占据的空间大小。密度是质量与体积的比值。密度（ρ）的表达式为质量（m）除以体积（V），即 $\rho=\frac{m}{V}$。

右边的木刻画可能创作于19世纪。它凭想象描绘出了阿基米德在浴缸中的“尤里卡”时刻。在阿基米德时期，王冠其实是如上图所示的花环状。

一天，正当阿基米德在公共浴室中洗澡时，他突然想到了一种方法。当时他是如此的激动，以至于跳出浴缸，就这么一丝不挂地沿着叙拉古的大街向家里奔去。因为他沉浸在刚想起的好主意之中而不想穿衣服浪费时间。(古希腊人也对裸体不像我们今天这么介意)他边跑边喊:“尤里卡！尤里卡！”尤里卡(Eureka)的希腊语意思为，“我找到了”。

阿基米德真的在大街上裸奔过吗？这种说法的一个来源是古罗马一位名为维特鲁威(Vitruvius)的军事工程师，他当时为尤利乌斯·凯撒在非洲服役。他在一套10卷的关于建筑和工程的著作中谈到了阿基米德的“尤利卡”故事。他的著作在古今科学中都具有非同寻常的基础地位。

阿基米德在进入装满水的浴缸时，他的身体就排开了水，使一部分水越过浴缸的边缘流到了地板上。这使他猛然醒悟：他所排开的水的体积正好等于他的身体在水中部分的体积。

科学上的突破往往是由于注意到了事物之间的联系，而这正是刚刚发生的事情。阿基米德突然意识到，他的身体和金块放到水中的效果是相同的。**任何物体，无论是人体，还是王冠或一块金子，当将其浸没入液体中时，它所排开的液体体积等于物体自身的体积**。得到这一结果后，阿基米德所要做的就是将王冠浸没到一只装满水的碗中，然后测量被排出的水的体积。接着，再用一块与国王给金匠的质量相同的纯金块按上述步骤进行测量。只有两次测量得到的体积相同，才能说明它们的材料是相同的。

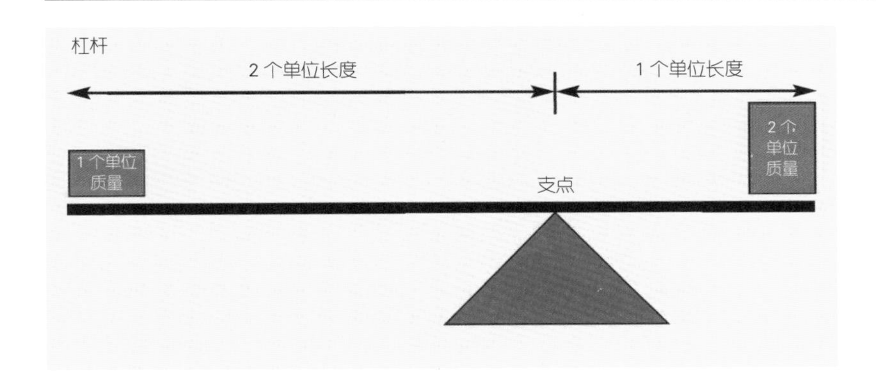

阿基米德的杠杆定律要用到重心的概念：对每一个物体而言，都存在着一个点（即重心），重力就好像是集中作用在这一点上的。在这幅图中，系统的重心就在杠杆处于这种静止状态的支点处。当一个物体的质量是另一个的两倍时，其到支点的距离则是另一个的一半。

王冠排开的水与纯金块排开的水体积相同吗？结果是不相同，王冠排开了较多的水。这表明，王冠的体积比纯金块的大，即王冠中被掺了白银。由此可知，国王确实被欺骗了！

看了这幅图你可能会惊讶：要知道，地球的质量达 6×10^{21} 吨呀！

那么，要撬动地球又是怎么回事？请记住，阿基米德说要有一个支点，他才能撬动地球。为证明他的这一观点，阿基米德请国王找出一个非常重的物体，由他来移动它。于是，国王调来一艘满载着货物和水手的大船，并让船停在没有水的码头上，以防止由于船在水中滑行，导致事情变得容易。阿基米德必须凭一己之力将它提升起来。据说，他仅用一只手就做到了。

阿基米德将杠杆和滑轮组合起来制成了一种机械，并证明若其中的杠杆非常长且能适当地平衡，则他能用它撬起任何重物，甚至地球！可以说，阿基米德是世界上最早的力学专家之一。

阿基米德的杠杆定律，至今仍是物理学的一个基本定律，用简单的语言可以表述为：如果在跷跷板的一端坐着一个较重的人，而另一端坐着一个较轻的人，那么较重的人必须向支点靠近才能使跷跷板平衡。而要达到平衡，则跷跷板两边每个人的重力与他到支点距离的乘积要相等（见本页上部图的说明）。

杠杆（lever）是一根有固定支撑点，即支点的硬棒。

滑轮（pulley）是由轮子和绳子构成的机械，用它可以提升或拉动物体。

力学（mechanics）是一门研究物体运动和机械的科学。

阿基米德为国王耶罗二世发明的那些军事机械怎么样呢？他希望最好它们不要被使用，不要有战争。但在公元前 215 年，

十四巧板和组合学

猜一下，是谁登上了 2003 年 12 月 14 日星期日《纽约时报》的首页？对，是我们的古代朋友阿基米德。为什么？原来是在 2 200 年前，他作出了一些至今仍在数学界富有活力的拼图。而其中最大的新闻是，他的问题经过两个千禧年后被重新发现和认识了。这些问题会让你好好动番脑筋，而且十分有趣。

故事是这样的。阿基米德写了一篇名为《十四巧板》的论文，讨论十四巧板的拼图方式。可它在很久之前就消失了，除了极少的介绍文字之外，人们对它一无所知。所以他的这一工作几乎被人们遗忘了，然而，它的重写本出现在了美国马里兰州的巴尔的摩市。所谓重写本，即为在原来的手稿上再写上其他内容，就如同在一幅旧画上再画一幅新画一样。可能是在公元 975 年，有人在羊皮纸上用希腊文抄写了阿基米德的著作。在 13 世纪，羊皮纸是非常贵重的物品，一些基督教的教士将这些手稿撕开，再对折成页，重新装订后，重新用于书写他们的祈祷。

1906 年，一位丹麦学者在土耳其的伊斯坦布尔发现了这个重写本。他在祈祷词的下面发现了模糊不清的数学公式，于是对大多数的书页进行了拍照。后来，这些皮革书消失了。在 20 世纪 70 年代，它又在一户法国家庭中出现了。但这时，它的状态非常糟糕：发霉、肮脏、破烂。即使这样，它还价值 200 万美元。一位匿名的亿万富翁买下了它，并将它借给了巴尔的摩市沃尔特斯艺术博物馆。

来自斯坦福大学、约翰·霍普金斯大学和牛津大学的学者们共同对这本书进行了认真研究。用紫外线使其上的祈祷词和数学显现出来，但是仍模糊不清。计算机这时被派上了用场，用专门的软件把数学论文与其上的祷词分离出来。这个侦探故事还有很多更精彩的内容，专家们的工作真是令人称奇。最终他们发现《十四巧板》处理的是组合学问题，这是现代数学中一个充满活力的分支。

什么是组合学？举一个通俗的例子：假如你要得到 1 元钱，且可以任意组合其中的硬币数，则一共有多少种方式？每一种方式都是一种组合解。组合学随处可见。不严格地说，它是计算排列和组合数的科学。计算机丰富了它的领域并扩展了它的可能性。如果你深入研究组合学，你会发现它可能是会让你反胃的东西 (stomach turner)[①]。至少，有一些数学家就是这样理解阿基米德的标题的。

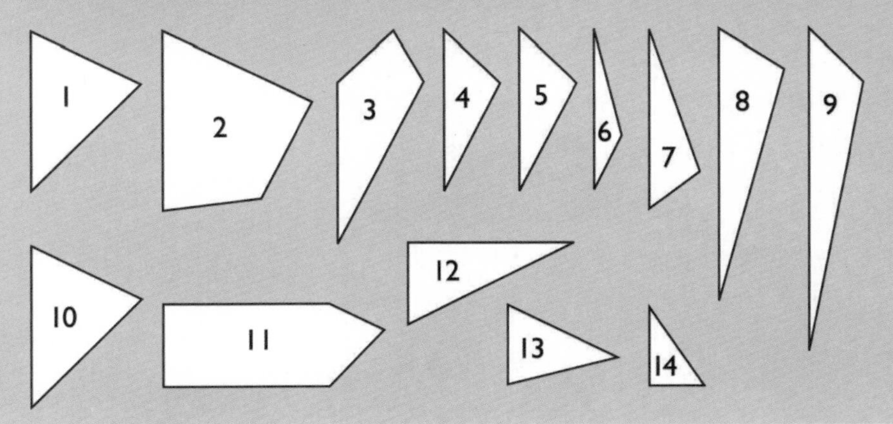

这幅图中的 14 种图形都来自阿基米德的《十四巧板》。这一拼图的目标是将它们组合成一个正方形。

译者注：① 阿基米德的原标题是“Stomachion”，我们现在直接称之为《十四巧板》。

太阳光和盾牌真的能使罗马人的帆船着火吗？在这场战争之后200余年，古希腊历史学家普卢塔赫是这样告诉我们的。但现代物理学家们仍在争论阿基米德“镜子”故事背后的科学技术的可行性。

罗马人开始了进攻叙拉古的远征。此时，耶罗二世已经去世。他的继承者，即他的孙子希罗尼穆斯（Hieronymus）犯了一个致命的错误，他认为迦太基人将是第二次布匿战争的胜利者。

罗马人斗志高昂，信心十足。强大的罗马军团已经战胜了他们前进路上的一切敌人。他们早已对叙拉古的财富垂涎三尺，而且叙拉古的重要战略地位，也使每一位想控制地中海的强权势力一定要把它纳入麾下。除此之外，罗马人非常仇恨迦太基人，也对叙拉古人及其新国王与迦太基人的亲近表示不满。

因此，15 000名手持盾牌、身披盔甲、装备新式武器的罗马士兵分乘60艘战舰，浩浩荡荡杀向叙拉古。在攻城时，这些士兵必须攀爬上城墙，久经沙场的他们对此非常熟悉。他们攻无不克，所向披靡，是世界上最强大的军队。除了准备好面对一个伟大科学家的头脑外，他们已经做好了其他所有的攻城准备。

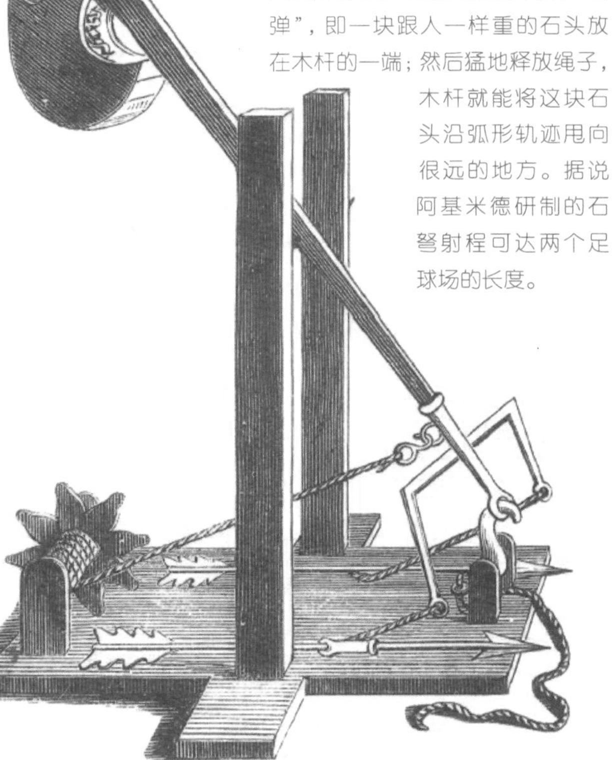

古代的石弩（亦称抛石机）是用绕起来的绳子的张力来作动力的。士兵们尽全力利用绞车和棘轮将绳子拉到一定的位置；再将“导弹”，即一块跟人一样重的石头放在木杆的一端；然后猛地释放绳子，木杆就能将这块石头沿弧形轨迹甩向很远的地方。据说阿基米德研制的石弩射程可达两个足球场的长度。

据说，阿基米德布置了大量的镜子（或抛光的盾牌），将太阳光聚焦到接近岸边的罗马战船上。镜子反射的太阳光使得罗马士兵致盲。大量反射光线集中到一点，这一点的光是如此强烈，以至于点燃了战船上的棉制风帆。这一战法使得罗马舰队狼狈败退。

然而，罗马军队并不甘心，他们志在必得，又建造了新的战船卷土重来。这一次，他们选择在多云的天气进攻。

这次，阿基米德使用了一种更厉害的机械武器，即巨型石弩。其原理与弹弓相似，它可沿曲线弹道向敌舰投射致命的大石块。更有甚者，他还在城墙上安装了起重机，用它向最靠近城墙的敌舰投下巨大的石块，再加上同时施放致命的弓箭，使敌人无法登上城墙。但这还不是最厉害的。

公平交易（square deal）

组合学之问：若将第 154 页中的 14 个图形拼成一个正方形，有多少种方式？这也是阿基米德试图解决的问题。但我们至今也不知道他的答案，因为他的相关手稿都被撕开或毁坏了。但现代数学家知道：有 17 151 种。右图中为其中的三个例子。

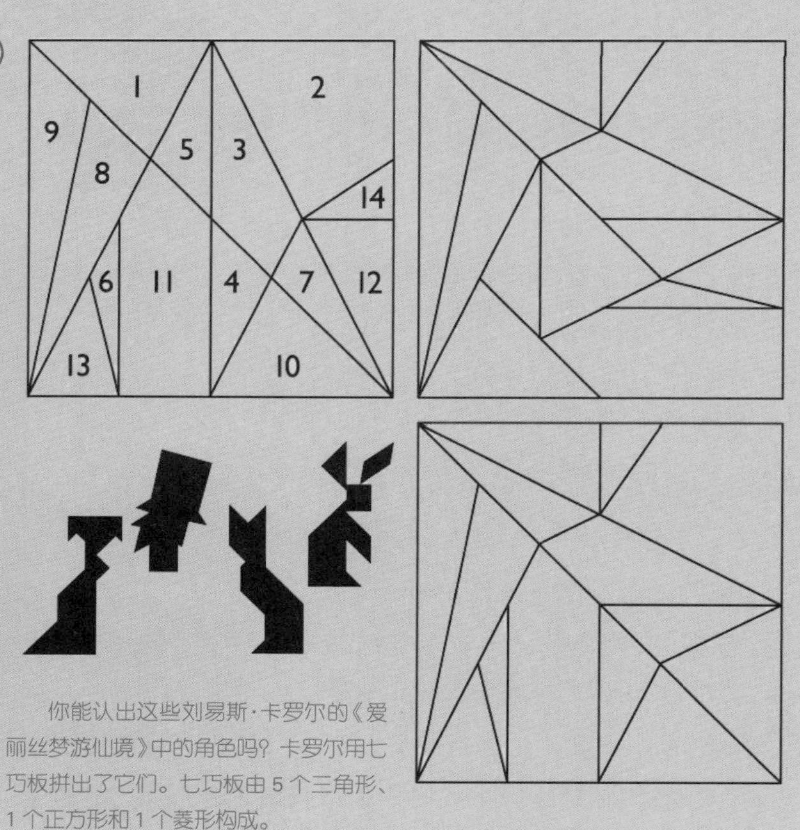

你能认出这些刘易斯·卡罗尔的《爱丽丝梦游仙境》中的角色吗？卡罗尔用七巧板拼出了它们。七巧板由 5 个三角形、1 个正方形和 1 个菱形构成。

为数学而死

尽管使用了阿基米德发明的防御机械，但叙拉古最终还是在罗马人的激烈围攻中陷落了。

据说阿基米德当时正专注于研究数学问题，正在用脚上的沙子写数字。这时，罗马士兵闯了进来并要求他出去。阿基米德正沉浸在他的研究中，他的专心是出了名的，在思考时对其他问题一概视而不见。因此对罗马士兵的命令没有回应，于是这名士兵便用刀刺穿了他的身体。

这是一幅罗马时期的马赛克画，图中阿基米德坐在写字板前，同时一名不耐烦的士兵要求阿基米德跟他走。

罗马舰队处于极度恐慌之中。他们遇到了阿基米德的“爪子”！下面是古希腊历史学家普卢塔赫对这种“爪子”的描写：

一些战船由内部的动力所牵引和转动，被城墙下伸出的巨石猛撞，船上的战士遭受了巨大的损伤。另一些战船被不断地抓到空中（这看上去是一件非常可怕的事情），前后左右不停摇摆，上面的水手和士兵全被甩出。最后战船被巨石撞毁，或者被直接从高处摔下。

一位 75 岁的科学家，就这样用自己的头脑，成功地阻挡住了世界上最强大的军队！

阿基米德之“爪”是真的吗？

阿基米德的“爪子”会是下图的模样吗？完全没有可能。请将它与工程师画的关于这种武器的详尽力学示意图（见下一页）作比较。下图是朱利奥·帕里吉（Giulio Parigi）的作品，他作画的目的完全不同。他依靠想象，而不是科学来描绘这场战争的戏剧性和惨烈程度。这个艺术性的“爪子”完成于 1599 年，它是意大利佛罗伦萨乌菲齐艺术馆中一幅壁画的局部。帕里吉还画过阿基米德的镜子阵（见第 155 页）。如果你有机会参观乌菲齐艺术馆，将能在其中数学馆里的“壁橱里的数学”看到这两幅壁画。

阿基米德真的建造过如此神奇的“爪子”和其他军事机械吗？当年的大多数记载都已经散失了，更不可能有照片流传下来。但除了古希腊历史学家普卢塔赫留下的记载之外，我们还有来自古罗马历史学家的记述，李维（Livy）记述了，古罗马军队在进攻叙拉古时为阿基米德的成就所折服的事。要知道，古罗马人是非常自负的，是不会轻易对任何敌人称赞的。

时间可能也会使得事情被夸大。李维和普卢塔赫都可以编造史实，而不必如现代历史学家们考虑准确度标准。其他的报告来自恐惧的古罗马士兵，他们有更多的理由而夸大事实。

事实上，现在无人明确知道阿基米德之“爪”是如何工作的或者它到底是什么样子的。对现代工程师而言，建造这样的机械设备是不可抗拒的诱惑。这台机械有多大？爪子是什么形状的？那种杠杆和滑轮的组合能抬起多重的物体？是谁或用什么来将它抬起的？甚至有没有可能按照历史学家的描述，建造这样一个装置且符合物理定律？

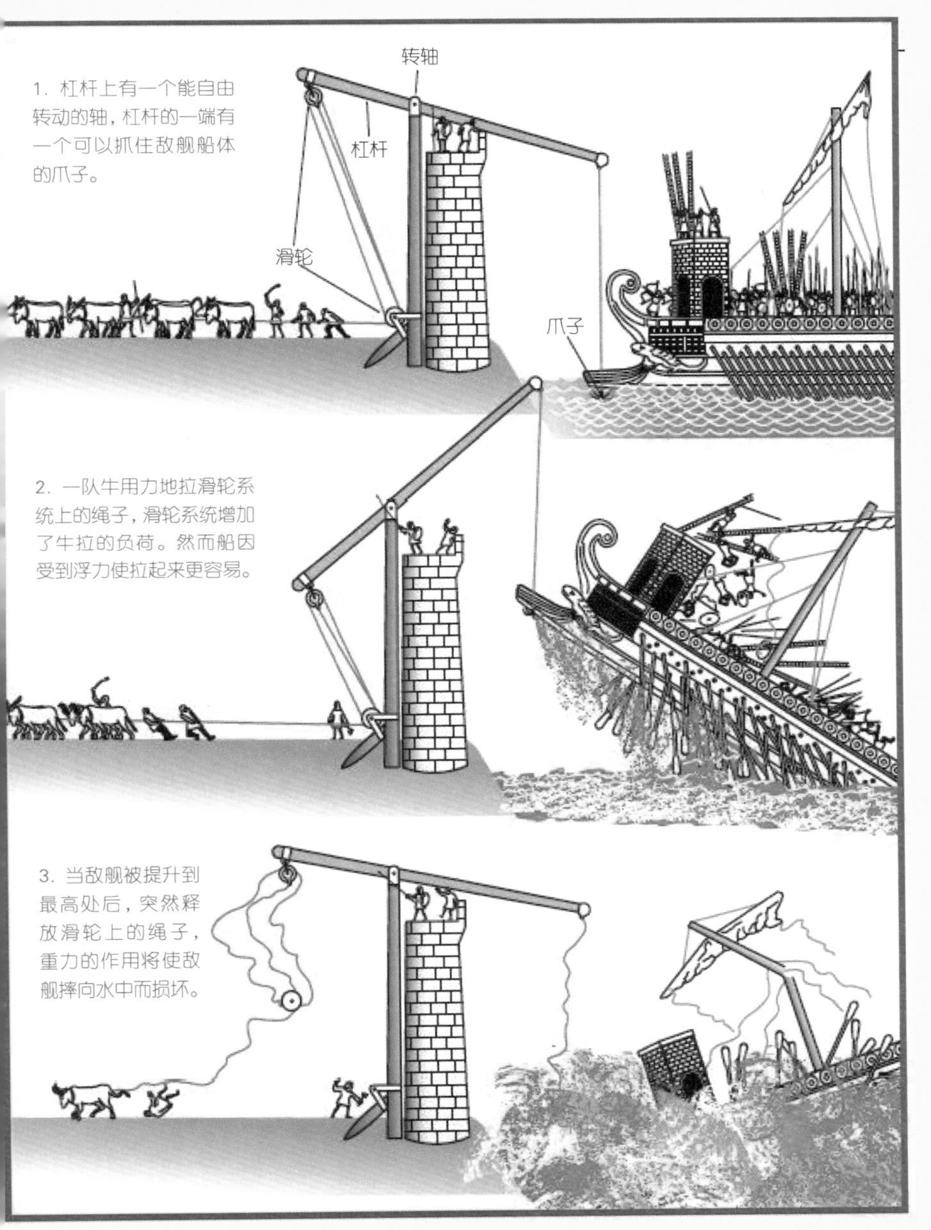

转轴
1. 杠杆上有一个能自由转动的轴，杠杆的一端有一个可以抓住敌舰船体的爪子。
杠杆
滑轮
爪子
2. 一队牛用力地拉滑轮系统上的绳子，滑轮系统增加了牛拉的负荷。然而船因受到浮力使拉起来更容易。
3. 当敌舰被提升到最高处后，突然释放滑轮上的绳子，重力的作用将使敌舰摔向水中而损坏。

左图为现代工程师眼中的阿基米德“爪子”。这样做能成功吗？一个重要疑问是船必须在被抓住之前要正好漂浮在“爪子”之上。难道罗马士兵在看到系有绳子的“爪子”时还要主动将船靠上去吗？另一个挑战性的疑问是关于速度的。在将船吊起后，要经过多长时间后再将绳子重新弄好？时间过长，将给罗马士兵登岸攻击或逃跑的机会。此外，“爪子”是用什么材料制成的？它的每一根木制“指头”都要足够强壮，不能断裂或弯曲。而且长时间放在海边还要能防水而不腐烂。绳子强度和韧性也要好，在一次接一次的剧烈使用中也不会断开。他们能做到吗？

这些物理定律从没发生过变化。重力现在起的作用与阿基米德时期相同。这意味着现在的工程师能做阿基米德所做的：从构思到设计，再从建造到模拟，并看看结果如何。

对工程师而言，有一句好的格言：“更好的方法总是存在的。”有了这种态度，好的方法肯定是能发现的。

18 测量地球

我是人，人之所属，我概莫能外。

——特伦斯（Terence，公元前约 185—公元前约 159），由罗马奴隶变成的诗人和剧作家，《自虐者》

（古希腊人已向我们展示）宇宙是按数学法则设计的……宇宙中存在定律和秩序，而数学就是一把打开规律的钥匙。更神奇的是，人类的理性能够穿越这一设计，并揭示出其数学结构。

——莫里斯·克兰，美国数学教授，《数学：确定性的丧失》

哲学不是一个理论，而是一种活动。

——路德维希· J. J. 维特根斯坦（Ludwig J.J. Wittgenstein，1889—1951），奥地利哲学家、教师和园艺家，《逻辑哲学论》

埃拉托色尼（公元前约 275—公元前约 195）出生于北非海岸（现在的利比亚）。他在雅典接受了教育，并受托勒密三世的召唤来到埃及。托勒密三世任命他为亚历山大图书馆（同时也是博物馆和大学）的主管。对于这项工作，他最合适不过了。埃拉托色尼本身就是一位伟大的学者，并以自己的学识和人品激励着其他人。他的外号为“贝塔”，即希腊字母表中的第二个字母。有人认为，人们之所以用第二个字母

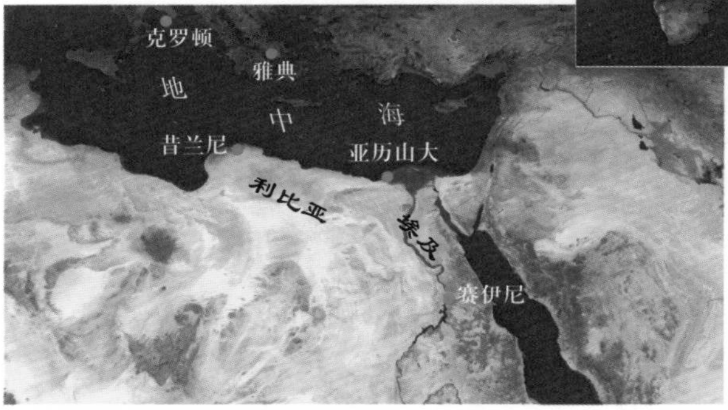

埃拉托色尼出生于昔兰尼（cyrene），现位于利比亚境内。注意不要与埃及南部的赛伊尼（syene）混淆。昔兰尼是于公元前 631 年由希腊的一个岛国锡拉岛的迁徙者们建立的。当时，那里是优等的生活之地。希腊人也开始在地中海沿岸如此殖民。克罗顿则是另外一个殖民地。

在昔兰尼受埃及人统治的时期（从公元前 323 年起），它作为智力中心达到了其鼎盛时期，它有着著名的医药学校。在去雅典和亚历山大之前，埃拉托色尼就和哲学家亚里斯提卜（Aristippus）一样，是当地的名人。在公元前 96 年，罗马人接管了那里。这一城市在其后又繁荣了几个世纪。后来，阿拉伯人又征服了那里，这一地区连同城市一起被放弃了。现在，那里是利比亚的夏哈特。

在埃及阿斯旺城（从前的赛伊尼）的正中午，你能告诉我们什么呢？夏至（6 月 20 日或 21 日）的中午，是一年中唯一的太阳处于头顶正上方的时候，而且太阳光线也能直射到深井的底部。阿斯旺靠近北回归线（23.5° N），即确定热带范围的纬度线。

称呼他，是因为人们认为他在博学方面仅次于亚里士多德。我们知道阿基米德是他的朋友，因为阿基米德曾送了一本书给他。现在，人们记住埃拉托色尼主要是因为他在测量学方面的成就。

埃拉托色尼发现，每当夏至那一天（一年中最长的一天）的中午，在埃及尼罗河南部的城市赛伊尼（靠近现代的阿斯旺），太阳光能照射到一口深井的最底部，而且直竖起的杆子没有影子。

但这种情况在亚历山大则不会发生。亚历山大在尼罗河北部的入海口附近，在这一天的相同时刻，竖起的杆子却能看到影子。

埃拉托色尼可能这样问过自己：“为什么在亚历山大能看到影子，而在赛伊尼却看不到？”然后，他认为在赛伊尼，太阳位于正上方，但在亚历山大却有点倾斜。由此，他认识到自己获得了一个非常有价值的信息，即这说明地球的表面是弯曲的。他要证明这一观点的正确性。

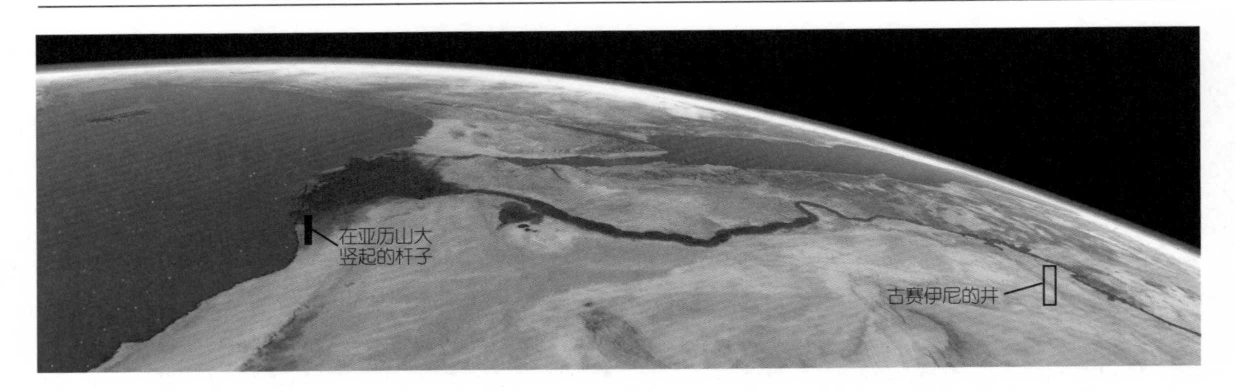

从亚历山大到古赛伊尼并非一条直线。虽然这两座城市相距不远，但在它们间的地球跨度是弯曲的。正是这种弯曲，才使得照射到这两座城市的太阳光线的角度略有不同。

据说，埃拉托色尼曾于夏至日的中午在亚历山大的地面上竖起过一根杆子，并测量出它影子的角度为7.2º。如果地球确实是球形的，则这一角度应该等于一个圆周的1/50。那么，从亚历山大到赛伊尼间的距离就应等于地球周长的1/50。为了求出整个地球的大小，他需要做的就是测量这两个城市之间的距离。于是，他雇用一个人从亚历山大走到赛伊尼，并让他数出所走过的步数。然后，再将这一距离乘以50，就得到了地球的周长，这个值与现代的测量值十分接近（见第164—165页）。要知道，那可是在2 000多年前，而且埃拉托色尼仅有的仪器是竖立在地面上的杆子，再加上他的大脑，还有雇用来的步行者。

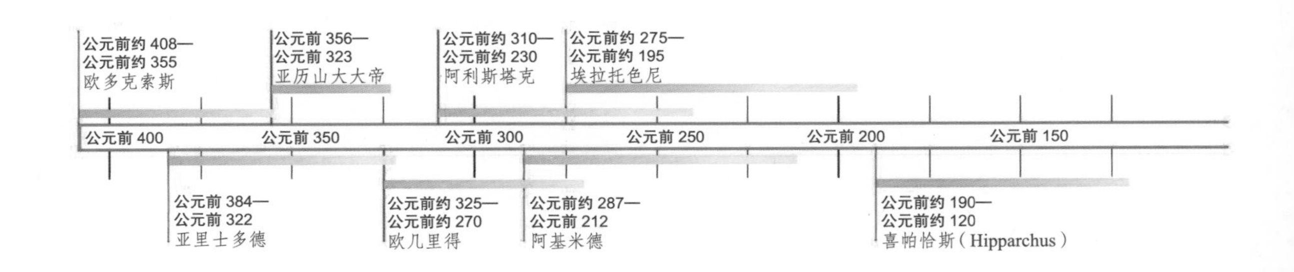

由他发现的非常大的地球和非常小的已知土地，埃拉托色尼推测，一定还存在着巨大的相互连通着的海洋。[后来，这一设想被18世纪的航海家麦哲伦（Magellan）证实了。]

埃拉托色尼被公认为是大地测量学之父。除了测量整个地球之外，他还绘制出了当时所知道的世界地图，如从不列颠到锡兰，从里海到埃塞俄比亚。他还绘制出了一幅星图，上面有675颗星星。此外，他也曾撰写过关于希腊喜剧的评论。

埃拉托色尼的大部分著作，如同绝大多数的古代思想家的著作一样，都已经失传了。我们对他本人及其科学成就的了解，大多来自别人对他的著述所写的评论。这些评论告诉我们，埃拉托色尼是一位集地理学家、历史学家、文学评论家，甚至天文学家于一身的人。他还是目前我们所知的世界上第一个关注准确纪年的人，他建立了一套自特洛伊战争以来的大事记年表。他设计了一套用于确定质数的系统方法（见第145页），称为埃拉托色尼筛选法，至今仍被使用。而当他接近准确地测量了地球的大小时，他向我们展示了宇宙是可知的。经过一番思考后，我们能够知道他是怎么做到的。与他同时代及后来的人对埃拉托色尼的洞察力是什么反应呢？在一个相当长的时期内，他们都把这些置于脑后了。

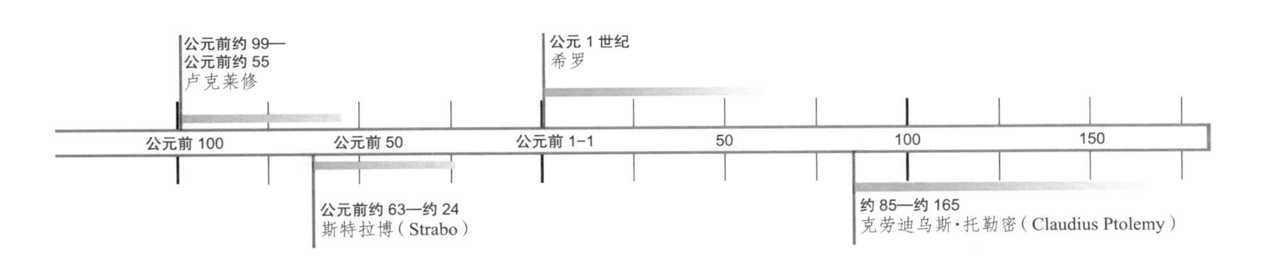

埃拉托色尼为何如此接近真实值？

赛伊尼位于今天埃及的阿斯旺附近，靠近北回归线（23.5° N）。在这一纬度上，在夏至日（6月20日或21日）的正午，太阳位于人头顶的正上方。如果你站在太阳下，会发现自己是没有影子的。亚历山大在较远的北方，在这一天的正午，会发现太阳不是出现在头顶的正上方，而是稍有偏斜。如果这时站在阳光下，会发现你的身体或旁边的杆子产生了影子，太阳光线与竖直方向的角度约为 7°。

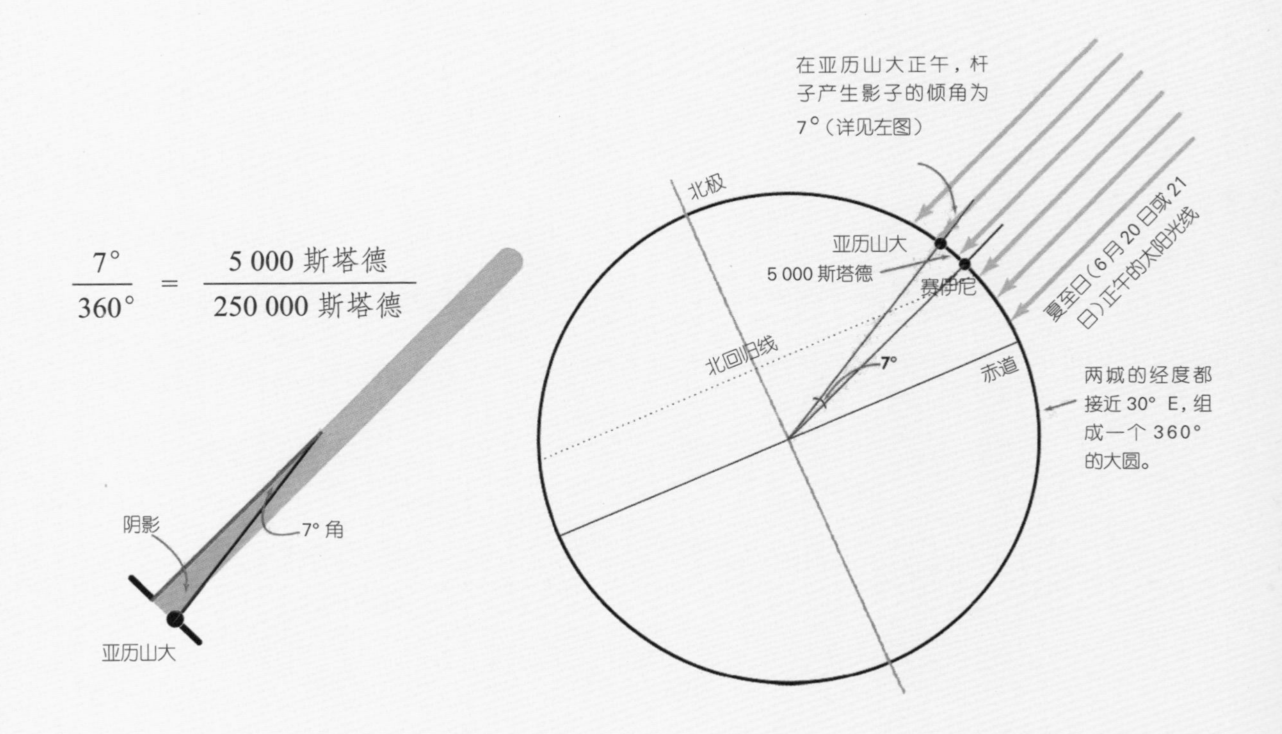

为何如此困难

现代卫星技术对地球的测绘，精度可达到厘米的量级。但埃拉托色尼在测量地球时可就难多了。他无法很好地测量较长的距离，用数步子的方法，即使做得再仔细，也无法保证每一步的长度都是均匀的。5 000 斯塔德这个粗略值表明，埃拉托色尼知道这只是个估计值。

另外，亚历山大并非位于阿斯旺或赛伊尼的正北方向，而是有点偏西。阿斯旺或赛伊尼也不是正好位于北回归线上，而是有点偏北。埃拉托色尼无法准确地知道这些位置上的细微偏差。这些偏差或多或少地影响了他的测量结果。

在当时，还有一件无人知道的事，即地球在中间稍有凸起，而在两极则显得扁平。这使得地球的纵向周长（南北向大圆）较赤道周长（东西向大圆，长为 40 075 千米）稍短一些。

这些小问题应该没有被埃拉托色尼看得太重，因为他对斯塔德的数据进行了些许修改，以使数学运算更容易。这表明他的目标并不是得到完美的数据。他想要的只是估计值，而最终结果却是令人难以置信地准确。

两座城市都靠近相同的子午线或说相同的经度，它是一种南北方向绕着地球的大圆圈（实际上是圆周）。和所有的圆一样，子午线的圆周角也是 360°。因为 7° 约为 360° 的 1/50，所以两座城市间的距离（5 000 斯塔德）也应该是子午线周长的 1/50。故用 50 乘以 5 000，埃拉托色尼估算出地球的周长约为 250 000 斯塔德。实际上，他对数据进行了小的修改，在得到的结果上又加了 2 000 斯塔德，使其成为更容易处理的数据 252 000，因为它能被 60 或 360 整除。

现在，你可能想知道 1 个“斯塔德”的长度是多少。专家对此也不能肯定，但他们认为，这一长度介于 150 米至 158 米之间。如果按照普遍认为的 157 米来计算，埃拉托色尼估算出的地球周长为 39 250 千米，这与现代测量出的地球南北向的周长值（约为 4 000 千米）非常接近。

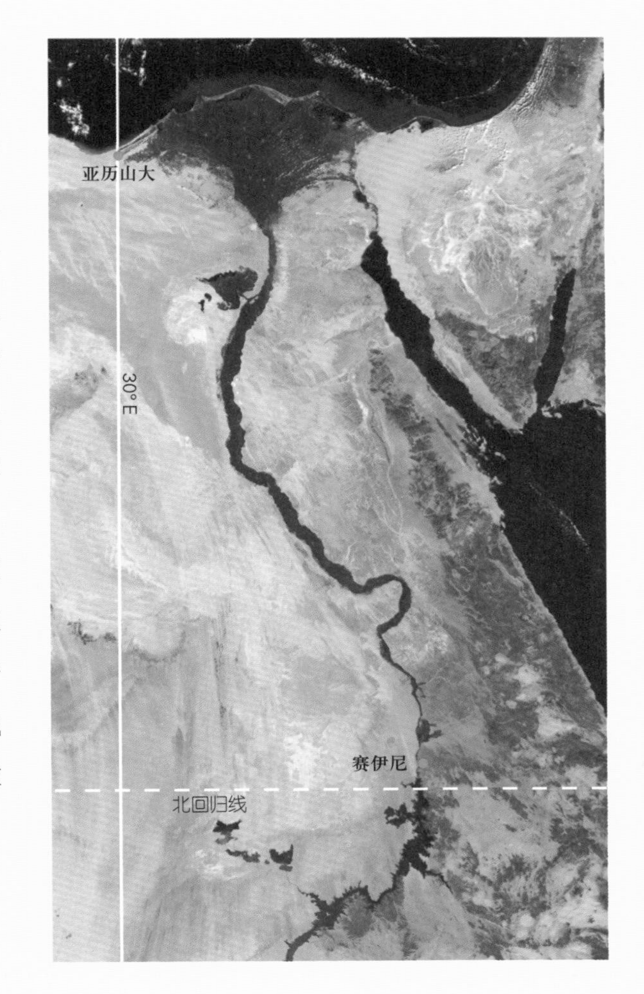

19 罗马规则

平民政体的目的在于自由，寡头政体的目的在于财富，贵族政体的目的在于保持教育和全民习俗，专制统治的目的在于保护暴政。

——亚里士多德，希腊哲学家、科学家，《修辞术》

国家政权犹如一个球，从国王手里传到暴君手里，又从暴君手里传到贵族（或民众）手里，最终又传到寡头或另一个暴君手里。某一种国家体制从不可能很长久地存在下去。鉴于上述情况，在三种基本的国家政体中，在我看来，以君主制为最优越。但是，若能把这三种元素结合起来，组成一种温和的混合政体，则是更好的。

——马库斯·图利乌斯·西塞罗，罗马共和国律师、演说家、政治家，《论共和国》

罗马人对于宗教极其虔诚，所有的事务都信赖神明的保佑，不容许任何人对可见的征兆和古老的仪式，显出玩忽的态度和轻浮的神色……认为公众安全最关紧要的事项，是官员对神明的尊敬，较之战胜敌人更受重视。

——普卢塔赫，古希腊历史学家，《希腊罗马名人传》

古罗马人完成了亚历山大大帝的夙愿。在罗马共和国（公元前509—公元前31）的体制下，罗马也由一个小城邦国发展成为包括整个地中海沿岸国家及更远处的庞大帝国。共和国是为人民设计的政府，它的繁荣之花在没有压制的体制下绽放着。政府机构及其官员都是由公民选举产生的。

在这枚古罗马的硬币上，尤利乌斯·凯撒（左）在向后看，而他的养子、伟大的侄子屋大维（Octavian）却看向未来。

奴隶、女人和被征服而掳来的人都没有选举权。因此，他们也不能被称为公民。然而，罗马的代议制政府是一种强有力的观念，也是朝向更广阔、更民主的代议制政府迈出的坚实一步。（当美国的爱国者聚集在费城，准备为他们的新

主权（sovereignty）表示具有统治的权力。

寡头制（oligarchy）表示由紧密的小集团统治社会。"Olig" 意指少的。

贵族制（aristocracy）是由精英统治社会。其英语由 aristos（精英）和 -cracy（统治）构成。

暴君（tyrant）泛指集权并滥用权力的帝王或独裁者。

君主制（monarchy）是由帝王或王室统治的体制。

共和制（republic）是由公民选举出议员，再由这些议员代表公民进行投票表决的政府体制。罗马时期建立了有限的共和制，然而很多人却不能成为公民。

奥古斯都·凯撒（屋大维）皇帝仍在向世界上保存最完好的古罗马剧院的访客们致意。这座位于阿劳西奥（现在法国的奥朗日）的剧院建于 2000 年前。其中的大理石雕塑有两人高，被安放在开放的高台上。这座能容纳 7000 人的剧院今天仍在使用着。

古罗马历史小识

尤利乌斯·凯撒（公元前约 100—公元前 44）在罗马共和国时代是一位伟大的、有魅力的将军和政治家，他耗巨资建造了公共设施，开设了公众运动会，也发动了战争（从不列颠到埃及）。他还计划建造更多的公共工程、更多的图书馆，同时编纂所有的罗马法律条文。然而，在公元前 44 年 3 月 15 日，他却被布鲁图（Brutus）和卡修斯（Cassius）谋杀了。因为他们认为凯撒毁掉了共和国的自由。

尤利乌斯·凯撒的伟大的侄子屋大维继承了他的王位。屋大维继续战斗，在成为罗马皇帝后，于公元前 27 年更名为奥古斯都·凯撒（Augustus Caesar）。"奥古斯都" 意为 "神圣的"。（请记住："公元前" 的年代数字越小，则离我们越近。）

"奥古斯都" 意为 "神圣的"，这也是屋大维将名字改为奥古斯都·凯撒的原因。八月（August）是奥古斯都为自己命名的月份。很多国家的 "皇帝" 一词均源自 "凯撒"，如德国的 "皇帝"（Kaiser）、俄国的 "沙皇"（tsar）等即以其为词根。

国家起草美利坚合众国宪法时，他们将目光投向古罗马以寻求借鉴。不幸的是，他们同时复制了公民有表决权，而奴隶无表决权的观点。）

这种共和系统，在罗马是一个城邦小国的时候是成功的，但当它发展成为强大的罗马帝国时，这种制度就土崩瓦解了。在它存在的最后几十年中，帝国深受内战的困扰。公元前 31 年，屋大维，这位强壮的、充满活力与能量的将军，在地中海东部海域亚克兴的海战中打败了克娄巴特拉（即埃及艳后）和马克·安东尼（Mark Antony），他从此变成了罗马帝国的唯一皇帝。屋大维先假装是一个共和者，但仅过了 4 年，他改名号为奥古斯都后，即成为罗马帝国的第一任皇帝。他开启了一个和平、繁荣的时期，并夸耀他建立的罗马城为“在他之前是用砖建成的，在他之后就是大理石的了”。当时的诗人贺拉斯（Horace）、维吉尔（Virgil）、奥维德（Ovid）、李维等在奥古斯都的统治下都达到了创作的顶峰。后来，在 17 世纪末和 18 世纪初，英格兰人将这一时期称为他们自己的“奥古斯都时代”，当时英国的作家，如德莱顿（Dryden）、浦柏（Pope）、斯梯尔（Steele）等，可能都认真模仿这些拉丁诗人的风趣和优雅的写作风格。

渡槽（aqueduct）是长距离输送水的管道或水渠。

古罗马的一项工程奇迹，是建于公元约 50 年的渡槽。它穿过了现在的西班牙塞哥维亚的市中心，今天仍为该城输送饮用水。古罗马人绝对不会想到，现代的各种车辆会在这一渡槽下的拱门中穿梭往来。

古罗马人和古希腊人是不同的。古罗马人需要控制他们的庞大帝国。因此，他们的主要精力用于考虑治理国家、发展贸易和发动战争。古罗马人是实用主义者，这意味着他们都是“实用主义思想家”。他们是令人惊奇的工程师，能开拓宽阔的马路，修建水厂，并能在他们征服的地方组建政府。他们也征税和使用奴隶。但纯科学如何呢？如宇宙为什么和怎样运转？如何看待不能服务于现实目的的技术呢？罗马人好像从来不去考虑这些不着边际的问题。他们甚至不去将大多数伟大希腊思想家的著作翻译成自己使用的语言，即拉丁语。这在很大程度上是因为，他们从没有意识到知识本身是美的，从而就不知道学习它们会有什么价值。他们的领导人也在忙着到处征伐或巩固自己的统治，或者想方设法从被征服地区的人民那里多征税。

当然也有例外。卢克莱修生活于罗马共和国时期，写下了关于原子的论述（见第 92 页），也对闪电、雷雨、声音、光等自然现象进行了研究。但是，没有自由的科学注定是走不远的，而且随着帝国的成长，自由思想也在递减，而被罗马所征服地区的人的自由就更少了。

然而，从英格兰到地中海沿岸，再到波斯，罗马帝国建造起了高水平的渡槽、辉煌的建筑和令人叹为观止的公共设施。罗马的舰船维护着海上的秩序，使海上航行的船舶感到前所未有的安全。罗马的法规维持着世界的有序和安宁。罗马人耗巨资修建的大道使得对外界的强大控制成为可能。但并非每个人都希望这样的控制。

耶路撒冷是一座被征服过来的城市，这里的犹太人在罗马人的统治下饱受痛苦。其中就有一位名为约书亚（Joshua）的青年犹太牧师，他在奥古斯都·凯撒老年时出生于伯利恒（靠近耶路撒冷）。后来，他的故事被用希腊语写出，而“约书亚”在希腊语中即为耶稣（Jesus）。

在耶稣诞生之前，尤利乌斯·凯撒的士兵在亚历山大著名的图书馆中纵火。据说，罗马人点燃了敌人的战船，随后大火烧到了陆地上，后来又蔓延到了图书馆。很多（但并非全部）图书被

下图为奥古斯都·凯撒（死于公元 14 年）时代的罗马浮雕，描写了战船上的士兵。罗马人修改了希腊人的战船设计，使其更容易操控。用 5 个人划一只桨，替代了需要更精准计时和技能的三层操控系统。

大
西
洋
不列颠
伊比利亚
罗马
亚克兴
雅典
黑
海
地
中
海
罗得岛
叙利亚
大马士革
巴勒斯坦
耶路撒冷
亚历山大
毛里塔尼亚
北
非
埃及
尼罗河

希腊在其黄金时代，国家由独立的城邦组成，没有统一的中央政府。在这些城邦处建立了聚居地。亚历山大曾建立过一个很短暂的统一帝国。而罗马帝国则延续了数百年。

付之一炬。这事发生在公元前48年，当时的亚历山大是世界的学术和商贸中心，而罗马试图取代这一位置。

罗马城是政治权力的中心。但是亚历山大城仍为知识的中心，而且还持续着它的繁荣。它还是制造业和贸易中心，思想和货物通过这里，在帝国的一端到另一端之间来回传输，甚至还越过了国界交流。亚历山大城帮助罗马成为一个世界性的强盛帝国。古希腊地理学家斯特拉博与耶稣基督是同时代的

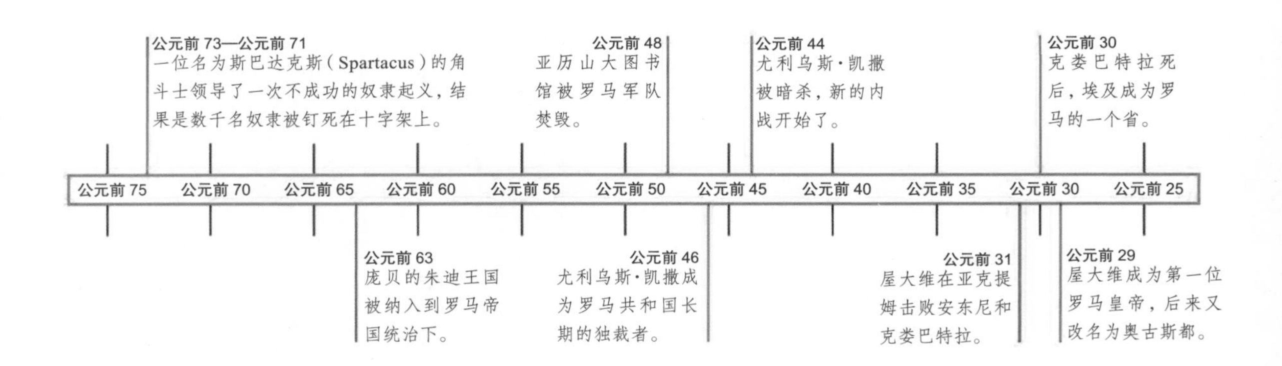
公元前73—公元前71
一位名为斯巴达克斯（Spartacus）的角斗士领导了一次不成功的奴隶起义，结果是数千名奴隶被钉死在十字架上。
公元前48
亚历山大图书馆被罗马军队焚毁。
公元前44
尤利乌斯·凯撒被暗杀，新的内战开始了。
公元前30
克娄巴特拉死后，埃及成为罗马的一个省。
公元前75
公元前70
公元前65
公元前60
公元前55
公元前50
公元前45
公元前40
公元前35
公元前30
公元前25
公元前63
庞贝的朱迪王国被纳入到罗马帝国统治下。
公元前46
尤利乌斯·凯撒成为罗马共和国长期的独裁者。
公元前31
屋大维在亚克提姆击败安东尼和克娄巴特拉。
公元前29
屋大维成为第一位罗马皇帝，后来又改名为奥古斯都。

人，他曾写道："每年都有大量商船从埃及扬帆前往印度。"在萨摩斯岛上，奥古斯都·凯撒接见了印度王派来的使节。这是一个扩张的年代：希腊、罗马和埃及的文化对佛教产生了影响，反之亦然。

对于中国，罗马人知之甚少。在斯特拉博的世界地图上，人们可以看到某处称为"赛里斯"的地方，它位于遥远的东方。那就是中国。来自中国的商队曾经沿着一条道路到达当时的繁荣城市撒马尔罕（现在乌兹别克斯坦境内）。再由此前往巴格达（伊拉克境内）和大马士革（叙利亚境内）。但撒马尔罕已于公元前329年被亚历山大大帝灭亡了。有一阵子，商人继续在此小道上蜿蜒前行，带着丝绸穿越亚洲到叙利亚的市场上去出售。在奥古斯都大帝时期，丝绸之路

货物、思想、文化沿着东西方的主要通道——丝绸之路上的贸易地点传播和交流。左图中乐手们的装饰是产于阿富汗的，其兼具了西方希腊－罗马和东方的佛教风格（将其与第169页西部更远处的浮雕相比较）。在丝绸之路的延长段中亚的吉尔吉斯斯坦（见下图），现代商人仍在使用骆驼载货越过帕米尔高原。

尚是尘土飞扬的小路，旁边常见劫匪的身影，因而充满了危险。但除此之外，亚洲远东地区和地中海区域的文化几乎没有任何接触。

伟大的古希腊哲学家都斯人远去了，但古希腊的科学却薪火相传了下来。斯特拉博（其名字意为“斜视眼”）作为一位地理学家，其成就超越了埃拉托色尼。他于公元前24年去了尼罗河流域，20年后定居在了罗马。斯特拉博仔细研究了柏拉图、亚里士多德和埃拉托色尼的观点。正是他的记述，使我们了解了那些思想家以及与他们同时代的思想家的情况。

温带是指北回归线和北极圈、南回归线和南极圈之间的区域。注意，希腊雅典的纬度为38° N（斯特拉博称其为“平行”）。这一纬度线穿越了人口较多的中国、日本和美国。

柏拉图曾经提出过，在我们已知的世界之外，可能还存在着一个消失的大陆。他将其称为亚特兰蒂斯。那么，亚特兰蒂斯真的存在过吗？这是一个大大的问号，至今科学家们还在为此争论不休。但这引发了斯特拉博的深入思考。他写道：“可以想象在我们居住的温带地区，实际上存在着两个（可能更多）有人居住的世界。尤其是那个与雅典在同一纬度，且位于大西洋内的区域。”再读一次他的这段话并体味。在与雅典相同的纬度上有另一个可居住的世界？这是神话吧？可能存在着罗马人不知道的陆地和居民吗？我们如何将他的这些话与现在人们谈起其他有居民的世界作比较？

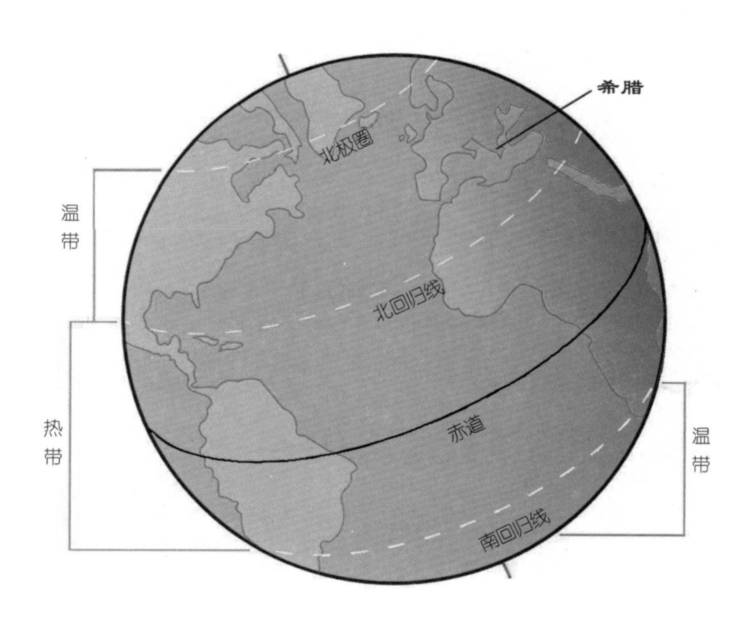

斯特拉博甚至走得更远。他引用埃拉托色尼的话说：“可居住的世界形成了一个首尾相交的完整圆圈。因此，如果广阔的大西洋不阻挡我们的话，我们可以沿着一个圆从伊比利亚（Iberia，现在的葡萄牙和西班牙）起航而到达印度，然后再沿着相同的圆弧航线走完剩余的圆圈。”

重读斯特拉博的这段话，联想到他所处的时代，你认为他在提示后人什么？

语言的混杂和自适应

本书中的文字大多是借用的（用不客气的话说，是“偷来的”）。但请不要责怪我，这并不是我干的。说英语的人在多少个世纪前就这么做了，但我们现在仍在这么做。我们现在听、说、读、写的英语，外来的文字成分远大于原来的本土成分。拉丁语和希腊语是两个最大的外来语来源。你在本页中可发现很多它们的词根。但英语中也有相当大的成分是来自斯堪的纳维亚地区语言、德语及少量阿拉伯语的“大杂烩”。

在19世纪，语言学家开始用科学的方法比较所有这些语言。其中一种方式是用如右所示的图表的方法。从中，智慧的语言学家们惊奇地发现，包括英语在内的欧洲语言和少量的亚洲语言好像是来自同一棵“树”。他们称之为“印欧语系”。他们认为这些语言源自同一母语，后来在亚洲（如印度）和欧洲间传播和发展。

这些母语不再变化，但它们派生出的许多“后代”却在持续地产生着分支并不断地发展着。除了下表中的“一”和“二”外，印欧语系中的“母亲”“父亲”“兄弟”“姐妹”也具有相似的有趣规律可循。

one，two……英语
en，duo……古希腊语
heis，dyo……现代希腊语
unus，duo……拉丁语
un，deux……法语
uno，dos……西班牙语
uno，due……意大利语
eins，zwei……德语
odin，dva……俄语

《圣经》故事中说，我们之所以有多种语言，是上帝对人类要建造一座通往天堂的高塔——巴别塔的惩罚。上图即为彼得·勃鲁盖尔（Pieter Brueghel）根据想象绘于1563年的巴别塔。

经纬度和希腊两位星图绘制者

星辰的数目，全由上主制定，星辰的称号，也都由他命名。

——《旧约·诗篇》147：4，希伯莱圣经（詹姆斯国王版）

满月照亮地球之时，月周的星星遮起它们自身的闪烁。

——萨福（Sappho，生活于公元前 6 世纪），希腊诗人，《第四残章》（柏拉图曾写道："有人说有九个缪斯——你再数一数；请看第十位：莱斯博斯岛的萨福。"）

喜帕恰斯大胆地为后人将恒星编号并为星座命名，这样的事就算神来做也会显得冒失。为此他发明了一系列仪器……从而可以轻易观测到恒星的诞生和毁灭，以及恒星的位置、运动、大小是否变化。如果有谁能够继承，他将天空作为遗产赠予全人类。

——老普林尼（Pliny，约 23—约 79），古罗马政治家、学者，《博物志》

现在，测量地球是较为容易的，但这是在经历了上万年的时间才做到的。在人造地球卫星的帮助下，地球很容易被映射成为地图。利用这一工具，地球上的河流、山脉、海洋及海岸各就各位，成为一目了然的参考点。

但画出夜空中的星图则是另一回事。大多数星星的位置，在我们看来仅是一些发光点。但这并没有阻止另一位执着的希腊人，即尼多斯的欧多克索斯。约于公元前 350 年，他决定画出天空中的星图。他认识到必须在天空作出标记使其成为特定的区域。因此，他将北极星（这里指的是帝星，即北极二，而非我们平常所说的北极星。详见第 62 页。）置于星图的中间，再由它向外画出如车轮辐条状辐射的假想的线。然后，再回到这

天际线

如下图所示的星图是从 1860 年德国被称为《图鉴》的百科全书中摘录的。它也使用了与欧多克索斯创造的天球坐标相同的系统。其中心是北方天极，即一种想象的天空中的北极。地球上北极的纬度为 90° N，故与其对应，天空中的北极也是 90° 天球纬度（亦称赤纬）。第一圈天球纬度为 80°，第二圈为 70°，如此递推。最下一圈为 0°，是最大的圆周，也被称为天球赤道，这是类比于地球赤道想象的圆周。天球纬度 0° 的南部纬度使用负值表示，如 −10°、−20° 等。

像车轮辐条那样从天极辐射出去的线称为赤经（如下图示）。数它们的方法与地球上的经度相似，它也有 24 条，一条表示一天中的 1 小时（h）。因此，它们都被标注为 1 小时、2 小时等，而它们之间的空间中，则用分（m）来表示大小程度。

利用轮辐线和圆周，我们可以得到天球坐标，即两线交汇处的点。举例如下：

赤经：6h，45m

赤纬：−16° 43°

这就是天狼星，即夜空中最亮的星的位置。

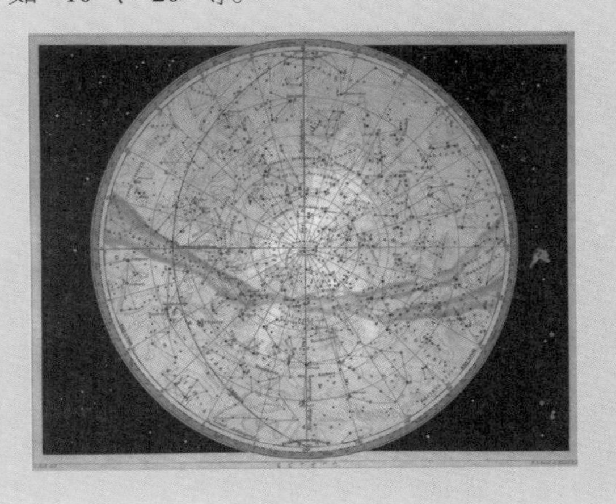

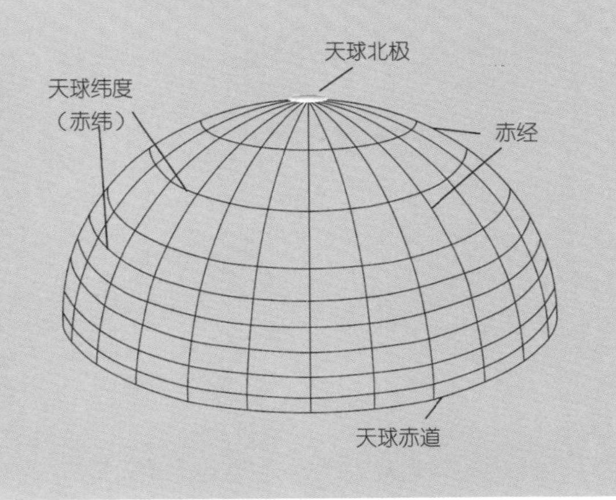

颗北极星，将其作为靶心，向外作出一系列的同心圆。这些同心圆与轮辐线交叉形成了网格状的坐标（即两种线的交汇处）。这些轮辐线由一点开始向外延伸，线的间隔越向外越宽，它们也可以被称为经线。而那些均匀分布的圆周，则相应地也可以被称为纬线。这与地球仪上的经线和纬线相似。现在，利用这一想象的空间网格，欧多克索斯可以对天空中的星辰进行非常精确的定位。他认为，整个天空定格于他的星图之中，而星图中星星的位置永远不变。

在其后约 200 年，另一位在历史上占有重要地位的希腊人喜帕恰斯在观察星空时，发现了一颗他从没见过的明亮的星。它没有出现在欧多克索斯的网格状星图中。这一定是什么地方出了问题。因为之前，天上的星星都被认为是不会改变位置的。那么，这颗星是从哪里冒出来的呢？可能它原本就在那里，只是过去我们没有发现它而已。但喜帕恰斯不这么想。他决定重绘星图！那么，若另有星星令人惊奇地出现，则他就能知道它是新客。于是，他也利用欧多克索斯创造的经线和纬线，作出了一幅星图。图中有近1 000颗恒星。

喜帕恰斯正在使用十字架测量北极星的纬度，其与地球上的纬度相似，为纬度45° N，即北极星在地平线上45° 处。后来，天文学家发明了利用正午的太阳确定纬度的方法。这需要一些计算技巧，因为太阳在一年中的位置是变化的。

他将星星按亮度分成等级（后来称为星等）。20颗最亮的星称为第一等星。第二等星的亮度要稍暗一些，而第六等星的亮度非常之低，用肉眼刚好能分辨出。我们现在使用的星等分类，就是在此基础上经过某些修改的分类方法。

在绘制星图的过程中，喜帕恰斯将他所能看到的星星的位置和欧多克索斯及更早期天文学家记录下来的数据进行了比较。他发现：虽然经过数个夜晚，星星似乎仍固定于原来的位置；但经过了一段较长的时间，它们从西向东迁移了一点。这种迁移进行得非常缓慢，以至于无人能在一生中看到一次完整的迁移。这种变化大概需要100年才能达到可被注意到的程度。以恒星迁移的速率，它们在天

为什么各年的分日看起来稍有差异?

原因是：地球在绕太阳运行时，每年的轨道会有些许变化。每年的3月21日（或附近），即春分日，地球到达轨道上的一个特定地点。每年，这个点的位置都会比上一年向前靠一点。因为地球位于不同的点，所以星星看起来也位于不同的点上。只有经过上百年，位于地球上的人才能注意到这种细微的变化。但若经过上千年或更长的时间，逐年积累的变短就叠加到很大的程度了。

4 000年前，在春分日，与地球相对的星座是白羊座。约2 000年前，喜帕恰斯在春分日看到与地球相对的星座是双鱼座。现在，已经变为水瓶座了。（有一部音乐剧中的主打歌曲为《头发》，有“宝瓶座时代的破晓”的歌词。现在，你应该知道这迷人的歌词的含义了吧。）

如果你了解黄道带，就应该知道其上的星座是相对于日历逆向运动的。相对地球转动的速度是每个星座约2 160年。而黄道带上有12个星座。因此，要使地球上恢复到与今年相同的春分日位置，则需要约26 000年。

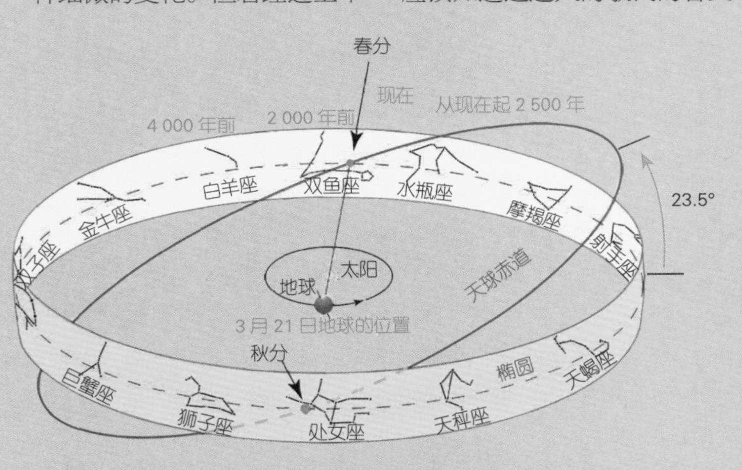

12个黄道带星座并非真正绕太阳系转动。其中的恒星不是均匀分布于星系中的，它们间的距离都是以光年计的。这只不过是从我们的角度看到的样子。所以，给出的图不是星图，而且不成比例。但它是一个有用的工具，可以帮助我们勾画出一幅图，告诉我们为什么星星像我们看到的那样。

春分时（3月21日），假如站在地球背对着太阳的一侧时，即夜间，你能看到处女座固定在天际的群星之中。但如果站在地球面向太阳的一侧时，即白天，你将看不到任何恒星。它们都被太阳的光辉所掩盖掉了。这时我们面对的是双鱼座，只是看不到而已。

空中转过一个巨大的圆圈，大概需要26 000年。当然，喜帕恰斯并不知道这一点。

还有其他的事情变化得也是非常缓慢的。每年的分日（即白昼和夜间的时间相同的日子）都比上一年早来几秒钟，这被称为分日的岁差（见上图）。在喜帕恰斯身后16个多世纪后，一位名叫哥白尼的波兰观星者发现，这一过程是由于地球自转轴的微微摆动引起的。

天文台内有很多用于科学观察的仪器。用这些仪器既可以对星空进行观察和研究，也可以对天气、污染状况等进行监测。天文馆不是天文台，里面只有夜空的模型或复制品。

喜帕恰斯被认为是古希腊最伟大的天文学家，他在爱琴海中的罗得岛上建造了一座天文台。在那里，他发明了一些天文仪器。这些仪器被后来的天文观测者使用了多个世纪。但他最大的成就是作出了用来解释星星运动，尤其是行星运动的复杂模型。亚里士多德也曾建立过一种宇宙模型：点缀着所有星辰的 54 层透明球壳都围绕静止的地球沿同一方向运动。但他却始终没能对在天空中游荡的行星的运动规律给出合理的解释。

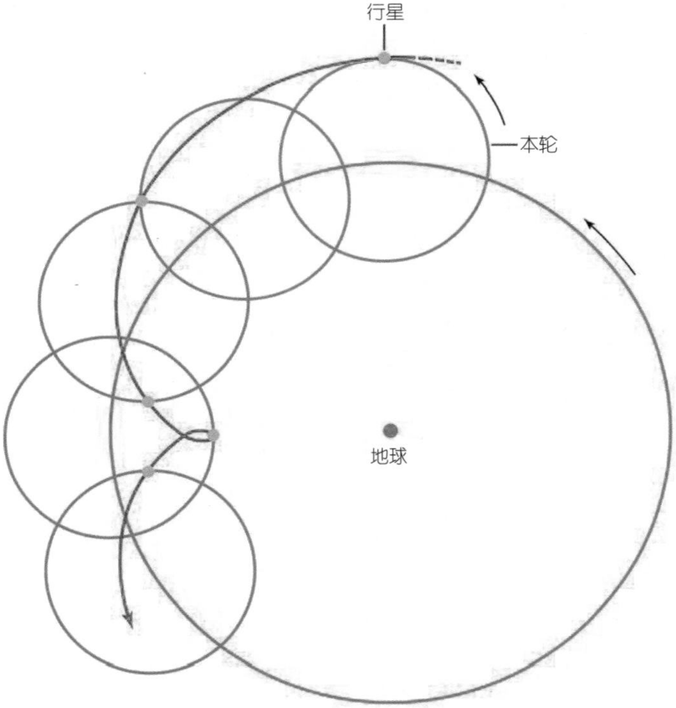

喜帕恰斯接受了亚里士多德的基本观点，但将天空大球壳的层数减少到了 7 层。为了把握行星的运动，喜帕恰斯使各行星都在绕其中心的小圆圈上运动，而这些中心又都处于环绕地球的大圆圈上，这些行星运行的小圆圈称为本轮（如左图所示）。这种复杂的图景是基于轨道必须是圆形的观点绘制的，而圆被认为是完美的图形。其实，行星轨道并非是完美的圆圈。因此这种观点是错误的，但人们却是经过相当长的时间才认识到这一点的。

知道了太阳系的概念，你可能觉得画出如上图所示的行星运行图的人是笨蛋。但如果你以地球为参照物，这些本轮线（周转圆）对行星在天际划过的不稳定的路径给出了某种合理解释。特别是，它对行星的逆行运动作出了说得过去的说明（见第 113 页）。

喜帕恰斯知道，在他之前的 130 年前，阿利斯塔克在亚历山大从事教学和研究工作，而且他认为宇宙是可以用日心说的理论来说明的。阿利斯塔克说，只要认为行星和地球都在绕太阳运动，则它们的运动规律无需本轮就可以很容易地解释了。但如果这样的话，地球就必须是运动着的。可在喜帕恰斯看来，这种观点是荒谬的。当时几乎所有人都是这么认为的。

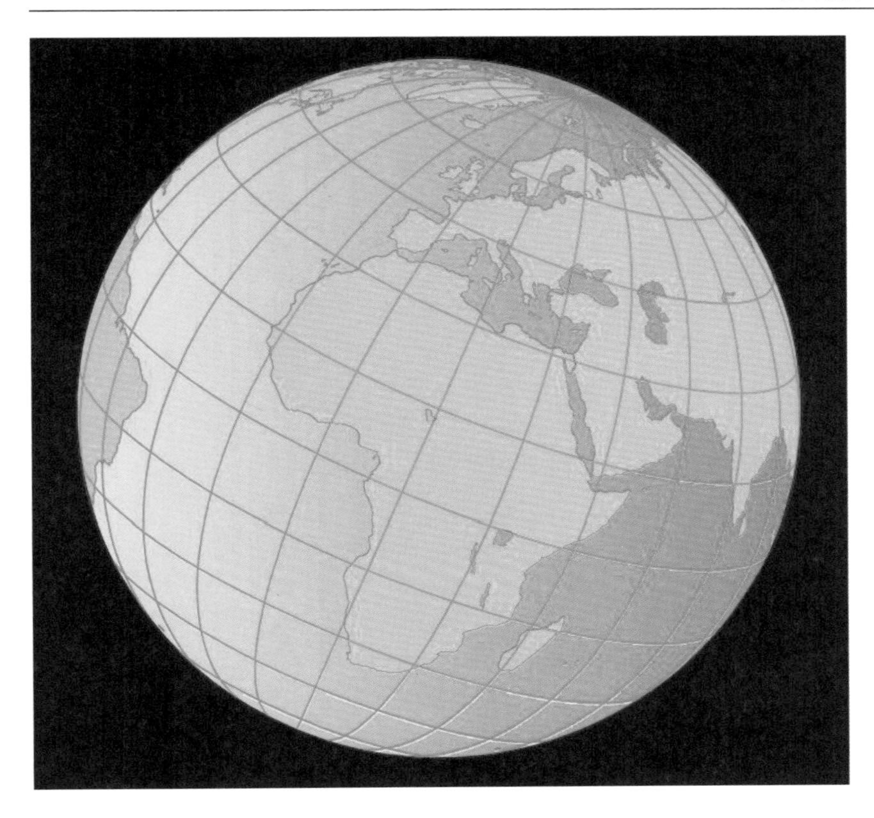

地球上的经线在北极和南极交汇，而纬线则像围绕地球的平行带子，它们从不交汇。赤道的纬度是 0°，北极和南极的纬度则是 90°。试将地球的球形地图和第 175 页中的天球坐标系统作比较。

除此之外，阿利斯塔克从来没有得出他的太阳中心说的数学表达式，因此，当时不可能被认真对待。而喜帕恰斯则可以用数学表达式来解释他的模型，并能用它来预报天体的位置。因此，在很长的一段时期内，人们普遍认可他的观点。

但这并非喜帕恰斯工作的全部。他有时会被人们称为“三角学之父”。三角学是测量三角形的角和边的科学（见第 180 页）。假如你在海上航行时迷航了，这时你可以找一颗熟悉的恒星，在船和这颗恒星间建立起一个想象中的三角形；再将这个三角形与陆地和这颗恒星间的三角形作比较，就可以确定你所乘的船的方位了。

喜帕恰斯在计算我们所处的方位方面所做的研究甚至更多。他还将欧多克索斯的天球坐标图中的纬度线和经度线用到地图上。这发生在公元前约 129 年，从此人们就知道在地图上使用经纬线了，并沿用至今。

利用三角学，人的能力将大得多

测量三角形的方法远非一种。我们已经知道，泰勒斯作了一个小三角形，其与一个巨大的三角形的对应角度相同，用这一方法可求出到海船的距离（见第43页）。毕达哥拉斯利用直角三角形的三条边也做到了这一点（见第79页）。希罗也说过，只要知道了任意一个三角形三条边的长度，就可以求出它的面积（见第132页）。

而利用三角学，你可以掌握上述的所有方法。这很正常，因为它们都是关于三角形的。英语中“三角学”一词为trigonometry，它是由three（tri，三）、angle（gonia，角）、measure（metron，测量学）合成的，它研究的是用数学方法计算任意大小和形状的三角形。

雅克·奥扎南（Jacques Ozanam）是一位17世纪的数学家，他写下了自认为“一生中不能没有它”的著作《数学教程》。在其中他写道：“三角学是唯一可用于定量地研究宇宙中发生的现象和变化的知识……否则天体运动的知识无人能够企及，但凭借最简单的图形，即三角形即可解决……三角学的用途是如此之广，从某种意义上讲，没有三角学就无法生活。”

三角学之所以能起作用，正如奥扎南所说，是因为三角形是“最简单的图形”——它只有三条边和三个角。如果你要改变其中一条边的长度或一个角度的大小，那么必将引发其他边和角度的变化。

试一下：在一张绘图纸上作几个三角形，在你拉紧一个三角形的一条边时，看会发生怎样的变化。对此，直角三角形玩起来更简单。你也可以在互联网上搜索“三角计算器”。这是一种在线工具，当你用它改变一个三角形的一条边或一个角时，它会自动计算出新三角形中其他各边或角度值的变化情况。还有可视的计算器（如www.visualtrig.com中的一种），它能显示随着数值的变化，三角形整体形状的变化。一些互动软件，如Java等，你可自由地拖拽三角形中的各点，看其各边和角的变化情况。非常有趣。

如果你对三角形有足够研究，将能发现它的边长和角度是以固定的比率出现的。例如，对一个45°-45°-90°的三角形，无论其大小，其两个直角边的长度总是相等的。而对一个30°-60°-90°的三角形，斜边的长度是其最短边长度的2倍。（三个角对应相等，但三条边不等的两个三角形，称它们为相似三角形。）

三角学迷们还编制出了这种比率的各种有用的数表。我们只需知道一个三角形的一条边的长度和任意两个角，利用三角学就可得到这个三角形的其他各量。换言之，可以知道这个三角形的全部。

在这幅创作于约1530年的木刻画中，测量员展示了使用十字架和三角学测量物体间距离的方法。被测物体可以是在天空中的，也可以是在陆地上的。这一技术被称为三角测量学。

参考点是什么？

地面上的任何标志物都可以作为判断距离、方向、空间位置的参考点。街标可以说是这样一种明显的标志物，大量熟悉的景象有助于你游览城市时不迷路。

如果你身处北半球，北斗星好像是一家街角的商店，一定不要忽视它。它是一个夜复一夜隐约出现的重要参考点，它一端的两颗星指向北极星[①]，即极点上空的星（见第 63 页）。但问题是，北斗星不像商店那样是固定不动的，而是每一夜都在天空中转一圈。因此，当你能说出星星彼此间的相对位置时，你还需要另一种方法来确定其在空中的确切位置。这对于月球和行星来说尤其重要，因为它们会出现在星空中的不同位置。

为了确定城市中的某一地点，我们通常会说：“在这条街和那条街的交汇处。”同样，一颗恒星或行星在天空中的精确定位，也需要像这样的两条“街”，即两个参考点。其中的一个点告

领航员会利用一切可能的机会对天空进行测量来确定自己的方位。他们使用的仪器是一个水平放置的圆盘和一个重垂线（吊有重物的细线），重垂线与水平面成直角。但晃动的船体使得细线（或领航员）摇摆不定。

译者注：① 更准确地说，是“斗口”两星的连线指向北极星。

四分仪是利用四分之一圆周制成的仪器，上面标有 0°~90°的刻度。它的参考点不是水平的地平线（0°），而是“天顶”，即我们头顶的正上方（90°）。四分仪使用起来很容易：如图所示把它吊起来，并使其上的自由摆动杆始终保持竖直状态。调整刻度盘，使其右侧指向所要观察的星星。这时，摆动杆在刻度盘上指示的度数即为这颗星的纬度值。

至天顶

至星

90°

诉我们它的地平纬度，即它和地平线相比有多高。另一个则告诉我们它在哪个方向，如东、西、南、北及它们之间的某个方向。它的另一个名词称为“方位角”，其英语单词 azimuth 源自阿拉伯语，意为“方向”。

2 000 多年前，诸如欧多克索斯那样的天文学家就用不同的坐标系绘出了星图（所谓坐标，即为对网格中的横向线和纵向线交汇点的表示）。为满足你的好奇心，下面和对面页中给出了作出几何星图的简易方法。

纬度：划分为 90°

无论你站在地球上什么位置，也不管你面向什么方向，在你头顶的正上方有一个想象的点，通常称为顶点。它的位置与水平面成直角，即 90° 。天空中所能看到的任何位置都位于水平面 0° 和顶点 90° 之间。故此你要做的就是测量某点的纬度。如果仅仅要得到粗略值，这是非常容易做到的。将手臂伸直，指向观察点，以臂根为顶点，再按右图所示指导的做就可以得到图中所示的角度近似值。

当然，每个人的手有大有小，手臂也有长有短。为了得到较为准确的数值，我们就要借助标有刻度的仪器。在纸上，这种仪器可能是圆规或量角器。量角器是一种标有度数的半圆形仪器。测量天空的星盘实质上就是一个量角器（见对面页的照片）。

但这也存在着小的瑕疵：地平纬度是随着地球纬度的变化而变化的。例如越向北，看到的北极星的位置就越高。因此，你所做的测量无论多么精确，都要考虑你所在的地理纬度。对宇宙坐标系而言，就不能以地平线作为基准，而是需要一个对所有人都有效的参考平面，像赤道面或黄道面。这也是数学上的棘手问题。如果你对此仍保持着强烈的好奇心，请在互联网上或天文学书籍中查阅与“赤道坐标”（equatorial coordinates）相关的内容。

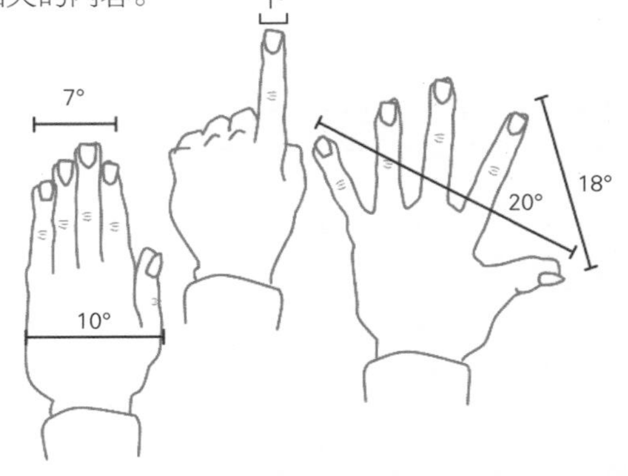

方位角：围绕我们的大圆环

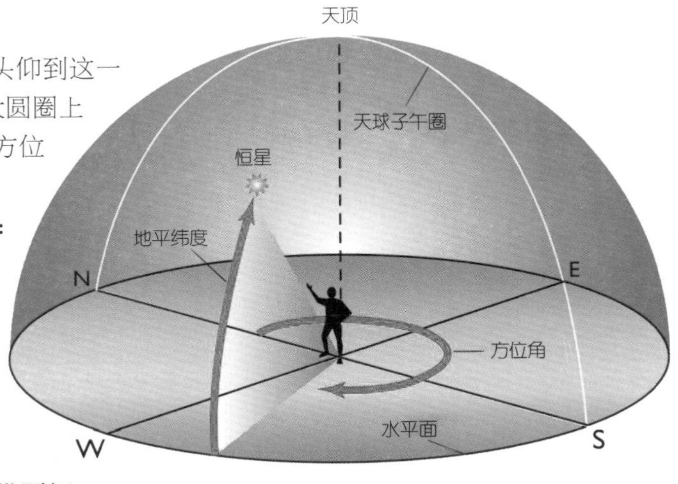

一旦知道了恒星的纬度，你可将头仰到这一角度，慢慢转动身体，仔细地在一个大圆圈上搜索天空。在圆圈的一定位置（称为方位角）上就可以发现该恒星。

你可以很容易地告诉你的朋友："如果你想在今天夜里看到金星，请在9点钟向西高于地平线约20°的方向观察即可。"但如果金星不在正西方出现将如何呢？若你是处于北半球，则它出现在西南方向或西南偏西的可能性更大。

如需更准确的值，几何学可以提供更好的方法。既然方位角基于一个圆周，则可以将它分为360°：北是0°，东是90°，南是180°，西是270°。在知道这些后，这时你可以说："以方位角230° 向高20°的方向观察即可。"

正如纬度一样，这一系统并非是万无一失的。因为地球是在自转着的，故方位角也在不断变化。为解决这一问题，就要使用天球经度线，即赤经来处理角度问题（见第175页）。

注意不要将天顶和天球北极（见第175页）的概念相混淆。天顶更具个性化，是在你头顶正上方的点，且是你在地球上任意地点正上方的点，而天球北极则是只位于地球北极正上方的点。同样地，图中的地平线也不是赤道或天球赤道，它仅是你个人所在处的地平线，即只是你周围的天空和大地交汇所形成的线。

这是一个17世纪所有水手都要配有的星盘。用它可以知道自己在海上的纬度。星盘是一种古老的仪器，其上有一对可转动360° 的指针，称为照准仪。使用时，一人用细线将其吊起，使中间的竖直棒指向天顶，而水平棒保持水平。另一人使其在一个地方静止（在晃动的船上实属不易），同时将照准仪指向一颗恒星或太阳。天文学的星盘还包括了用以绘制恒星的其他部件（见第207页）。

天文学大成

我知道我是一个凡人……但当我按我的意愿追寻天体运行的轨迹时，我的双脚已不在地面，而是与宙斯并肩，并吃了仙果——众神的食物。

——克劳迪乌斯·托勒密（约 85—约 165），亚历山大数学家、天文学家、地理学家，《天文学大成》

我们生活在一个宽约为 10 万光年并慢慢旋转着的星系中；在它的螺旋臂上的恒星绕着它的中心公转一圈大约要用几亿年。我们的太阳只不过是一个平常的、平均大小的、黄色的恒星，它靠近一个螺旋臂的内边缘。我们离开亚里士多德和托勒密的观念肯定是相当遥远了，那时我们认为地球是宇宙的中心！

——斯蒂芬·霍金，英国物理学家，《时间简史》

克劳迪乌斯·托勒密曾被认为是世界上最伟大的天文学家、地理学家和数学家。至少在公元 2 世纪的亚历山大，几乎每个人都相信这一点。在历史的长河中，有一段时间托勒密被人们遗忘了。但此后，他又比以往任何时候都深刻地回到人们的记忆中。在中世纪和文艺复兴时期，托勒密仍然备受崇敬。1492 年，当哥伦布率船队向大洋深处远航，并偶然发现了一个“新世界”时，人们认为托勒密是最伟大的人。因此，我们也要把托勒密作为史上最有影响力的作家而铭记心中。他写过很多大部头的著作，编纂了当时所有已知的数学、地理和天文学知识。

开始学习自认为懂的东西是不可能的。

——爱比克泰德（Epictetus，约 50—约 138），由罗马奴隶变成的哲学家，《谈话录》

在这块木板上，佛兰德艺术家朱斯·范根特（Joos van Ghent，约 1435—约 1480）的画笔下，托勒密正在研究一个浑天仪。这是意大利乌尔比诺公爵宫殿现存的部分画作。

要注意的是，本章说起的托勒密并非我们前面提到过的作为皇帝和将军的托勒密。对于这位作为科学家的托勒密，我们对他的个人生活几乎一无所知。但我们确实知道他出生于非洲北部，并且生活在讲希腊语的希腊化世界中。大多数权威专家认为他是希腊人，但也有一些人认为他可能是埃及人。在斯特拉博之后约一个世纪，埃拉托色尼之后约三个世纪，他在亚历山大生活并从事科学研究。

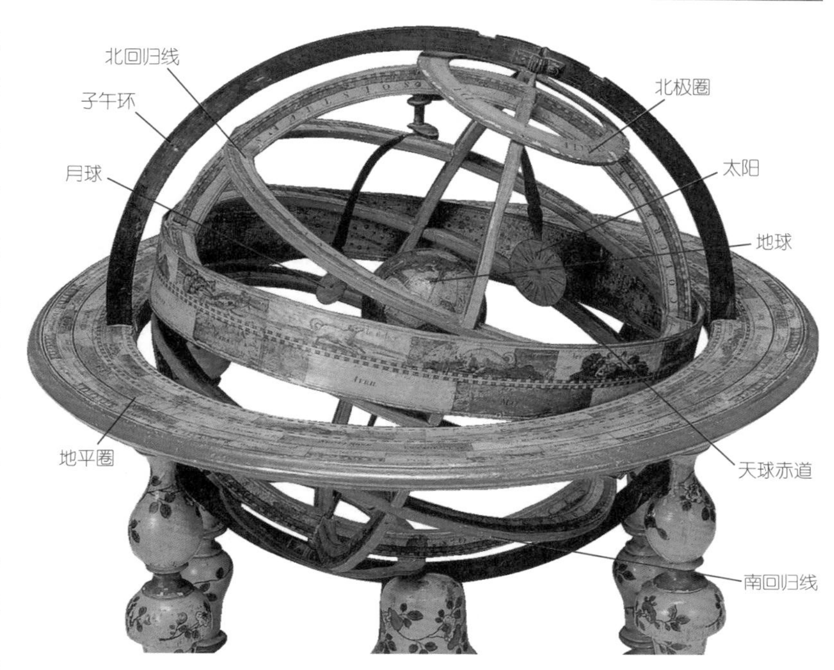

浑天仪是一种通透型的天球仪，是从地球看上去的天空模型。倾斜的地球被置于该模型的中央，其外面表示轨道的各环上载有绕地球运动的太阳和月球。模型中没有各个行星，这是因为托勒密的地心说不能模拟这些行星越过天际时的无规则路径。到了16世纪，按照哥白尼日心说制造的带有行星的浑天仪才开始在欧洲出现。

在研究天空方面，托勒密反对一些思想家的观点。他仔细研究了公元前2世纪同在亚历山大从事研究的喜帕恰斯的观点。喜帕恰斯是亚里士多德的追随者和其理论的改良者。他们三人（亚里士多德、喜帕恰斯和托勒密）都得出了一个结论，即地球如磐石般静止在宇宙中心，而天空中的其他所有天体均在绕着地球转动。

请回忆一下，阿利斯塔克曾经得出了地球是绕着太阳转的结论。但这一观点，即关于宇宙的日心说却从未受到欢迎。地球怎么可能在空间移动呢？这是多么荒谬的说法呀！托勒密也反对这一说法，而支持喜帕恰斯和亚里士多德的观点。

他的巨大成就都建立在这个错误的地心说上。但这并非是托勒密仅有的错误：他还认为地球表面的大部分是干燥的陆地而非海洋（这是另一个要追溯到亚里士多德的观点）；他认为恒星和行星都是在完美的圆轨道上运行的（这是柏拉图的完美观）；他还认为地球比实际的要小。托勒密通过计算，认为地球比埃拉托色尼算得的结果（约等于地球的实际大小）要小30%。

右图中的世界是上下倒置的，即北方在底部。地图的绘制人阿尔－伊德里斯（al-Idrisi）在 12 世纪就是用这种方法看世界的。这位游历广泛的摩洛哥人收集了大量东西方的地理信息，既有当时的也有古代的（包括托勒密的）。

观察恒星和行星

古人凭肉眼只能看到 5 颗行星：水星、金星、火星、木星和土星。而他们可能观察到了多达 9000 颗恒星。为它们命名并在网格上逐一标出它们的坐标是非常艰苦的工作，但对于献身于科学的学者来说，他们却认为是值得的。

到公元前 3 世纪，中国的天文学家已经确认了 800 多颗恒星。约 100 年后，古希腊天文学家喜帕恰斯确认了 850 颗恒星，并把星星分为六个星等（表观亮度）。在公元 2 世纪，托勒密在这一恒星家族名单中又添加了 170 个成员。他还命名了 48 个星座，这些星座名称至今仍用于现代星图中。

古希腊人所看到的

1 等星（最亮）	20 颗
2 等星	50 颗
3 等星	150 颗
4 等星	450 颗
5 等星	1 350 颗
6 等星（很难看到）	约 4 000 颗

出现于 17 世纪的望远镜，彻底改变了这一切。观星者们开始窥测浩瀚的宇宙了。他们可以看到数以万计的恒星，虽然无人知道宇宙中有多少个星系，也无人相信我们并非在宇宙中心。在 1781 年，另一颗行星——天王星在黑暗中被找到了，紧随其后的是 1846 年发现的海王星。

在 19 世纪后半叶，摄影术的发明使得我们能对星空拍照以进行详细研究。这些照片昭示了众多的卫星、遥远的星云和其他星系的恒星等综合知识。在哈佛学院天文台，有一个由女人组成的名为“计算者”的团队。她们的眼睛紧盯着照相底版，统计其中稠密的恒星。按照她们得到的结果，另一个名为“记录者”的团队将每一颗新恒星加入不断扩大的名单中。后来，这一名单被命名为亨利·德雷伯星表（简称 HD 星表）。亨利·德雷伯（Henry

除此之外，托勒密使亚洲版图过大，延伸到了其实际范围之外。后来，正是这些错误使得克里斯托弗·哥伦布（Christopher Columbus）认为，亚洲横跨了一个并不太大的大洋。

你还记得上一章中提及的喜帕恰斯和亚里士多德的宇宙模型吗？在那一模型中，地球位于宇宙的中心，它被运动着的透明球壳所环绕，行星和恒星附着在这些球壳上。这是一种独创性地解释日月星辰以固定的模式绕地球运动的方式，它似乎也给出了日月星辰不会从天上掉落到地面的原因。

为了解释那些在空中漫游的行星，喜帕恰斯创造了一种复杂的“本轮”模型（见第 178 页）来解释它们的运动。托勒密经

托勒密说：地球是不可能运动的。地球如果运动的话，人将是站不稳的；鸟也要从树上掉下来；竖直向上抛出的球将落到别的地方。这不是没有道理的。试想一下，如果地球真的运动了，为什么我们感觉不到？在托勒密后 14 个世纪，一位名为伽利略的科学家最终回答了这个问题。

Draper）是一位医生和业余摄影师。他被认为是拍摄了第一张恒星光谱照片的人。而那些 19 世纪的女人们却没有因为她们的工作而获得多少荣誉。

我们现在认为我们的星系，即银河系拥有 2 千亿至 4 千亿颗恒星，甚至更多。哈勃太空望远镜和人类设置在太空中的其他强有力的“眼睛”，已经发现了越来越多前所未知的星系。“计算”恒星的工作才刚刚开始。

从古至今，在数以千计的可见恒星中，有一些已成为了“名星”。如北极星因深受海员的喜爱而闻名。但当它出现在艺术、神话、星图中时，就无法与黄道带中的十二个星座相比了。上图为意大利艺术家塔代奥·祖卡罗（Taddeo Zuccaro，1529—1566）创作的天花板壁画，主题为十二星座。天主教红衣主教亚历山德罗·法尔内塞（Alessandro Farnese）选择星空作为宫殿的装饰主题。在欧洲，教堂和一些建筑物中常能见到关于黄道带的艺术作品。

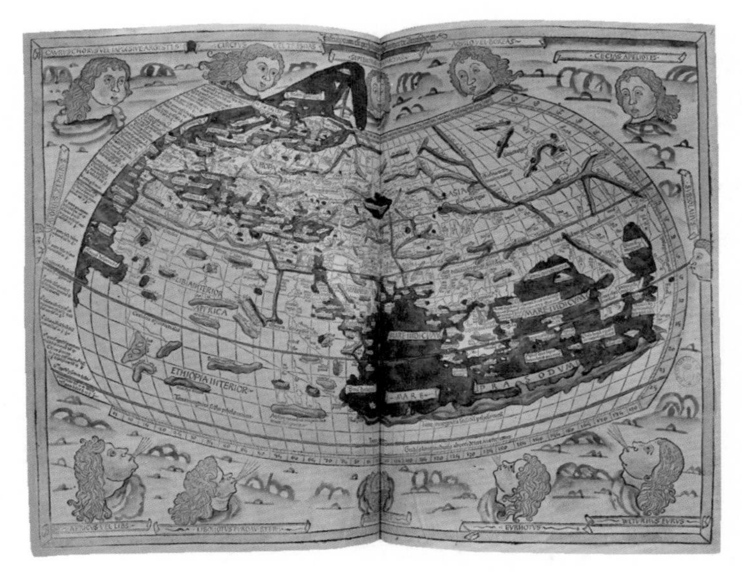

托勒密对绘制地图的影响一直持续到15世纪。这张德国地图是在1486年出版的，与《地理学指南》中的地图一致，体现了托勒密的地球的大部分表面是陆地的观点。我们现在知道，恰恰相反，海洋面积大于地球表面的三分之二。

过艰苦的工作来改进和细化喜帕恰斯的模型，作出了看起来是最合理的解释。因此，古代大多数人都认为他的结论是正确的（事实上当然不对）。知识是一个阶梯一个阶梯向上攀升的过程，有些阶梯看上去是好的，实际上却是坏掉的。最终，这些阶梯将会被找出并被换掉。但有些时候，这些阶梯在彻底烂掉以前，仍可以起到一定的支撑作用。托勒密的这些阶梯看起来是合理的，它们在那里存在了约1 500年，为科学发展提供了重要基础。

托勒密不是原创力强的理论学家，但却是一个有着坚实基础的思想家。他汇集、整理并拓展了前人的研究工作，为后人的科学研究留下了珍贵的资料宝库。他的最大贡献，在于用数学的方法来解释宇宙中的运动。这使得后来者不得不用同样的方法。

托勒密撰写了关于科学、地理学和数学的宏篇巨著，他的观点看上去是有效的。利用他的模型及其数学证明，人们可以预测太阳、恒星和行星的运动规律。这些预测足够准确，使得农民、水手和教师都能使用他的结果而受益。现在，我们回顾托勒密时，很容易忘记他在多个世纪中的重要影响和作用。那些相信托勒密的人会破除迷信和魔法，转而采用学术研究的扎实成果。

测量恒星的高度时，在确定了地平线的地平纬度后就变得很容易了（见第182页）。在茫茫大海中航行的船上如果没有精确的钟表，确定经度几乎是不可能的。在古代船的运动造成所有已知的计时器都不准确。详情请参阅达瓦·索贝尔（Dava Sobel）的著作《经度》。

他写下了具有里程碑意义的著作《天文学大成》。有时，它被称为《最伟大的》（*Megiste*）专著。在这本专著中，他作出了可见恒星的星图和运行路线，在这一方面他比喜帕恰斯走得更远。托勒密的星图为试图驾船远航的海员们提供了巨大的帮助。对于他在数学方面的论述，数学史专家卡尔·B. 博耶（Carl B. Boyer）将它们称为“迄今为止所发现的最具影响力和最重要的古代三角学典籍”。现在，无人能确定这部著作中的成果多少出于喜帕恰斯，多少出于托勒密。

但托勒密绝不是一个纯粹的模仿者，而是一位纠错者和改良者。虽然他的很多观点是建立在别人的基础之上的，但他通过艰苦的探究使它们向更深层次发展。当他在编纂地图集，即《地理学指南》时，确实是按照喜帕恰斯的由经度线和纬度线构成的网格来绘制书中的27幅地图。但他在书中介绍了很多先前不为人所知的地方，而这些信息都来自海员们的报告。在中国古代，地图绘制者也使用了网格状的系统，但他们不知道大地是球形的。虽然中国人的地图在细节上远胜于西方地图，但"大地是扁平的"的观念却极大地限制了他们在地理学上的发展。

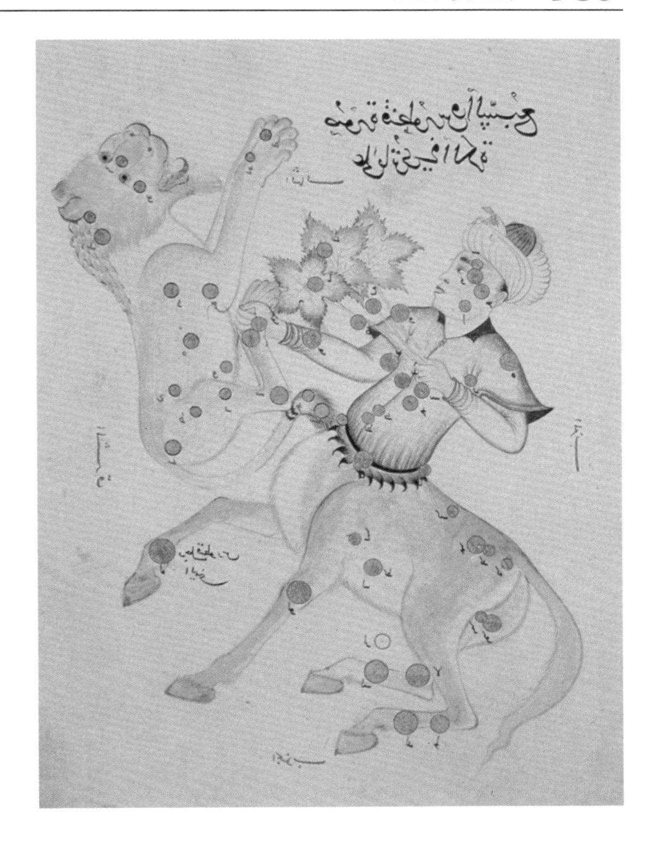

这幅画取自10世纪时一部名为《论静止的恒星》的阿拉伯手稿，作者为苏菲（al-sufi）。他借用托勒密著述中的两个星座，即人马座（半人半马）和狮子座战斗的情景进行说明。

在托勒密的著作完成时，亚历山大附近却变得不太平静了。罗马帝国变得十分强大，罗马人对学术思想并不十分追求，他们甚至从没有将托勒密的著作翻译成自己的母语拉丁语。

但阿拉伯学者对托勒密的著作却十分感兴趣。他们将托勒密的大部分著作翻译成了阿拉伯语。他们在单词Megiste之前加上阿拉伯语的al（意同英语中的the），得到了一个新词al-majusti，它后来成为我们的Almagest，意为"最伟大的"（即中文书名译为《天文学大成》）。在一个相当长的时期内，科学思想家们确实认为这部著作是最伟大的。是阿拉伯人使托勒密的著作和观点免于永远失传的厄运。然而，在一段时间里，欧洲几乎没有人对此感兴趣。

那是因为当时，托勒密和亚里士多德及其他古希腊科学家正在进入寒冬期。至于提问的能力，在当时它也将被认为是过时的玩意儿了。

22 不是科学家的圣徒

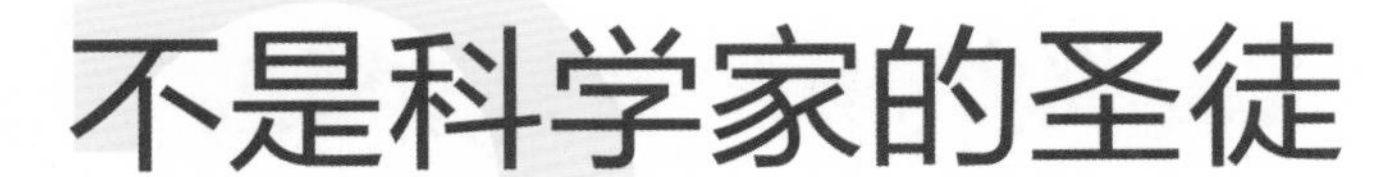

一个不公正的和解远胜一场正义的战争。

——马库斯·图利乌斯·西塞罗，古罗马演说家和政治家，《给阿提库斯的信》

但是，罗马，用你一人的威严，
统治全人类，让全世界服从，
用你威严的方式，处理战争与和平；
驯服骄傲者，却又给卑微者自由，
这是帝国的艺术，只有它配得上你。

——维吉尔（公元前70—公元前19），古罗马诗人，《埃涅阿斯纪》

对于那个时代的人，罗马似乎已成了一切人类历史的主线。罗马消失了，世界的意义何在？

——加里·威尔斯（Garry Wills，1934— ），美国历史学家、教授，《圣奥古斯丁》

经过多个令人印象深刻的世纪，一段人类历史上非同寻常的、和平和谐的时期过去了，庞大的罗马帝国开始遇到了麻烦。对于罗马帝国的衰落，历史学家给出了以下原因：

- 统治乏术
- 经济困境
- 伴随着规模扩大和人口暴增而来的城市问题
- 令人生厌的政治纷争
- 犯罪率激增

……

不管何种原因，当野蛮的、无文化的、没开化的部落开始袭来时，罗马帝国的大厦开始坍塌了。但这并非是在一夜之间发生的，而是经历了一个相当长的过程。

所谓“野蛮的”（barbaric）人，开始时指的是说不出话或喋喋不休的人。对于古希腊人和古罗马人，它指的是来自其他国家的人，即异邦人。在基督教盛行的时期，它又指异教徒。现在泛指粗暴、无文化和没有教养的人。

在公元3世纪的石棺上雕刻的浮雕，描写了古罗马军队和异邦人混战的情景。罗马士兵看上去是高级的，他们披戴着盔甲，胡子刮得干干净净。而疯狂的异邦人（这里指的是德国人）则长着乱糟糟的胡子和长头发。试猜想这一石棺雕刻的文化背景。

这些异邦人——一群好战的暴徒，他们源源不绝地来自北方。一些来自蒙古的部落比他们更凶狠，纵横亚洲，在马背上一路征战，将他们赶出自己的家园。不论到了哪里，这些人都带去了灾难、破坏、活力和变革。

在罗马帝国大厦行将倒塌之际，一种新的宗教如同燎原之火般迅速传播开来。这种新的宗教即为基督教。它宣扬仁爱和兄弟之情，并期许一个新世界。这个新世界充满仁爱和希望。它宣传的对象是那些曾经是文明的，生活在安全社区中，但现在处于混乱、暴力和灾难之中的人。基督教引导信众们关注内心的精神生活。在当时，已知世界经常处于不能忍受的残酷现实之中，相反地，基督教却致力于内心世界，并承诺永生。

马太（Matthew）在《圣经·新约》中说："上帝在精神上保佑穷人，因为天国属于他们。"

对一个基督教徒来说，洗礼是表示洗去罪恶的一种仪式。上图描绘的是耶稣在约旦河中洗礼的情景。这幅马赛克装饰画位于意大利拉韦纳一所教堂的天花板上，创作于16世纪。

但一种超凡脱俗的哲学对致力于现实世界的科学思想家而言，却通常不是什么好消息。"讨论地球的本质和在宇宙中的位置，对我们通往天堂是没有任何帮助的。对我们而言，好奇心是不需要的。"早期的基督教徒德尔图良（Tertullian）如此写道。

异教徒是指信奉不止一个神或不信神的人。这个词在拉丁语中本来指“村民”或“市民”，适用于住在本国内的任何人。罗马帝国基督化之后——除了在偏远的乡村——这个词具有了浓重的宗教色彩。另一个指异教徒的词是heathen。异教徒有时会被斥为异端（heresy），在当时这是一个很严重的反宗教罪名。

在公元313年，皇帝君士坦丁（Constantine）将基督教定为罗马帝国可接受的合法宗教。曾经到处流浪、为生存而抗争的基督教徒们，开始掌管政治权力并有了强大的精神支柱。他们关于科学的观点也有了举足轻重的作用。神父和主教们是应该鼓励基督教徒们研究科学，还是规劝他们致力于拯救自己的灵魂？研究科学和数学将意味着要研究古希腊，但古希腊人是被定义为异教徒（pagan）的。既然基督教徒认为，古希腊人在宗教方面是错误的，那么怎么又能保证他们在科学上是正确的呢？这是一个严肃的问题，它使人们陷入两难的困境之中。

古希腊科学家教导说大地是球形的。但如果真是这样，那么将有很多人是头朝下的。神父们就是这么质问的。深受人们爱戴的非洲神父兼作家拉克坦提乌斯（Lactantius）曾写道：“难道真有人愚蠢到相信，大地上有人是脚在上、头在下吗？或者相信，某一地方的所有东西都是倒立的。树能向下长吗？雨能向上落吗？”拉克坦提乌斯是皇帝君士坦丁的儿子的导师。在地理学上，我们把正对着欧洲的地球另一侧（即赤道的另一边）称为对跖地（antipodes）①。怎么可能有人能生活在对跖地呢？新旧约故事好像也排除了这种可能性。相信大地是一个可居住的球体经常被用作判定异端的证据。当时几乎所有的人都不理解太空中没有顶部和底部、上部和下部之分。

罗马皇帝君士坦丁起初也是异教徒，但他将基督教徒从受迫害的苦难中解救了出来。他下令在全国各地遍建教堂。基督教很快就对罗马人生活的各个方面都产生了影响。这一大理石头像是君士坦丁大教堂中一座巨型雕塑的一部分。君士坦丁大教堂是矗立在古罗马广场上的公共建筑。

另外，占星术也是一个问题。如果像罗马的占星术士认为的那样，所有的事情都是事先写在星星上

译者注：① antipodes，对跖点、对跖地，它是一个地理学上的专用名词。对跖点：对于地球上任一点A，它与地心所连直线会交地球表面于另一点，它就是A的对跖点。对跖地：表示地球表面上处于正相对应的两个地区，特指包括澳大利亚在内的大洋洲地区（与欧洲形成对跖地）。更多相关内容见下一页名词解释。

的，那么，上帝怎能让人们自己去自由选择呢？（进行选择的能力即为所谓的“自由意志”。）历史学家丹尼尔·J.布尔斯廷（Daniel J. Boorstin）写道：“为成为基督教徒而进行的奋斗，为获得基督教徒的自由意志而放弃异教徒的迷信，似乎就是与占星术抗争。”

对有思想的人来说，这是一个困难时期。当时尚没有诸如显微镜和望远镜等技术工具来验证科学理论。最初关于科学的思考似乎没有得到任何结果。为了纯粹的求知而提问，这个古希腊留给我们的最贵重礼物，开始被人们认为是无意义的东西了。

语言的问题使事情更加复杂化了。异邦人是不可能会讲拉丁语或希腊语的，事实上根本就没有阅读能力。现代欧洲语言尚需经历数百年时间演变，而其书面表达的成熟更是后来的事情。需要经历同样长的时间，匈奴人、哥特人、法兰克人、汪达尔人和其他北方部落才能与地中海地区的原有人群融合，并由此创造出崭新的文化。

在当时，即公元4世纪末，政局已是混乱不清的。无人知道地中海世界的走向，因而制造了恐惧，进而导致可怕的行为。公元391年，罗马皇帝狄奥多西（Theodosius）大帝攻陷亚历山大，将其中的大图书馆付之一炬。图书馆中最优秀的教师们并没有被吓坏，仍在继续教学。

希帕蒂娅（Hypatia）被认为是最出色的学者。她是天文学和数学教授。传说她天资聪慧，品德高尚，而且也非常美丽。基督教主教辛奈西斯（Synesius）撰文赞誉，说她的讲座吸引了所有希腊语地区的学生。但另一位主教西里尔（Cyril）则认为她的讲座都是异端邪说。

设想一下，你从脚下地面向下直挖，直至穿过地球，从地球另一面出来的地方即为对跖点（antipodal point）。美国大部分地区的对跖点都在印度洋中。对跖地（antipodes）也是澳大利亚和新西兰的俗名。澳大利亚的英语名 Australia 的原意为“在下面”。这两个国家与英格兰在地球两侧相对。（如果第一张地图是在澳大利亚制作的，欧洲会不会被叫做“在下面”呢？）在罗马帝国时期，欧洲人认为他们生活在地球的顶部，而把赤道以南称为“the antipodes”，意为“地球底部”。科斯马斯（Cosmas）曾描述道：无人能在赤道以南生活。人如果去了那里，那么将是头下脚上倒置着的。那时候，每个人都嘲笑在对跖点有人居住的想法。

这是一尊希帕蒂娅的陶俑，位于亚历山大。她是一位才华横溢的科学家、数学家和哲学家。我们对她的了解大多来自她最著名的学生辛奈西斯留下的文字。希帕蒂娅于415年被用石头处死。

西里尔当时正在和一个埃及领导人奥雷斯蒂斯（Orestes）进行政治权力斗争。而希帕蒂娅支持奥雷斯蒂斯，这导致了一场悲剧的发生。当西里尔在公元412年成为亚历山大大主教后，于公元415年开始驱逐犹太人。同时，他也在心中盘算着如何迫害希帕蒂娅。

在这一混乱时期，有一个人在忧虑、思考和著述，是他使得希腊式学术精神没有被彻底埋葬。后来他也成为了一名基督教徒，并最终被册封为天主教“圣徒”。但他却不是一位科学家。他也认为，那种在地球底部有人居住的观点是可笑至极的。但如果没有他，基督教也许不会对必将到来的现代科学打开大门。

他的名字叫奥古斯丁（Augustine），拉丁语称Aurelius Augustinus（奥勒留·奥古斯丁）。他于公元354年出生在努米底亚（现在非洲阿尔及利亚）。努米底亚当时也属于罗马帝国。

斗兽场是罗马的一个巨大的露天表演场，它始建于公元72年，后经多年才完工。其后约400年间，它都是角斗士们进行生死角斗的场所。

但曾经辉煌的罗马帝国大厦，带着它的城市、斗兽场、渡槽、体育场、大剧场、作坊和神庙行将崩溃。宗教不是这一结果的根源所在。罗马帝国从公元313年就使基督教合法化了，很多原来的异邦人都成为了基督教徒。问题来自即将崩溃的政治体制和生活方式。在公元410年，基督教城市罗马落入同是信仰基督教的西哥特人阿拉里克一世（Alaric I）之手。至此，罗马统治了地中海世界5个多世纪。当时，一位住在伯利恒的学者和教父杰罗姆（Jerome）曾写道：“照耀整个世界的光熄灭了……如果连罗马都能灭亡的话，那么还有什么能幸存下来呢？”

但这还不够。在公元415年，一伙被煽动的暴徒对亚历山大再次纵火。很快，图书馆中的文化珍宝再遭劫难。很多诸如德谟克利特、伊壁鸠鲁、毕达哥拉斯、阿基米德、埃拉托色尼等古代大师的著作永远地消失了。再后来，这些暴徒更加疯狂。他们抓住了希帕蒂娅，用陶器的碎片和石头杀害了她。大主教西里尔被认为是这次暴行的煽

思考时间问题

在《忏悔录》中，奥古斯丁写道：“那么，什么是时间？如果无人问我时，我是明白的。如果我想对问我的人作解释时，我又对此一无所知。”哲学家和科学家现在仍在试图定义时间的概念。但这是一件困难的事情，我们对它的看法一直在变化。

圣奥古斯丁在思考。这是一幅由桑德罗·波提切利（Sandro Botticelli）于1480年创作的壁画。

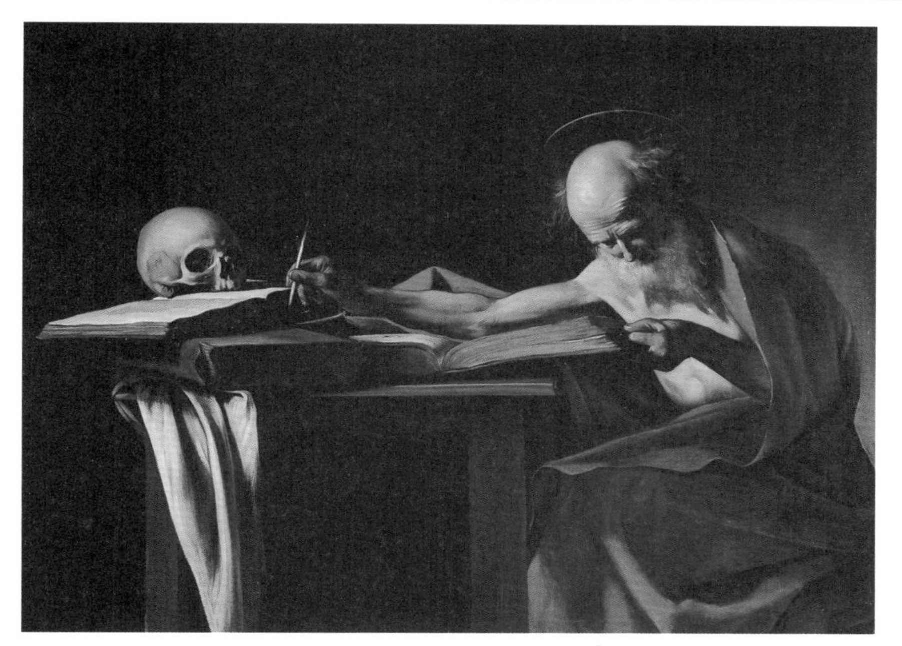

公元405年，杰罗姆完成了将新旧约由希伯莱语和古拉丁语翻译成标准拉丁语的工作。它被称为拉丁文《圣经》(Latin Vulgate Bible)，也被称为拉丁文现代圣经、拉丁文普通圣经等。杰罗姆是一位性格火爆的人，他公开宣称自己不喜欢奥古斯丁和他的论述。两个人都很博学，而且善于雄辩，他们在死后都被封为圣徒。圣杰罗姆是文艺复兴时期艺术的流行主题之一。这是一幅米开朗琪罗·达卡拉瓦乔(Michelangelo da Caravaggio，1571—1610)的作品，描写了这位圣徒在俯身读书的场景。但这种印刷版的图书在杰罗姆时代尚未问世。

动者。思考自由和言论自由已变成了对生命构成威胁的游戏。

汪达尔人围攻已经作好防御准备的港口城市希波(Hippo，现在阿尔及利亚的安纳巴)。希波是一座朴实偏远的城市，奥古斯丁是这里的主教。当时非洲约有700名基督教主教，因此这一教职并不是使他成名的重要因素。是他的文字使他成为名人。他的文笔很好，写下了至少93部著作，还有数以百计的布道演说词和信件。这里给出一例："用单词来处理单词，就是把它们交织到一起。这就如同交错放置的手指，它们一起抓挠时很难判断哪根手指在抓，哪根手指在挠——除非一根一根地来。"

他有两部最著名的著作：一部是《忏悔录》，被认为是第一部自传体文学；另一部是《上帝之城》，在其中他用天国来述说地球上的事。奥古斯丁总是把对上帝的爱和信仰放在第一位，但同时也关注实际问题。在著作《论教师》中他写道："这是很清楚的，维持不受限制的求知欲，要比布置令人生畏的功课更能教好学生。"那么，什么是"不受限制的求知欲"和"布置令人生畏的功课"呢？他给教师的这一信息的意思可能是：要让你的学生提出问题并探索问题的答案，而不是指派繁重的功课去压垮他们。

汪达尔人(Vandals)是来自德国东北部的人。他们在5世纪侵入了高卢(今法国)、西班牙、北非，然后是罗马，对所到之处的艺术品、文学作品、公共设施等造成了一定的破坏。现在，英语中的"肆意毁坏"一词vandalism即源于此。西哥特或哥特人(Goths)是另外的德国部落，他们于公元3至5世纪侵入欧洲。当时罗马人若称谁为哥特人，这是一种侮辱，意即粗野的人。后来，哥特(Gothic)成为了一种艺术和建筑风格的名称。现在，这一词被用于描述喜欢黑暗和可怕事物的人。

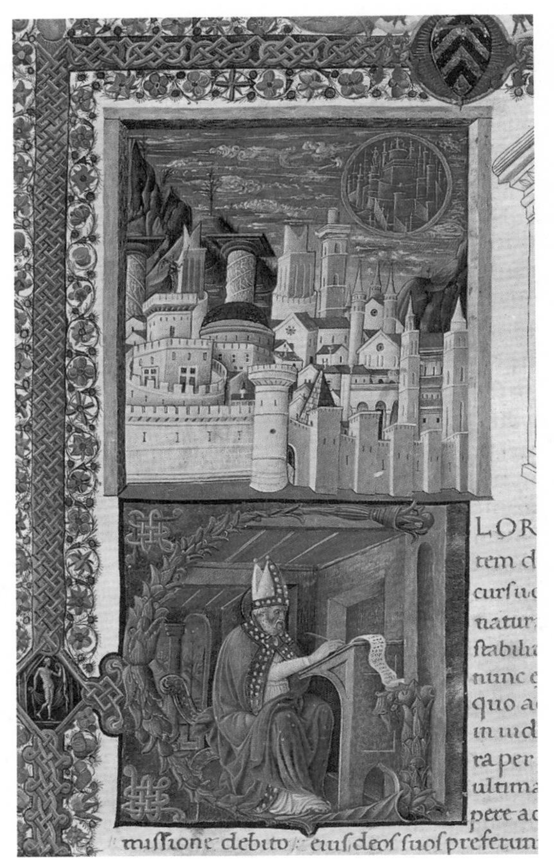

奥古斯丁的手写和手绘版著作《上帝之城》，取自 15 世纪的意大利，封面中的城市以罗马为背景。下图中作者坐在一个大写的“G”字形座位上。（God 的首字母——译者注）。

下面是奥古斯丁关于科学的论述：

> 我们没有必要去探索事物的本质，即做那些被古希腊人称为“自然哲学家”（physici）所做的事。也不必为基督教徒对基本元素的数量与相互作用力方面的无知而忧虑。运动、秩序、日月食等天体现象，天空的组成；物种，动物、植物、石头、泉水、河流、山脉的本性；时间与空间；风暴来临的迹象，等等数以千计的事物，那些自然哲学家们已经发现或者说自认为发现了其中的奥秘……基督教徒只要相信这一点就够了：世上所有的创造物，无论是在天上还是在地上，其唯一的原因，就是造物主——唯一的真正的上帝——的恩赐。

用日常用语来说，他的意思是，基督教徒没有必要像古希腊人那样去关注科学探索的详情。他们唯一要做的事情，就是记住上帝创造了世间万物。

现在，科学思想家是决不会鼓励这样做的。但与他同时代的神父们不同，奥古斯丁从没有认为研究希腊哲学有任何错误。在古希腊人中，他最敬仰的是柏拉图。他在《上帝之城》中写道：“在苏格拉底的弟子中，柏拉图的光辉远超其他人，他的智慧使其他所有人都黯然失色。”

因为奥古斯丁，基督教思想中被加入了很多柏拉图的观点。而这并不会产生矛盾。因为基督教虽然对哲学和科学的观点不太关心，但却同样非常关注心灵和历史。基督徒们也开始用理想的形式和永恒的完美来进行思考。

在希腊语中，physici 包括了所有对自然现象的研究者，现演变成了 physicist（物理学家），即研究能量和物质的科学家，他们会说能量和物质就是自然界的全部。

实际上，奥古斯丁研究过亚里士多德关于运动的观点，而且可能是第一个意识到，亚里士多德关于箭矢的飞行是由于有空气

推力作用的观点是错误的。(运动，物体运动的原因，是科学研究的中心内容。是伽利略和艾萨克·牛顿帮助我们理解了究竟是什么使箭矢飞行。)

在奥古斯丁去世(公元430年)之后的头一年，希波城被汪达尔人攻克。罗马帝国就在那里寿终正寝了。假如你生活在那个时代的话，你所面临的一切都是死亡的威胁，所有最聪明的人都已离去。奥古斯丁的继任者们说，对付毁灭的最好方法，就是忘记地球上的事物，忘记科学，致力于上帝和天堂。在你所熟悉的世界上，异邦人已经取得了胜利。

这是由威尼斯艺术家维托雷·卡尔帕乔(Vittore Carpaccio)于1540年创作的反映圣杰罗姆生平的系列画作之一，名为《圣奥古斯丁在书房》。它描绘了奥古斯丁在一个理想化的文艺复兴书房中写作，图中宗教和科学并存：古希腊异教徒的著作和天主教教义书籍混杂在一起；既有太阳系仪(右上)，又有基督教的圣坛(中央)。传说，奥古斯丁正在给圣杰罗姆写信的时候，圣杰罗姆却突然出现了，宣告了他本人即将死去和升入天国的消息。

汪达尔人在公元455年摧毁了罗马帝国，但罗马帝国的终结通常认定为公元476年。因为这时最后一任罗马皇帝才被废黜。但它的实际灭亡时间比这要早。

你相信博学者吗？很多人都相信

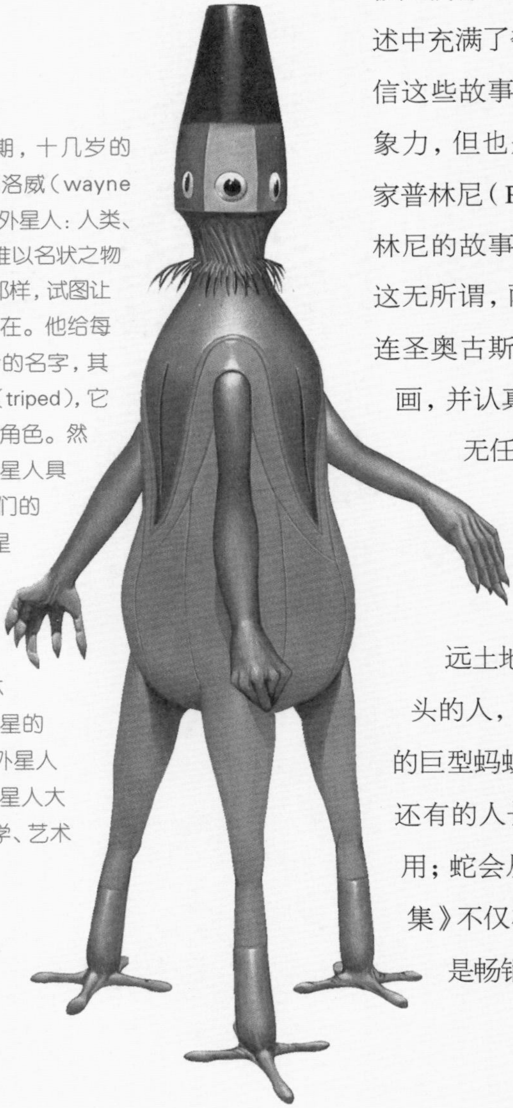

凯厄斯·尤利乌斯·索利努斯（Caius Julius Solinus）生活于公元约250年。他有时被人们称为“博学者”或“讲故事者”。他的著述中充满了夸张的传说故事，但很多古代人相信这些故事是真的。索利努斯具有丰富的想象力，但也是一位剽窃者。他常将古罗马作家普林尼（Pliny）的作品直接盗用过来，而普林尼的故事往往也是以假乱真。对古人而言这无所谓，两个人的作品都被人们信以为真。连圣奥古斯丁也阅读了索利努斯的故事和图画，并认真地对待它们。平心而论，当时尚无任何有关抄袭的学术标准（scholarly standards），小说和非小说的界限也不是十分明晰。

索利努斯讲述并画出了在遥远土地上的居民的样子：他们中有长着狗头的人，叫起来如同犬吠；有长得如大狗般的巨型蚂蚁；有的人长着八个脚趾和四只眼；还有的人长着一只大脚，它可以用来作雨伞用；蛇会从奶牛那里吮奶。他的著作《要事集》不仅在当时，甚至他去逝后几个世纪都是畅销书。

20世纪70年代中期，十几岁的小伙子韦恩·道格拉斯·巴洛威（wayne Douglas Barlowe）开始画外星人：人类、昆虫、爬行动物以及其他难以名状之物的综合体。他不像博学者那样，试图让他人相信这种生物确实存在。他给每一种外星人起了一个清晰的名字，其中包括如图所示的三腿人（triped），它很像是科学幻想故事中的角色。然而，他还想让他设计的外星人具有一点科学性，以保证他们的身体能适合他们所在的行星环境。例如，高而瘦、肌肉少的身体，就比较适合生活在重力较弱的环境中。根据三腿人的身体特征，你认为他所在的行星的环境状态如何？《巴洛威外星人指南》是艺术家笔下的外星人大汇总，它非常奇妙地集文学、艺术和科学于一体。

学术标准是教授和其他专业研究人员都必须遵守的规则，用以保证他们的工作是准确的。在注脚中注明引用资料的来源即是一例。

剽窃和抄袭是指偷取他人著作或论文中的成果，并且据为己有，这肯定是和学术标准相违背的。

历史学家丹尼尔·J. 布尔斯廷说："索利努斯详细描绘的故事情节和离奇图像，使基督教的地理书籍变得富有想象力，这种情况一直持续到地理大发现时代（公元 15 世纪到 17 世纪）。"这些我们现在称之为幻想故事，比如外星人绑架案等，现在似仍有人（人数还不少）相信。阅读和创作幻想类作品都非常有趣，前提是你要清楚幻想和现实之间的差异。

《宇宙志》（1544 年版）中的海怪和长相奇特的生物。《宇宙志》是一本地理书，作者为塞巴斯蒂安·明斯特（Sebastian Münster）。他是一位很有影响力的德国地理学家和宗教学者。

寻找真理：一些专家的话

这就是所谓的真理之嘴，建于公元 4 世纪。传说如果人将手伸进这张嘴中发誓时，只要说假话，嘴就会猛然间闭合。

我要求你去思考真理而不是去思考苏格拉底。如果我说的是真理，你们就同意；如果我说的不是真理，你们要尽全力反对我，使我不能再狂热地欺骗你们以及我自己，像一只蜜蜂，要在你们身上留下我叮咬的痕迹后死去。

——柏拉图，《斐多篇》

一个热爱真理的人，在一般情况下是诚实的，在处于危险之中时也更值得信赖……使灵魂具有真理的状态……总共五种，即艺术、科学知识、实践智慧、哲学智慧、直观的理性等。我们不能将判断和意见包括其中，因为在这两方面我们可能是错误的。

——亚里士多德，《尼各马科伦理学》

爱说谎者即使说真话也无人会相信。

——西赛罗，《论占卜》

说谎者理应长有好记性。

——昆体良（Quintilian），《雄辩术原理》

我遇到过很多想行骗的人，但没遇到一个希望被骗的人。

——奥古斯丁，《忏悔录》

始于小错必终于大缪。

——托马斯·阿奎那（Thomas Aquinas），《论存在者与本质》

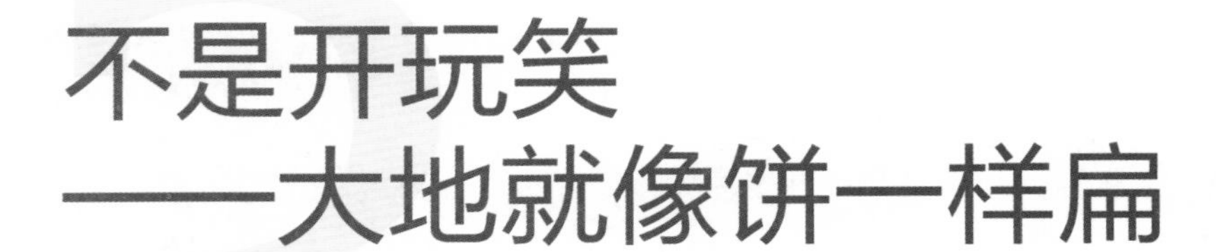

23 不是开玩笑——大地就像饼一样扁

> 没有人会把新酒装在旧罐中。若是这样，罐一裂开，酒就漏出来，罐也坏了。只有把新酒装在新罐中，两者才能都保全。
>
> ——马太福音 9：17，圣经（詹姆斯国王版）

> 所有的书册全部焚毁，任何人要是敢秘密保存这些作品、宣扬这方面的观点，都会面临极为羞辱的死亡。
>
> ——爱德华·吉本（Edward Gibbon，1737—1794），英国历史学家，《罗马帝国衰亡史》

公元 529 年，作为基督教徒的罗马皇帝查士丁尼（Justinian）关闭了最后一所传统的希腊学校。在雅典，柏拉图建于 900 年前的学园就这样被关闭了。基督教世界中几乎无人再去读古希腊哲学家的著作了。这些哲学家都被贴上了异教徒的标签。柏拉图的一些观点确实也被融进了奥古斯丁的哲学中，但亚里士多德和托勒密的科学在当时却是被禁止传播的，这些科学观点都被认为是非常危险的。当时的普通民众几乎都是文盲，他们只能相信从别人那里听来的东西。

古希腊的思想家几乎很快都被遗忘了。但也有极少数学者除外，例如知识渊博的罗马政治家波伊提乌（Boethius），他曾将亚里士多德关于逻辑的著述（而不是科学著作）翻译成拉丁语，从而避免了它们全部消亡的命运。

在同一年，即公元 529 年，还发生了其他一些事情。这是一场重要的变革即将开始的征兆。第一座本笃会的修道院在意大利的卡西诺山竣工了。柏拉图学园拥有对外开放的花园、道路和城市建筑，而且位于市中心。而修道院则建在山顶上。很多高智商的人就这样被送到这种与世隔绝的修道院中。

修道院分为男修道院（修士之家）和女修道院（修女之家），分别由作为宗教领袖的男院长和女院长管理。

第一座修道院是由圣贝内迪克特（St. Benedict）于公元529年在卡西诺山修建的。这也是欧洲人把自己置于知识大门之外的起点。约900年后，画家卢卡·西尼奥雷利（Luca Signorelli）利用图画的方式向人们讲述了这位圣人的生平。这是作于意大利的一座本笃会修道院中的系列壁画。在这一幅中，圣贝内迪克特正在预言这座新修道院的厄运。事实上，它先后被毁灭和重建了四次之多：公元577年被伦巴第（日耳曼人入侵意大利）焚毁；公元883年被撒拉逊人（穆斯林袭击者）焚毁；1349年的地震；1944年的第二次世界大战。

在亚历山大，焚烧图书并未结束。此时，世界上出现了一支新生的力量——伊斯兰教。和其他有着深度信仰的人一样，一些穆斯林认为有必要去摧毁旧体系，而用新体制取而代之。因此，在公元642年，当伊斯兰的大军占领亚历山大时，他们也以同样的方式展示武力和发泄怒火：将图书典籍付之一炬。当时，古希腊的科学著作已经没有多少残存下来了。少数最终幸免于难的图书，完全是得益于阿拉伯人和拜占庭的学者们。他们尽其所能地拯救了一些图书典籍，并将它们从亚历山大运往其他的学术研究中心。最终地震摧毁了大灯塔和古亚历山大大部分残存的建筑。从此以后，

拜占庭帝国是古罗马帝国于公元395年分裂后的东方部分，故也称东罗马帝国。信仰的宗教为东正教，首都也叫拜占庭（Byzantium），之后更名为君士坦丁堡，以纪念基督教罗马皇帝君士坦丁一世。后来，当东罗马帝国被奥斯曼土耳其帝国于1453年消灭后，君士坦丁堡又重新命名为伊斯坦布尔。

波伊提乌（约475—524）出生于罗马一个富有的贵族家庭中。在公元约500年，他成为了哥特国王狄奥多里克（Theodoric）大帝的宫廷大臣。波伊提乌读过很多古希腊经典著作，并力图将这些学术著作保存下来。他试图影响狄奥多里克使其成为一位开明公正的统治者，将古罗马的法典完整地保留下来。但狄奥多里克是一位专制的君主，到了晚年更加多疑、残暴和任性。他设立罪名将波伊提乌处死了。在这一幅装饰画中，菲利普四世（Philip IV，坐者，是1285年至1314年间的法兰西国王）伸手去接，法兰克诗人让·德默恩（Jean de Meun，跪者）递上波伊提乌的著作《哲学的慰藉》。正是这位诗人的翻译，才使这部著作保存了下来，也才使古希腊的思想能在后世流传。

大部分古希腊科学逐渐淡出了西方人的视野。

那么，托勒密的伟大著作和古希腊人关于“大地是球形”的观点，命运如何呢？公元6世纪，一位名为科斯马斯的教士曾写过一部12卷的著作《基督教世界风土记》，就是打算要取代托勒密的著作。在这部书的第一卷中有这样一个标题：“反对那些祈求信奉基督教，但思想和思考却像异教徒那样将大地说成是球形的人。”科斯马斯认为大地是矩形的，其长是宽的两倍。大地被海洋所环绕，而海洋又被第二个大地所包围，它就是亚当的伊甸园。天空就像是一顶帐蓬的顶，上面附着由天使推动的恒星和行星。

人们相信科斯马斯的说法吗？是的，大多数相信。但这似乎没什么要紧。几乎无人去关心关于宇宙的科学，那个时代已经过去了。世界上其他任何古代文化都没有达到古希腊人的科学水平。但此时的亚历山大已经成为一座被人们遗忘了的城市，科学和提问已经不再流行。

苏美尔人关于宇宙的观点又卷土重来，只是增加了丰富的渲染，其中充斥着离奇的海怪和怪诞的陆地生物。这种现象持续了约1 000年。1 000年是什么概念？是哥伦布远航发现美洲距今时间的约两倍！

历史学家将介于古罗马帝国崩溃（公元476年）到文艺复兴时期（15世纪早期）的期间称为中世纪。还有人又将中世纪进行了细分，从公元476年至公元1000年的起始部分被称为黑暗时代或愚昧时代。也有人将这一期间称为“大断裂”时期。无论使用什么名称，都表示了欧洲的大部分地区在这一历史时期中呈现出大倒退。在这期间，人们的生活变得粗糙和原始，不仅与我们现在的生活相比是这样。即使与世界上同时期的其他文明相比，也落后了很多，如中国的唐朝和宋朝、以君士坦丁堡（现为土耳其的伊斯坦布尔）为中心的东正教下的拜占庭帝国、由热爱文化著称的阿拔斯王朝领导的伊斯兰帝国等。

在欧洲，对极少数教士来说，有机会进行思维的挑战。这应归功于亚里士多德。他的逻辑学建立起了有序讨论和辩论的规则。利用亚里士多德的逻辑，这些教士学会了分析性思考，并据此研究抽象的观点。在几个世纪后，当科学卷土重来时，这种技能起到了非常大的作用。

同时，关于宗教的辩论也是如此的激烈，以至于天主教被分裂成了两大分支：罗马教廷和东正教。直到今天，他们仍在争论一些在我们看来差别很小的观点，但他们自己却不这么看。

新的声音

在罗马帝国没落（公元476年）后，新的声音开始用新的语言表达了出来。下面即是其中之一。它取自一部写于公元8世纪的盎格鲁-撒克逊史诗《斐欧沃夫》。

竖琴发声了
歌者在吟唱
那是很久以前所学的。
万能的上帝
是如何创造了大地
这美妙光明的土地
被海洋环绕。
又是如何安置太阳和月亮
照亮了我们所有
在大地上生活的人。

逻辑（logic）是一种对观点进行理性和有序思考的艺术。在逻辑上，辩论并不意味着战斗或相互否认。它是用合乎逻辑的判断来支持一种观点的推理方法。如支持“大地是球形”的观点，利用的是“地球在月球上的阴影是弧形的”。而关于宗教观点的非逻辑争论经常达不成一致而导致战争。世界上很多战争都是由宗教引发的。

一本装帧精美的书

在15世纪中叶之前，书要么是手工抄写的，要么是用雕刻上文字的木板印制的，因此当时的书非常少。它们常被称为手抄本，通常配有精美的插图。“手稿”一词的英文为manuscripts，它来自两个拉丁文单词manus（手）和scriptus（抄写）。

右图为15世纪关于查理曼（Charlemagne）大帝的生平纪事书的一部分。查理曼大帝是征服了欧洲大部分基督教世界的法兰克人。“法国”一词的英文为France，即来源于“法兰克”（Franks），其是日耳曼民族的一支。图中查理曼（穿紫袍戴王冠者）正在讨论征服西班牙的计划。

查理曼于公元800年圣诞节被加冕为神圣的罗马皇帝。经过多年战争后，他开始致力于规划他那庞大的帝国，改革教育，建造豪华的宫殿和令人敬畏的教堂。

与此同时，提出科学问题的传统转移到了阿拉伯地区，并在那里持续了5~6个世纪，开创了伊斯兰文明的黄金时代。在下一章中我们可以看到更多相关内容。但后来，约在1100年，那些地区中断了这一良性发展的进程，科学研究也到了几近崩溃的程度。

在欧洲的其他地方，科学早已到了接近死亡的地步。

而在中国，技术的发展却在大踏步地前进着。天文学家和地图绘制者已将欧洲人远远抛在了身后。虽然他们仍不知道大地是球形的，但所绘制的世界各地的地图非常精确。用舵的船、指南针、手推车、带船闸的运河、造纸术、印刷术、火药、马镫和马具等，只是他们科学发明中的一小部分。这些最终通过丝绸之路从东方传到了西方。然而，无论是中国人、日本人，还是玛雅人以及其他各地的文化，都没能像古希腊人那样提出关于宇宙的问题。没有合适的问题，就不可能得出正确的答案。人们甚至不能进行积极的讨论。这就是科学的黑暗时代，也是欧洲人的可怕年代。对那些具有非凡的智慧和想象力的人来说，更是如此。

中国人用印刷的方法印制了世界上已知最早的书。它是由木版印刷的神圣的佛教经典《金刚经》。左图中，佛位于中央位置，四周围绕着众多罗汉。书上注明的印制日期为“咸通九年四月十五日①”，其对应于公元 868 年 5 月 11 日。

如果此时有人提议说欧洲要发展以科学为基础的文化，并以此成为全世界的灯塔。那么，在当时看上去几乎是不可能的。在 1000 年时，曾经闻名于世的罗马广场变成了饲养牛羊的牧场，大斗兽场成了人们私搭乱建寮屋之地，其窗户上挂满了洗晒的衣物。至于亚历山大城，你可以去问任何一个人，并最终发现它的辉煌仅仅存在于已经被遗忘的过去时光里。

古罗马广场是位于罗马市中心的公共广场。法院可以在这里开庭，任何人都可以在这里讨论观点。

“黑暗时代”是黑暗的吗?

一些历史学家争辩说，黑暗时代并非什么都黑暗。你可以通过研究提出自己的观点。下面是 9 世纪的一些掠影，供你进行这一研究时参考：

有一段时期要时刻提防维京人（北欧海盗）。丹麦人袭击了英格兰沿岸，诺斯曼（挪威）人则袭击了爱尔兰和苏格兰。维京人建立了都柏林，但毁灭了汉堡，并深入到了俄罗斯腹地。

在 881 年，胖子查理（查理曼大帝的孙子）被加冕为法兰克皇帝。但在维京人围攻巴黎时，他因束手无策而被废黜。结果其继任者笨蛋查理的情况更糟。

在中国，唐王朝因在政治上遇到了麻烦正在走下坡路。佛教禅宗却在崛起，它鼓励人们思考和关注自我意识。

罗马的天主教教皇和在君士坦丁堡的基督教长老们之间发生了冲突，并达到了白热化的程度。各方都试图将对方逐出教会。在 867 年，巴西尔一世（Basil I）成为了拜占庭皇帝，并使帝国扩张。

在阿拉伯，哈里发阿尔－花拉子密（al-Khwārizmī）和阿尔－巴塔尼（al-Battani）这两位伟大的天文学家发展了托勒密的学说。

译者注：① 原文为“咸通九年四月十三日”，经考证有误。

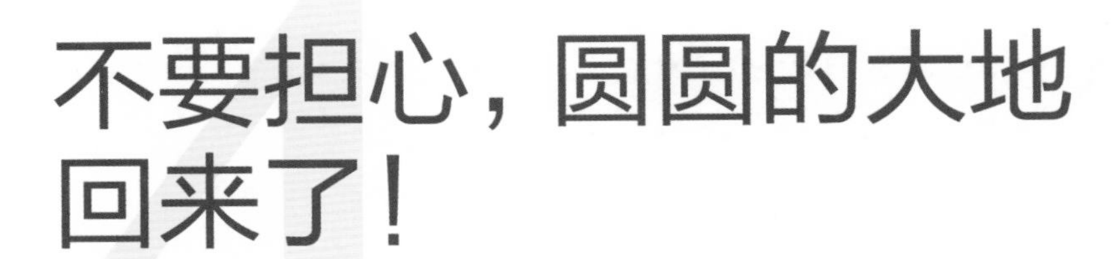

24 不要担心，圆圆的大地回来了！

宇宙之近，如颈上之脉。

——《古兰经》，伊斯兰教圣书

我问所有人：宁愿以真理为乐，还是以虚伪为乐？

——奥古斯丁（354—430 C. E.），罗马天主教圣人，《忏悔录》

理性使我们人类异于其他生物。如果我们对所处宇宙的惊人的理性之美视而不见，那么我们就应该被驱逐出去，就像对待一个受到了厚待却毫不感激的宾客那样。

——巴斯的阿德拉德（Adelard of Bath，约 1075—约 1160），英国牧师，将阿拉伯文科学作品翻译成拉丁文的译者

罗马教皇西尔维斯特二世（Sylvester Ⅱ）于千禧年1000 年开始执政。他有时被称为魔术师教皇。虽然这对他是有点恭维的意思，但他也确实是个多才多艺的天才思想家。而也有人认为他实际上是披着人类外衣的魔鬼。毕竟他是第一位法国籍教皇，而意大利人又在教会中占有主导地位，故有理由认为是他们提出了这种耸人听闻的说法。除此之外，他还经常超越宗教研究的领域。例如他自己制作了管风琴，并且能够很

教皇西尔维斯特二世得到了基督教化的波兰和匈牙利的信任。图中为他送给匈牙利第一位基督教国王圣司提反（St. Stephen）所谓的圣冠。他还是德国国王奥托二世和三世的老师，他们两人后来都做了神圣的罗马皇帝。

有神韵地演奏它。他还建造了一个行星仪，其中有木制的球壳，上面点缀着很多恒星和行星以显示它们的运动情况。他收集古人的手稿。他在使用星盘方面绝对也是一个高手，星盘是一种通过计算天体位置来导航的航海仪器。

将左图中可以变换表盘的天文星盘（1215 年制造）与第 183 页中的简易星盘作比较。表盘要指向黄道带星座的位置、诸如天狼星和角宿一那样的恒星以及其他天文标志物。黄道是指太阳在空间的运行路径。

年轻的时候，西尔维斯特还出行去了西班牙，当时他的名字还是欧里亚克的热尔贝（Gerbert）。在那里，他研究了阿拉伯人的数学和科学。同时，他在那里还仔细阅读了已经翻译成阿拉伯语的古希腊典籍。这位教皇读了柏拉图和亚里士多德的著作，甚至还有公元 1 世纪罗马人奥维德的爱情诗。（由此可看出其他人对这位法国人产生忧虑的原因了。）在西班牙，他发现了算盘这种新奇玩艺。试着算一下 MCXX 乘以 CXCVI，你能算出结果吗？这是古罗马人在处理数字问题时必须要学会做的。有一位古罗马学者说，超过数字 MMMMMMMMM 就无法进行运算。即使采用很不方便的罗马数字，古人也取得了非常高的成就，只是它们早就被遗忘了。对热尔贝（西尔维斯特）和其他思想者来说，算盘好像是令人激动的高科技，这和几十年前我们看到电子计算机时的心情应该是一样的。罗伯特·莱西（Robert Lacey）和丹尼·丹齐格（Danny Danziger）在名为《在 1000 年》的一书中写道：“正如传统计算工作由现代芯片全部替代一样，算盘的使用免去了写下运算数字的麻烦，魔术般地提高了运算速度。”

在 39 岁时，热尔贝成了德国国王奥托二世（Otto Ⅱ）举办的一场全天公开辩论会上的明星。很多学者和学生从欧洲各地赶来参加这一盛事。热尔贝以

一些人认为西尔维斯特二世是反基督者（Antichrist）。有一个广泛传播的谣言说，他死后与魔鬼达成协议，要求他的身体被切碎，以便再次被魔鬼唤醒。1648 年，为了终止这种谣言，他的遗体被从坟墓中挖出，发现他的骨架是完整的。

空气中的音乐

亚历山大的希罗发明了哨子和喇叭。当空气被迫从其中不同形状的管子中通过时（见第 134 页），就会发出不同的声音。风琴也被称为管风琴，也是利用相同的原理制成的。各地有很多种类似的乐器，它们的中空管数目从数根到数百根都有，利用按键或踏板来控制管的开闭。

第二种数字计算器

“算盘”一词的英文 abacus 可能来源于希伯莱语 avaq，意为“尘粒”。这种计算工具最早版本可能是将沙粒置于木板上，通过沙粒来计数。我们大多数人知道的算盘是由用细杆穿起有孔的珠子，或在细槽中放卵石的方法做成的，各列分别表示个、十、百等位数，因此用它进行加减运算十分容易。（因为乘或除实质上是多次加或减，所以乘除运算也很容易。）

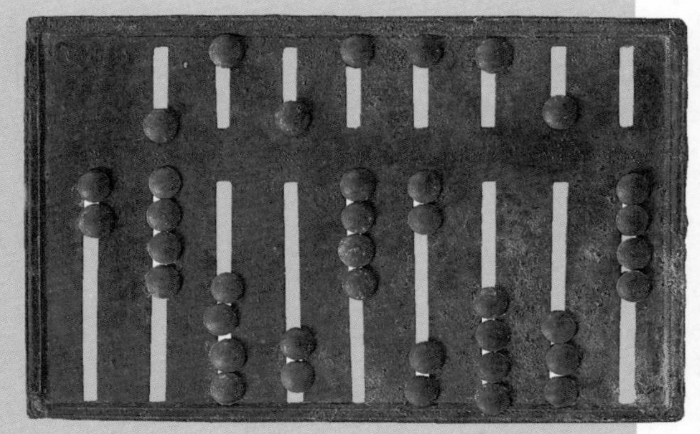

这个古罗马人的“袖珍算盘”是用青铜制成的，约有 2 000 多年的历史。

巴比伦人被认为最早发明了算盘，但也有人认为是古埃及人或古中国人发明的。我们已经知道古埃及人在公元前 500 年就开始使用算盘了。因为一些我们所不知道的原因，它在西方的一段历史时期内消失了，直到教皇西尔维斯特二世于 1000 年再次将其介绍给公众。他认为算盘是东方人的新奇工具。他还知道中国人、日本人以及印度人和阿拉伯人早就使用算盘了。虽然教皇对它充满热情，算盘在欧洲经过了几个世纪后才普及，并使相应的计数方法（相同的数位用同一列表示）逐渐成熟。

科学和数学作家艾萨克·阿西莫夫将算盘称为人类的“第二种数字计算器”。第一种即为我们须臾不可分离的手指。算盘是一种强大的计算工具，不过现在它通常只是儿童的玩具。

“物理学是数学的一个分支”的论点赢得了辩论。此后，他成了强大的奥托国王的宫庭数学家和顾问。凭借他强大的思维能力，他在政治上的影响也逐渐显现。

复习罗马数字

I = 1
V = 5
X = 10
L = 50
C = 100
D = 500
M = 1 000

他此时已经是一个有争议的人物。当从西班牙回国后，他向朋友和同僚介绍了阿拉伯人的数学和古希腊思想家。于是，有一些基督教学者立即起身前往西班牙。然而，外人在这里并不受欢迎，因为他们通常会带来麻烦。而且，大多数西班牙人认为，他们从其他欧洲人那里学不到什么东西。

举例来说，在西班牙一个名为科尔多瓦的城市中，有着 80 000 家商铺，1 600 座清真寺，900 个公共浴室和 70 座图书馆。一座建于公元 10 世纪的梅斯奎塔清真寺，能够同时容纳 32 000 名信众。在一座哈里发的宫殿中，包含了数百间建筑和 4 000 根大理石柱子。以地中海沿岸的阿尔梅里亚港为基地的科尔多瓦的商船队十分庞大。意大利尚没有一座城市能抵得上科尔多瓦。（如果当时的

罗马人、基督教徒和穆斯林为争夺科尔多瓦的战争持续了多个世纪。他们都各自建起了权力的标志：神庙、天主教大教堂和大清真寺梅斯奎塔（建于约 784—987）。梅斯奎塔有着斑纹拱门和 800 多根支柱。在同一时期，玛雅人在奇琴伊察（现在墨西哥境内）用千根柱子（左图）来彰显他们的威权。

西班牙人知道墨西哥尤卡坦半岛的玛雅城市奇琴伊察，将给他们留下深刻的印象。）

如果我们能穿越回到公元 1 000 年，则会发现科尔多瓦是一座学术和贸易的中心城市，同时也是一个伊斯兰教义的研究中心。在教规和伊斯兰教义不产生冲突的前提下，基督教徒和犹太人被允许参加他们的活动。这座城市和西班牙的其他城市一样，出现了欣欣向荣、充满自信的景象。当然，它也存在着一些问题，如奴隶们一直在密谋造反。基督教徒也是一个麻烦事，他们热切地希望再次征服西班牙，并让穆斯林和犹太人这些异教徒改变信仰。因此，这里虽然接纳基督教徒，但绝不鼓励。

对西班牙的统治

西班牙的历史既复杂又引人入胜。因为西班牙是欧洲通往非洲的门户，所以很多人都想得到它。最早的化石证明尼安德特人曾生活在这里，然后是塔特西安人、伊比利亚人、希腊人、凯尔特人、西哥特人（日耳曼部落）、犹太人、罗马人和基督教徒等诸多群体。

可能这也是容易导致内战爆发的原因。不管是什么原因，西哥特人和基督教徒间最终发生了战争。西哥特人请伊斯兰的军队来帮忙。

在公元 711 年，所向披靡的穆斯林选择在此驻留下来。这以后犹太人、基督教徒和穆斯林在一起和睦相处，共同奋斗，开创了西班牙的黄金时代。他们产生了伟大的艺术作品和学术著作。西班牙进入了繁荣时期后，基督教徒们又卷土重来，极其缓慢地重新征服了西班牙领土。当格拉纳达被再次攻克之后，伊斯兰的统治走到了尽头。这一年正是人类历史上至关重要的一年：1492 年。

约于1100年，一位来自英国的哲学家，巴斯的阿德拉德（Adelard of Bath）伪装成穆斯林学生前往西班牙。巴斯是英国西南部一座度假城市，其矿泉浴非常有名，是古罗马人最喜欢的地方之一。阿德拉德曾经在法国做过研究、教过书，并且广泛游历了意大利、叙利亚和巴勒斯坦。他会说阿拉伯语，因此他乔装成穆斯林不存在问题。他如饥似渴地在西班牙尽可能多地学习知识。在那里他最早遇到的书本之一是欧几里得的《几何原本》。

在当时的欧洲世界中，没几个人能进行大数字的乘法和除法运算，故欧几里得的成就是令人惊奇的。阿德拉德完全被《几何原本》折服，它使数学变得清晰而有用。

古老的土地，如人们所说，
每年都给予我们新的谷物；
古老的书籍，受深切信任，
给予人们愿意听的新科学。
——杰弗里·乔叟（Geoffrey Chaucer，约1340—1400），英国作家，《百鸟会议》

阿德拉德将欧几里得的著作翻译成了拉丁文，送给了欧洲人一份大礼。他的这一工作使得《几何原本》成为此后最有影响的数学书。（直到19世纪，它仍然是几乎所有几何学研究的基础。）阿德拉德还学习了古希腊人的原子理论并将它们写进了其著作中。到了12世纪，人们又再一次认真地思考有关微小基本粒子的观点。

要感谢富有影响力的古罗马哲学家波伊提乌，他让多个世纪以来的人们都熟知亚里士多德的逻辑学著作。现在，随着黑暗时代的消退，亚里士多德的科学著作又被翻译并为一些基督教学者们所研究。同时，三位来自阿拉伯世界的哲学家对亚里士多德的著作撰写了评述，将他的思想作了分类和发展。这三位哲学家分别是：犹太人迈蒙尼德（Maimonides），波斯人阿维森纳（Avicenna）和西班牙人阿威罗伊（Averroës）。

1 000年

右图中的时间线延续了900年，几近一个千禧年。令人深感神奇的是，思想的传递可以跨过那么多个世纪，越过如此多的国界，经历如此多的语言。请注意，我们相距中世纪思想家托马斯·阿奎那（该时间线的末端）的时间，要比托马斯·阿奎那相距圣奥古斯丁（该时间线的起点）的时间更接近。

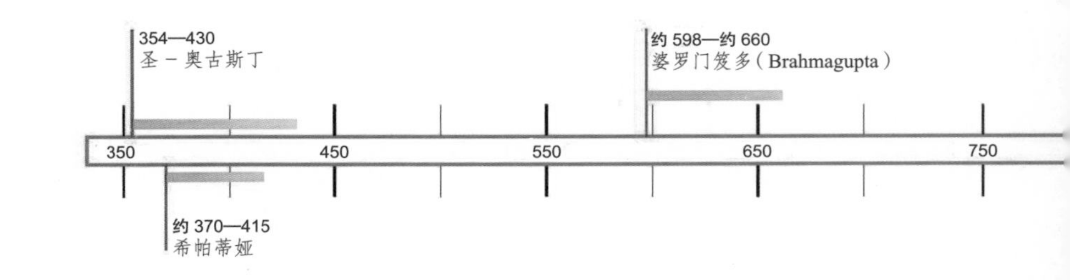

对思想的三重治疗

如果你想找某人作为研究和写作的对象，那么，阿威罗伊、阿维森纳和迈蒙尼德绝对值得你去考虑。

阿威罗伊是一位著名的穆斯林学者，他曾依据亚里士多德的学说诠释了《古兰经》。但这在阿拉伯世界中引发了不小的争议。他为基督教带来的思想也引发了争议。最终，教皇利奥十世谴责了那些追随阿威罗伊哲学观点的基督教徒。但这位哲学家的观点仍对基督教带来了一定影响。阿威罗伊还写过关于医药的书，这本书被广泛使用了几个世纪。

阿维森纳也是一位阿拉伯哲学家，他还是维泽尔（伊斯兰高级官员）在波斯的医生。他将亚里士多德和柏拉图的观点综合起来，使之适用于他的时代。他是一位多产的作家，写出不同主题的著作有 300 多部。其中一本是关于各种疾病及其治疗方法的纲要，它是影响最大的写于中世纪的医学书。此外，他还把治疗方法写成诗歌，便于让来自伊斯兰世界的医学生记忆。

迈蒙尼德是一位拉比（犹太教律法专家），于 1135 年出生于西班牙的科尔多瓦。他在伊斯兰和犹太教这两个世界中都是非常有影响力的人物。他后来去了埃及开罗，在那里成为了伊斯兰统治者萨拉丁（Saladin）的医生。（现在，人们心目中的萨拉丁是一位令人着迷的人物，一个勇士、领袖、幻想家！）迈蒙尼德对希伯莱圣经写过很多评论。他最著名的著作是《迷途指津》。

《摩西律法》是迈蒙尼德制定犹太法律的准则，但它是建立在亚里士多德的观点之上的。这是罕见的和不受欢迎的举动。但对于一个跨越多种文化的法学博士来说，这不算什么。

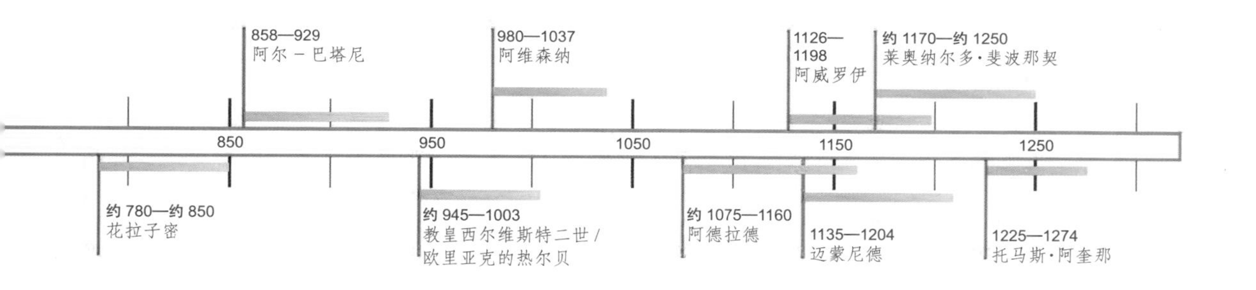

右侧是两幅相邻世纪的典型宗教艺术画。但其中的世界和现实世界是有差别的。右侧的一幅创作于12世纪：教士们在非自然的金色气氛中攀爬通往天国的天梯。好的教士能攀到顶端与耶稣互致问候；而坏的教士将跌落下去，并由黑魔鬼押往地狱。左侧的一幅创作于13世纪。圣弗兰西斯好像是在某人的院子中与聚集在一棵简单树上的鸟儿对话。

位于法国北部的早期的哥特式沙特尔大教堂（下图）在12世纪修建和重建（因火灾破坏）。其中造型怪诞的怪兽均来自于神话传说而非现实。即便如此，这些丑陋的怪兽还有两个实际用途——泄出雨水和吸引游客。

他们的研究给了思想家很多值得讨论的东西。在人类的智力停滞了几个世纪后，这些都是非常令人惊奇的，就如同生活在黑暗中的人突然见到了光明一样。

绘画和雕塑的艺术风格也开始变化。中世纪早期的绘画都将宗教事物或偶像置于美妙但不真实的金色背景中。较新的那些画作依然以宗教为主题，但包含了真实的植物、动物和人。在13世纪建成的美轮美奂的天主教大教堂中，这些自然事物也出现在了其中的雕塑上。这些教堂的艺术风格也反映出了当时人们思维的扩展。

有人认为这种思潮的发酵大部分可以追溯到新型的学校或大学。它们中最早的一所是在12世纪建于法国的沙特尔，以大教堂作为学校的教授们开始讲解自然和科学方面的内容。很快，大学在大多数欧洲城市中建立了起来。

这是英格兰赫里福德的一幅制作于约1300年的世界地图。它是现存最大的中世纪地图：直径为1.3米，其中心位置为耶路撒冷，四周是海洋。它还是一种T-O地图：O中的T是由尼罗河和顿河形成的，它的外围是我们已知的三个大陆，即欧洲、亚洲和非洲。按照地图所绘和描写，有怪兽潜伏在遥远的陆地上。例如，可用巨大的耳朵将自己裹起来御寒的法涅斯（Phanesii），用巨大的脚为自己遮挡强烈阳光的大脚神谢泼德（Sciapod）等。

教授们在教学中需要教学用书，于是产生了对学术著作的需求。抄写员们天天伏案抄写那些古代著作的翻译本。有些学者实际上已经开始独立思考了。但是，观念的变化仍是缓慢的。

在一本名为《在中世纪的城市中生活》的书中，作者约瑟夫（Joseph）和弗朗西丝·吉斯（Frances Gies）描写了当时科学学习的总体水平：

教会学校中的学生，只能学到极少量真正的科学知识。他们可能被授以一些有关自然史的粗浅知识，这些往往摘自流行于黑暗时代的大百科全书。这些全书都是基于普林尼和其他古罗马学者的著作。（那意味着多是“博学者”们的说法——见第198页。作者注）他们能够学到的东西不外乎鸵鸟能吃铁，大象只害怕龙和老鼠，鬣狗的性别可以随自己的意志改变，黄鼠狼是用耳朵怀孕、用嘴来分娩的……

这些对今天的我们来说是十分可笑的，但这已比当

那颗彗星又出现了

拉乌尔·格拉贝（Raoul Glaber，约990—约1050）是来自法国勃艮第的一位教士，他描述了989年一颗可怕的彗星照亮天空的过程。那是刚好在他出生前的时刻。彗星被当作极重要的事物对待，一直以来有大量的相关传说。那颗彗星就是我们现在熟知的哈雷彗星。格拉贝写道：

它出现在9月的一个夜晚，在夜幕降临后不久。此后近三个月人们都能看到它。它是如此之亮，发出的光看上去能填满很大一片天空。在公鸡打鸣前它消失了。它是否是一颗上帝发射到空间的新星星，或是上帝只是增加了一颗原有星星的亮度呢？这些只有上帝知道……所出现的情况使人们极为确信：这一天空中的现象是神话和可怕事件的确切征兆和迹象。不过确实发生了一件灾难事件，即一场大火立即烧毁了圣弥额尔总领天使堂（在圣米歇尔山上）。它建在海洋中的一个海角之上，总是接受全世界各地人们特别的祭拜。

过了77年，这颗彗星在1066年后又回来了。它此后每隔77年就回归一次。在1066年，黑斯廷斯战役结束了盎格鲁－撒克逊人对英格兰的统治，征服者来自法国北部的诺曼底。在那里有著名的贝叶挂毯（bayeux tapestry）①，用图讲述了那颗彗星和那场战争的历史。

你见过哈雷彗星吗？左图为一条贝叶挂毯中的图案，其中描绘它的形状就像是一只飞越城堡塔上向右边飞去的毽子。国王哈罗德（Harold）接到警报说，这颗彗星绝非吉兆。哈罗德果真很快就在战争中死去了。但对征服者威廉（William）来说绝非恶兆。

时他们的父母或祖父母所听说的东西要多得多。因此，这些内容使一些年轻的学习者产生强烈的好奇心和求知欲。

极少的一些学校尝试学习一种新的数字系统，它来自印度，并经由阿拉伯和西班牙而被商人们所接受了。对印度－阿拉伯数字来说，0是至为关键的数字，而12世纪和13世纪的欧洲人对此仍几乎是一无所知。

讲到地理学，欧洲人绘制的地图中包含有三个大陆，即非洲、亚洲

译者注：① 贝叶挂毯，创作于11世纪。长70米，宽半米，现存62米，上面绣有诺曼人征服英格兰的历史场面，有大量的人物和图景。现收藏于法国贝叶博物馆。

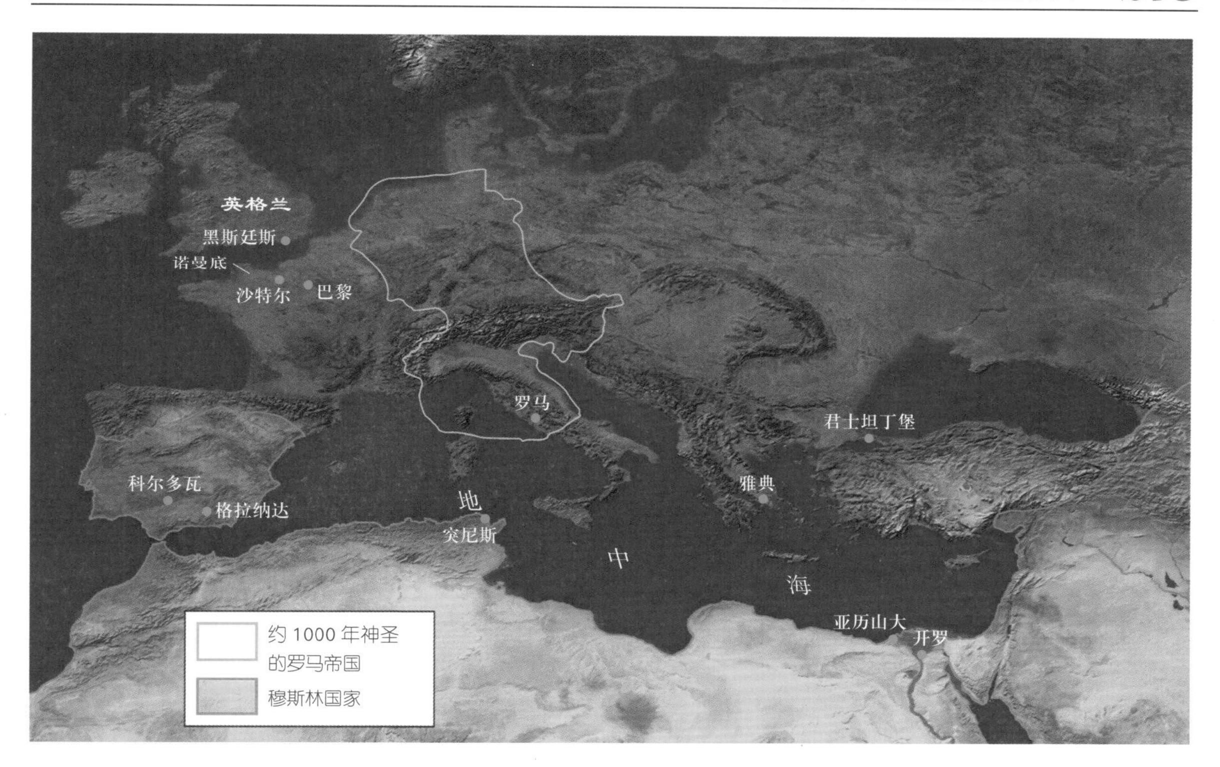

和欧洲（见第213页中的图）。人们所知的世界上的所有陆地，只有这三个大洲。而且，它们都是被“大洋”所包围着的。大洋是非常可怕的，因为无人曾经横渡过它，人们知道的只有可怕的传说，据说大洋里到处都是海怪。

亚里士多德“大地是球形”的观点被大部分大学所重视，但无人能亲自乘船前去验证这一说法。在约1000年左右，一位名为莱夫·埃里克森（Leif Eriksson）的维京人探险者从格陵兰岛向西航行，并发现了一处陆地。他认为那里适合种植葡萄，并称那个地方为“文兰”（Vinland，今位于北美洲）。即使一个世纪之后，几乎没有人知道他的这次航行，更无人理解这次航行的重要意义。

一些预言家提出，可能存在一些尚未被发现的海上岛屿，甚至是大陆。还有一些人读了古希腊地理学家斯特拉博的著作。那些陆地上可能住有异国人吗？他们长什么样？有些地图曾经标示说一些类人的生物长着狗的头或长有奇怪的外形，这些仍然没有脱离所谓博学者（polyhistor）的丰富想象力。

那些设计并建造了宏伟的天主教大教堂的人，是当时技术上的思想家。为了实施这些宏大的工程，他们一定要懂得数学、地质学和工程学，还必须是艺术家。他们创作出的成果令人叹为观止。

右图为14世纪的半幅微型画。左侧包着白头巾、手持红色盾牌的是撒拉逊人（穆斯林士兵），他们正与大多数身穿盔甲或穿蓝衣的基督教东征的十字军（右侧）作战。

基督教的十字军东征是12世纪至13世纪间西方世界政治和宗教生活方面的主要事件。它经常成为英雄主义、骑士精神和冒险精神的故事题材。而实际则是完全不同的。更多的十字军士兵是不幸的、愚昧的、贪婪的，有的甚至是失去控制的暴徒。基督教骑士确实中止了伊斯兰皇帝对地中海及东方贸易的控制。富有竞争力的欧洲贸易和造船工业得到了发展，在为这个大陆带来了滚滚财富的同时，也激励和培养出了大量的优秀海员。几个世纪后，这些优秀海员的继承者将能到达地球上当时尚不知道的地方。

但在千禧年来临时，大多数人既不是建筑师，也不是学者、神父、海员和商人，而是农民。因此，欧洲仍然只是大量被围墙包围的小镇和一群被禁锢的头脑。人们害怕新思想。也许人们有理由去害怕它们，毕竟新观点可以像病毒一样迅速传播开来。希腊人和阿拉伯人的“新观点”所扮演的角色，就如同老旧围墙下的烈性炸药。

几个世纪以来，圣经好像是世上所有问题的答案。它不仅用于说明上帝和信仰，也用于解释自然界万物和宇宙如何运行。但这个时候，事情正在变得复杂起来。

当基督教徒用武力征服了伊斯兰教统治下的西班牙时（科尔多瓦和格拉纳达分别于1236年和1492年陷落），士兵和旅行者们发现了伊斯兰文化。他们由此学习到阿拉伯人的数学。他们还学习了希腊人的艺术和科学。这些新事物促使他们思考。当他们返回家乡时，带回去了许多向朋友谈论的话题。

世界上的两个中世纪

柬埔寨吴哥窟的五座大塔成了须弥山的顶峰，它也是印度世界的中心。

在12世纪，世界人口约为3亿3千万。中国是人口数量最多的国家（现在也是），当时的人口约为1亿左右。在柬埔寨，吴哥窟中所建的印度教寺庙的中心塔高达65米，四周的护城河长约6.4千米。下面是那个有趣时代的一些掠影。

1107年：中国发明了彩色印刷技术，这使得伪造货币的行为更加困难。

1174年：在意大利比萨的大教堂旁建造了一座钟塔。因地基不稳，这座塔刚建成即倾斜成了斜塔，即著名的比萨斜塔。

约1150年：在南美洲，曼科·卡帕克（Manco Capac）建造了印加城市库斯科（现在秘鲁），其光辉的建筑结构很快便被用于其他建筑中。

1212年：由一位来自法国克洛耶斯的名为斯蒂芬（Stephen）的12岁儿童，指挥着一支儿童十字军。这吸引了上万名欧洲少年参加。怀着最好的向往，他们出征去解放被异教徒（伊斯兰教）占领的圣地巴勒斯坦。但大多数孩子死于饥饿和疾病，还有一些被卖作奴隶。没有一个人达到目的地，只有很少的人返回故乡。吹笛手哈姆林（Hamlin）的故事被认为是基于这一悲惨、可怕而荒谬的计划改编的。

1227年：当蒙古统治者成吉思汗（Genghis Khan）去世时，他建立的帝国拥有世界上空前的最大国土，远大于亚历山大大帝所建立的帝国。蒙古帝国的版图由里海延伸至朝鲜。与蒙古人的征服狂潮相伴的是，可怕的暴力和对平民残酷的屠杀。当巴格达落入蒙古人之手后，城中约一百万人遭到了屠杀。

1281年：忽必烈汗（Kublai Khan，成吉思汗的孙子）征服了他所知道的世界上的大部分地区。他又集中兵力准备攻入日本。当载有10万名士兵的舰队向这一岛国进发时，飓风摧毁了他们的行动。大部分船只沉没了。幸存者游上岸后，很快就被日本武士挥刀斩杀殆尽。

在波斯的插图世界历史（约1400年）中，成吉思汗正在超越另一个敌人。

25 绝对的零

苏格拉底：还有，算术和算学全是关于数的。
格劳孔（Glaucon）：当然。
苏格拉底：看来它能把灵魂引导到真理？
格劳孔：是的。以一种非常卓越的方式。
苏格拉底：因此，这正是我们在寻求的那种知识。
——柏拉图，古希腊哲学家，《理想国》

关于零，问题在于我们在日常生活中不需要用它。没人出去买零条鱼。
——阿尔弗雷德·诺思·怀特黑德，英国数学家和哲学家，《数学导论》

在这一佛兰德壁毯的图案中，“算术女士”（lady arithmetic）在教给成人乘法和除法。这很难，但却是 16 世纪一些职业的必需技能。

你想成为数学天才吗？你只要穿越时空回到中世纪，或者 17 世纪以前的任意时期，你所会的数学，在那时只有天才或者非常聪明的人才能掌握。我保证，你只要会做三年级或更高年级的算术题，你肯定会使你的祖先们叹为观止，并对你的聪明赞不绝口。

假如你坐在中世纪欧洲的学校教室中，你将会看

米歇尔·德蒙田（Michel de Montaigne，1533—1592）在他那名为《论文》的一书中写道：“我既不会用通心粉也不会用计数器记账。”他所说的记账即为算术运算，计数器指算盘。对于你现在认为非常容易的算术运算，德蒙田和与他同时代的大多数人都无法完成。

到你的同学们正在吃力地使用复杂笨拙的罗马数字进行算术运算。除此之外，他们从来没有听说过还有“零”这一数字。没有零的帮助，做数学题的难度是可想而知的。但零不是他们唯一缺少的数学工具，他们也没有学过“数位（numerical place）”的概念。

> 零经过很长时间的努力才建立起自己的地位。对数学家来讲，他们很难接受“什么都没有”成为某种数……很长一段时期内负数在数学中也没有合法的地位……古希腊人认为几何是唯一可接受的数学形式。既然距离不能是负值，那么负值就是无用的。
>
> ——简·古尔贝里（Jan Gullberg），《从数生数学》

什么是数位？它是一个数字中个位数、十位数、百位数等的统称。它有一个奇特的专业称呼，叫做“按位记数法”（positional notation）。如试着用139乘以62，或49乘以8时，如果没有数位的概念，则你要将139加62次，将49加8次。但这种落后的计算方法，很多欧洲人在4个世纪之前仍在使用。

利用印度－阿拉伯数字0和按位记数法，即使普通人也能很方便地进行算术运算，乘和除也变得相当容易。有了0这个数后，数学家的工具箱中又多了一种工具，他们能

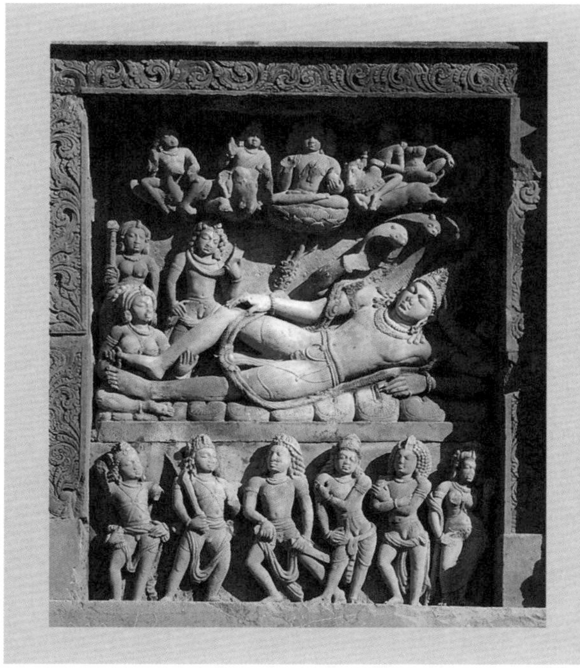

无穷的智慧

除了零之外，古希腊人还拒绝接受无穷大的概念。他们发现无穷尽的概念是非常麻烦的。但在东方的哲学中，无穷大是很容易被接受的。在628年，婆罗门笈多就把无穷大定义为零的相反数。在其后约1000年，即1656年，英国数学家约翰·沃利斯（John Wallis）才首次使用了无穷大的符号∞。

在这一公元5世纪的印度浮雕中，毗瑟挐（Vishnu）神（常被称为宇宙中“无穷的海洋”）睡在无首尾的塞莎（Sesha），即无穷长的蛇上。

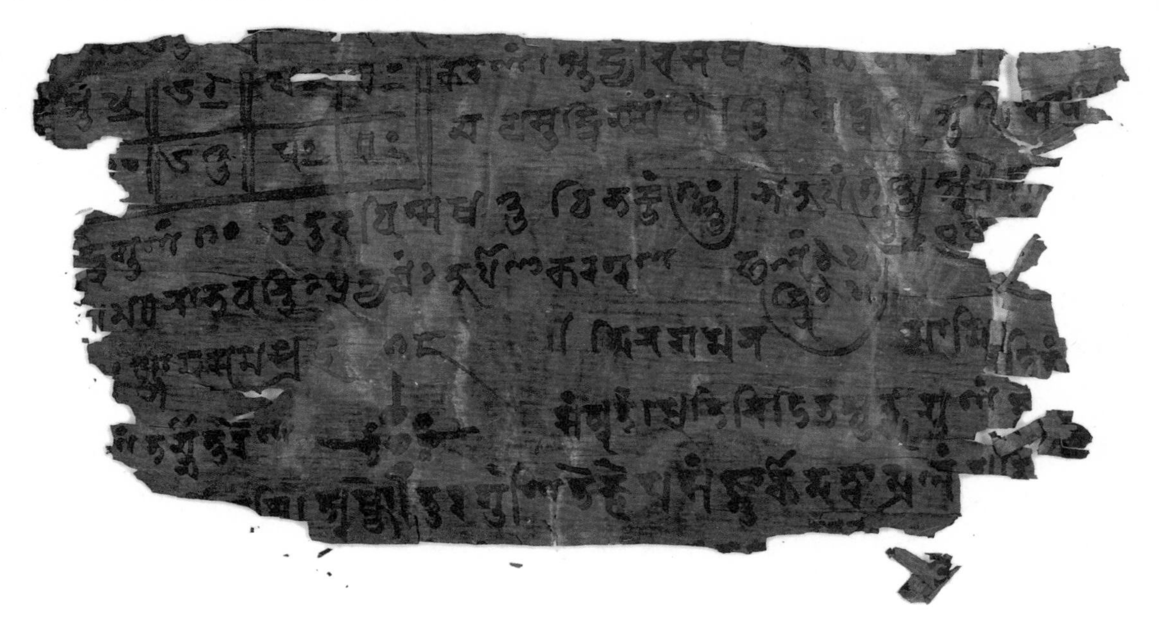

巴赫沙里（Bakshali）手稿是一份写在树皮上的古印度数学文本，它只留下了一些残片。其中零是用点来表示的，其他数字与对面页框里的中间一排相似。这里给出一道巴赫沙里手稿中的代数题：一个人有 9 匹马，另一个人有 7 匹良马，第三个人有 10 匹骆驼。若他们每人分别给其他两人 1 头牲口，则三人牲口的总价值就相等了（为 262 单位钱）。试问每一种牲口的价值如何？（答案见对面页）

梵文中的“零”为 sunya，意为“空的”。在阿拉伯文中，它转变为 sifr，在拉丁文中又为 zephirum。由它们产生了英语 zero 和 cipher。

够做之前被视为不可能的复杂计算。数学史专家托拜厄斯·丹齐格（Tobias Dantzig）说：“在文化史中，零的发现将会一直被看作是人类最伟大的成就之一。”

我们是如何从没有零和按位记数的古罗马数字演化到现代数字系统的？

这种观点萌发于印度，但却在阿拉伯世界开花。我们无法准确地知道印度思想家是何时发展出这一完整的新数字系统，这一过程应该经历了好几个世纪。重要的是最终他们把它发展出来了。在 499 年，一位名为阿耶波多（Aryabhata）的印度数学家出版了一本著名的关于数学和天文的书，它是用诗歌体写就的！当时，印度正处于它的古典时期，绘画、雕刻和诗歌等文学艺术达到了一个顶峰。在同一时期，罗马帝国开始分崩离析。阿耶波多用原来的 9 个数字加上零构成了十进制系统。（记住：巴比伦人曾经用过 60 进制系统。）

关于“零”的信息

1. 假如你将几个数相乘后，得到的结果是 0，则那几个数中至少有一个是 0。

2. 任何数除以 0 都无意义。

一位名为婆罗门笈多的印度学者在628年写下了一篇数学论文，其中借用了某些古希腊人所知的一些代数方程。但婆罗门笈多做了一些古希腊人从未做过的工作，即在解这些方程式时使用了零。这表明他当时已经认识到零不是只能起到占位符的作用，它本身就是一个数字。一旦意识到零是一个数字，负数就变得容易理解了。婆罗门笈多已经使用过负数了。

印度思想家汲取了在其他地区已经使用的三个概念，并将它们强有力地组合起来。它们分别是按位记数法、零和十进制系统。将这三者合理组合后，他们就得出了仅用10个数字来表示所有数的方法。由此他们发明了一套“民主”的数字系统，因为任何人都可以掌握它的基本原理。

需要有人向世界上的其他人介绍这一成就。这是阿拉伯数学家的功劳。在公元8世纪，伊斯兰世界正处于自己的古典时期。哈伦·赖世德

上图是世界上最大的清真寺之——萨迈拉（今伊拉克境内）大清真寺中的一座螺旋状尖塔。它由哈里发穆塔瓦基勒（al-Mutawakkil）建于约850年。

猜猜看

请记住：

Hindu（印度教的）和 Islamic（伊斯兰教的）是用于形容宗教（religions）的，Indian（印度文化的）和 Arabic（阿拉伯文化的）是用于形容文化（cultures）的。

我们的数字被称为 Hindu – Arabic，但这有点像拿苹果和桔子进行比较。它应该是 Hindu – Islamic 或者是 Indian – Arabic？事实上二者都不是。

I II III IV V VI VII VIII IX X

٠٩٨٧٦٥٤٣٢١

1 2 3 4 5 6 7 8 9 10

当罗马数字在算术中出现时，它（上层）是令人头疼的。而阿拉伯数字（中层，是从右向左数的）和现代使用的印度 – 阿拉伯数字使数学更加容易。

答案：马值28单位，良马值42单位，骆驼值24单位钱。

哈伦·赖世德是《一千零一夜》(也称《天方夜谭》)中描写的哈里发。书中说谢赫拉莎德(Scheherazade)为避免被处死,为国王讲述诸如阿拉丁神灯、阿里巴巴、辛巴德水手等无穷无尽的故事。右图为哈里发哈伦年轻时的肖像,绘于17世纪的印度。

(Harun al-Rashid)成为从地中海延伸到印度的大帝国的哈里发(穆斯林国王),巴格达是这一帝国的首都。

哈伦是一位专制君主,他可以随心所欲地做任何事情。他希望将艺术和科学引入到自己的王国中来。他在正值壮年时去世,这一年是809年。此后他的两个儿子为争夺继承权而相互残杀。他们中的一个,马蒙(al-Mamun)最终赢得了这场斗争的胜利。他在这一方面比他的父亲更为积极。在830年,他在巴格达建立了一座名为"智慧屋"的综合性学术机构。其中包括一个天文观测台和一个大型图书馆。

此时,巴格达成了新的亚历山大,是世界上最富有的城市。阿拉伯人、印度人、希腊人、犹太人、基督教徒、穆斯林,以及异教徒都在这里一起生活。来自遥远地方的航船,如桑给巴尔(位于现在的坦桑尼亚东北部)和中国等,沿着幼发拉底河边的码头在棕榈树荫下排列成行。在城市的中部,矗立着金壁辉煌的豪华宫殿和大清真寺,它们被三层围墙环绕起来。在围墙的外面,是美不胜收的花园和广场。从旁边的集市上,人们可以买到产自苏门答腊的肉桂、非洲的丁香、印度的丝绸、当地的菠菜(当时欧洲人尚不知其为何物)。当然,也可以买到奴隶。

英语中"算法"一词algorithm据称来自al-Khwārizmī(花拉子密,但发音有所不同)。算法即为数学中一步一步解决问题的过程。

不要改变一个词

奥马尔·海亚姆作为当时最伟大的数学家和天文学家而名扬波斯世界。在西方，他又以美妙的四行诗集《鲁拜集》而闻名。这本诗集描写了生活的美好和痛苦。（在波斯语原文中，它是韵文。）

运动的手指在书写，成文，继续书写；
虔诚与智慧，都不能诱使它划去半行；
你的所有眼泪，也不能洗刷掉一个单词。

安放在奥马尔·海亚姆墓上的纪念碑。它由阿拉伯风格的图案组成了宝石的形状。

据说哈里发马蒙曾做过一个梦，在梦中他和亚里士多德进行了对话。从此以后，他决心把所能找到的所有古希腊著作全部翻译成阿拉伯文。因此，我们感谢他这一拯救古籍的壮举，使我们今天能够欣赏很多古人的珍贵著述。

同时，阿拉伯人又于859年在摩洛哥的非斯、972年在埃及的开罗各开设了一处“智慧屋”。在西班牙的科尔多瓦，穆斯林和犹太学者坐在舒适的图书馆中共同研究，让古人的观点继续保持活力。

9世纪，在巴格达的智慧屋中产生了一位超级巨星般的学者，他就是数学家默罕默德·本·穆萨·花拉子密。他写了十几本数学著作，被认为是有史以来最伟大的数学家之一。花拉子密使用了印度数字、零、按位记数法，并采用代数方程式进行计算。

两个世纪之后，一位集数学家、诗人、天文学家于一身的著名波斯人奥马尔·海亚姆（Omar Khayyam）写道：“大多数人……混淆了真和伪，且……除了基于物质的目的外，他们不去使用科学。”到了11世纪，伊斯兰开始从黄金时代走下坡路。暗杀和社

一年有多长？

奥马尔·海亚姆测得一年的长度为365.24219858156天。他当时正尝试改革历法，竟然得到了这一令人惊奇的精确数字。他未能意识到的是，一年的长度（地球绕日运动的周期）是会变化的，在人的正常寿命时间内，一年的长度变化发生在第6位小数的位置。那虽然是一个非常微小的量，但经过多个世纪后，这种差异就会非常明显。

历法改革要涉及政治和科学等多方面因素，奥马尔·海亚姆的历法改革最终并没有实现。

莱奥纳尔多·皮萨诺（左图）的绰号为斐波那契。他的著作《算盘全书》由引入十进制开始，即用印度数字1—9外加0。然而，当他在告诉别人使用十进制时，当时的大部分著作中都使用巴比伦的60进制。《算盘全书》有时被译为《算盘之书》，有时还被称为《算经》。

会的动乱使自由渐渐失去，而科学是不可能在没有自由的环境中发展的。

现在故事又转换到了意大利。在那里，莱奥纳尔多·皮萨诺（Leonardo Pisano）成为了故事的重要角色（大家请不要将他的名字与莱奥纳尔多·达芬奇和莱奥纳尔多·迪卡普里奥相混淆）。他之所以将皮萨诺作为名字的后半部分，是因为他来自意大利的比萨。但似乎仅有一个绰号是不够的。现在，莱奥纳尔多为人所熟知的是另一个绰号，也是写作的昵称——斐波那契（Fibonacci）。其来自拉丁文Filius Bonacci（菲利亚斯波那契），意为“波那契的儿子”。下面是他于1202年写的一段文字：

> 我的父亲是阿尔及利亚贝贾亚的一名公共抄写员，在那里他为自己的国家服务，维护在那里赚钱的比萨商人的利益。我年幼时，父亲就让我学习如何使用算盘。因为他知道这能使我受益终身。以这种方式，我学会了用九个印度数字进行计算……如下所示：9、8、7、6、5、4、3、2、1……有了这九个数字，再加上一个符号0（阿拉伯语为zephirum），就可以随心所欲地写出任何数了。

除非经过数学论证，否则所有的探究都不能称之为科学。
——莱奥纳尔多·达芬奇，《论绘画》

斐波那契的父亲与意大利商人和非洲北部的穆斯林之间都有密切的关系，他理解新数字系统的重要意义。因此，他下决心让阿尔及利亚的数学家来指导自己的儿子。斐波那契发现了一本关于计数法的学术著作，它是由穆斯林数学家花拉子密编著的。这本书为他打开了一个新世界的大门。

印度文学告诉我们，零的概念可能出现在耶稣诞生之前。但在9世纪之前，确实没有在各种铭文中发现零的存在。然而，在现在的中美洲，当时的玛雅人早就使用零作为占位符了。

当斐波那契返回意大利后，他写下了自己的著作《算盘全书》，这本书强劲地展示了采用印度－阿拉伯数字和零的威力。这种关于零的概念，即“什么也没有”实际上也是一种看待事物的观念，这对于刚理解它的少数人来说是一种头脑风暴。他的著作对少数学者造成了巨大的冲击。但到普通人也接受和使用这些新数字，还要过几个世纪。此事发生在印刷业出现之前，那时候书本都是人工抄写而成的。

进步依然非常缓慢，因为在 11、12 和 13 世纪，欧洲各国正踏上前往圣地的军事和宗教征伐的道路，亦即所谓的十字军东征。其目的是从穆斯林手中夺回耶路撒冷以及圣经中提到的其他地方，要使它们纳入基督教的控制之下。

因此，这不是一个将印度 – 阿拉伯数字介绍到西方世界的好时机。印度 – 阿拉伯数字被认为是具有煽动性和非基督教的东西，实际上它在欧洲的有些地方是不合法的。这也意味着这个伟大思想的传播将是一个长期而缓慢的过程。

但这其中也有一个例外。来自热那亚、比萨、威尼斯、米兰和佛罗伦萨的商人和阿拉伯人之间做着有利可图的贸易活动。这些意大利人正在试验商业资本主义，一切可以奏效的方法都会引起他们的注意。他们有点像距当时约 2 000 多年前的伊奥尼亚商人，其成功鼓励和支持了科学思维的发展。阿拉伯数字惊人的高效和易用，让那些注重实用和见多识广的人注意到并开始使用它们。同时，它们成了知情人之间，特别是精明的商人之间的密码。而其他人则还需要继续等待。最终，到了 18 世纪，关于这种新数字简单易用的名声才传播开来。从那以后，欧洲就几乎没什么人再使用算盘或手指 – 脚趾来做算术了，他们当时的计算方法和现在的已相去无几。

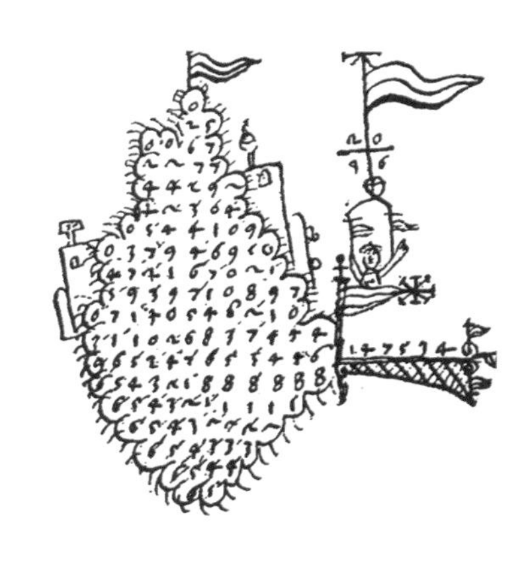

我们多用长除法来使两个较大的数相除。但上图中是古代使用的方法，且现在仍在一些阿拉伯学校中讲授。它被称为“帆船法”。这可能是因为这种计算是以船形结束的。图中右侧的 6 位数答案好像在甲板上，甲板左侧的两行含有用于做除法运算的两个数字。这种方法可能发明于印度（译者注：据考证，成书于公元前 1 世纪的《九章算术》中有与之等效的方法），又由 9 世纪的穆斯林数学家花拉子密广泛传播。直到 16 世纪早期，它仍在欧洲广泛使用着。

左图为约 1650 年时的意大利威尼斯贸易港。在这里，有雄心的商人们都喜欢使用印度 – 阿拉伯数字。

斐波那契先生的数字

种子、叶子、花瓣、芽、果实的剖面等，从各种植物的各部分中都能找到斐波那契数。延龄草的花瓣数是3，牵牛花的是5，血根草的是8，黑心菊的是13，而雏菊的是21。

斐波那契可能是因为他发现的特殊数列而闻名于世。（我们知道他曾写过对这种数列的著述，并使其为大家所知。）斐波那契数列的前13个数分别为：1、1、2、3、5、8、13、21、34、55、89、144、233…。你能发现其中的规律吗？这一数列中，两个相邻的数之和等于数列中的下一个数。

很快，数学家们就被这一奇特的数列迷倒了。他们还发现，如果用数列中的任意一个数除以它前面的那个数，会出现一个有趣的现象。例如：$8/5 = 1.6$，$13/8 = 1.625$，$21/13 = 1.615\,3$……你从中能看到这些结果的趋向吗？如果你用斐波那契数列中的数将这一过程持续进行下去，其得到的商将向黄金比率 φ 无限趋近。φ 的值为 1.618 03…，因为 φ 是无理数，故永远达不到准确值。（可参阅第84和85页）

向日葵的籽是以交错的螺旋线的形式生长的。沿左螺旋或右螺旋，从中心到边缘的籽数通常以斐波那契数——34、55、89……的形式排列。两个种子之间的角度为137.5°，即黄金比率的倒数（0.61803……）乘以360°，再用360减去这个数所得的结果。大多数的种子都是以这种形式排列的。但平均数和角度与各实际值间都留有较大的空间。

追溯至毕达哥拉斯时代，古希腊人就注意到黄金比率在自然界中出现的机会远超我们的想象。你可以观察菠萝外皮上的钻石形突起的排列：它有8排向左倾斜，而有13排向右倾斜。好像很多植物都具有斐波那契数列形式的生长点，如花瓣、叶子、种子、枝条等。雏菊有34个花瓣的，也有55个的，甚至还有89个的。为什么？叶子数以斐波那契数

手指和手指中的骨头的长短比例通常也是按斐波那契数列规律生长的：指尖骨 2，指中骨 3，指基骨 5，掌骨 8。你的手是这样的吗？只要弯曲一下手指，你就可以很容易地进行这一测量。这是一个有趣的科学问题，为什么？它是自然界的巧合，亦或是有某种生理上的好处？

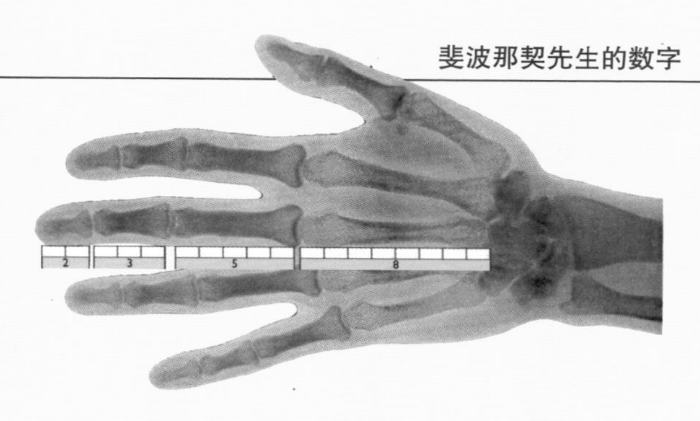

列形式的排列是根据各个叶子接受光的程度来分布的吗？如果比例是 1 ∶ 1，叶子间会相互遮挡阳光吗？

很多松树类植物树干上的凹凸、棕榈树干上的叶环也都呈现出斐波那契数列的规律。为什么会这样？

自然界绝不会说："嘿！这些是很好的数，我们使用它们吧！"斐波那契数的黄金比率似乎表现出了生物成长的一种有效模式。它作为自然过程的一部分而显现。这也是螺旋有时也不是如此完美的一个原因。植物并非懂得什么数学规则，而只是适应自然的需要而已。

斐波那契给出的数列对定义黄金比率有所帮助，古希腊人显然对此毫无所知。但他们发现了 $1/\varphi$，而且还知道它是非常美妙的，因而经常在他们的艺术创作和建筑设计中用到它（见第 85 页）。

在我们的日常生活中，标准扑克牌边长间的比例也符合斐波那契数间比率。与此相同的还有钢琴键盘上的八度音键，其由 8 个白键和 5 个黑键组成。φ 还经常出现在几何学中，如一个正五边形的边长和对角线长度的比率等。

尝试着找一些黄金比率，它们就在你的周围。有一本好书专门论述了这一主题，这即是由特鲁迪·哈梅尔·加兰（Trudi Hammel Garland）写的《迷人的斐波那契数列》。

13 8 34 13 2 3 5 34 21 21

由 1 个单位的平方开始。
随后又 1 个单位的平方置于其上。
随后是 2 个单位的平方。
随后是 3 个单位的平方。
按这一规律继续，随后将是 5、8、13、21 和 34 个单位的平方。

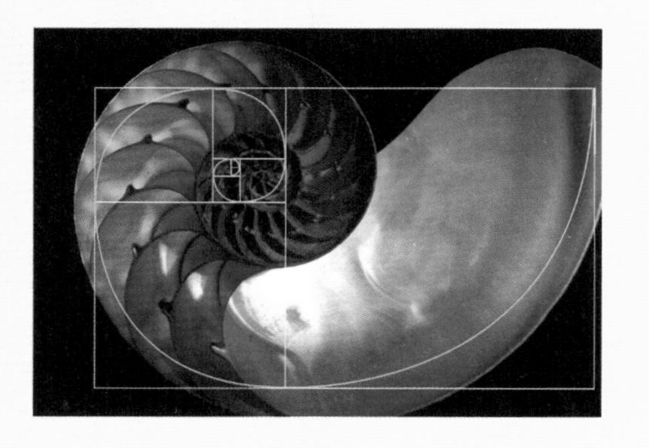

鹦鹉螺是一种海洋生物，它开始时生活在一个小壳室中。随着身体的生长，它的壳室要增多，其内的容积也要一个接一个地增大。后长的壳室要比前一个大，以适应生长的需要，而这种增长幅度也非常接近黄金比率，虽然并不总是很精确。

26 一头咆哮的“公牛”

获取知识的方式有两种，即自己探索发现和向别人学习。自己探索发现的方式是最高级的，而向别人学习的方式是第一位的。

——托马斯·阿奎那（1225—1274），意大利哲学家、基督教圣师，《神学大全》

在1550年，经过了一千年的岁月且年久失修，罗马人修建的路仍然是欧洲大陆上最好的。

——威廉·曼彻斯特（William Manchester，1922—2004），美国历史学家，《黎明破晓的世界——中世纪思潮与文艺复兴》

人们普遍认为现代科学产生于中世纪“创世法则”（拉丁语Ordo Mundi）：对万物秩序的信仰，对所有生命终极统一的宗教意念。

——托马斯·戈尔茨坦（Thomas Goldstein），20世纪美国历史学家，《现代科学的黎明》

在1225年，一个男婴降生在意大利上层社会阿基诺家族的城堡中。他受洗时所取的名字为托马斯。

这是文艺复兴时期由弗拉·巴尔托洛梅奥（Fra Bartolommeo）所绘的圣托马斯·阿奎那的壁画肖像。阿奎那没有遵从母亲的意愿而成为了多米尼加修士，他胸前的太阳是宗教等级的符号。

与有良好家庭背景的中世纪意大利人一样，年轻的托马斯·阿奎那作为献身耶稣的人被送到修道院中，并以教士的身份接受教育。于是，他来到了由本尼狄克派教士主持的卡西诺山修道院。这是一处安静的、学术气氛浓厚的地方。这里也是地位的象征。托马斯是一个聪明的人，他的家庭又有良好的社会关系。如果他就这么正常生活的话，可能会在教会职业上走得很远。但一个意想不到的事件发生了。教皇和皇帝间长期不和，修道院也卷入了这场纷争之中。僧侣们被抓了起来。其他在这里修道的人都被要求离开修道院而返回家中。（这是因为皇帝认为他们都是对教皇言听计从的人。）这场意想不到的政治斗争改变了托马斯·阿奎那的人生轨迹。

托马斯生活了九年的修道院是一个与世隔绝的地方，但也是静谧而利于沉下心来致力于思考和研究之处。阿奎那现在只好前往新建的那不勒斯大学。这所建在城市中的大学是开放的和激动人心的。那里的学者们正在发掘由阿拉伯文翻译过来的古希腊科学著作，这些著作在他们的思想上掀起了波澜。

托马斯·阿奎那感受到了时代的脉搏，加入了教士的新民主教派——多米尼加修士团（Dominican）中。他们致力于积极的布道和教学，而不只是关注与世隔绝的个人祈祷。他们都是类似于职业乞丐的男修士，这也意味着多米尼加修士们必须发誓忍受贫困从而靠乞讨维生。托马斯的这些行为引起了他那贵族出身母亲的反感。于是，她找人将儿子绑架回来并关在家中的城堡中，迫使他改变自己的想法。但托马斯决不妥协。当托马斯最终于1245年获得了自由时，他已经是20岁的年轻人了。出来后，他立即去做更多的研究。这一次，他选择了当时欧洲最著名的大学——巴黎大学。

谁能进入上层社会？

在中世纪，面包是根据地位来分配的。雇佣来的工人只能吃底下烤焦了的一层，自家人吃中间的，而客人吃烤得最好的上层。这就是所谓的“上层”！现在所说的上层是指地位高贵。

你听说过“闲聊”（来自“嚼肥肉”）或“养家糊口”（来自“带肉回家”）吗？这两个词也来自中世纪。那时大多数人都很穷，如某人有一条火腿或一块猪肉的话是非常特别的事，就会邀请亲朋到家里“嚼肥肉”。

左图为取自约1400年的法国历史书中的图。其显示了中世纪教室中的一瞥。一位巴黎大学的教授正在讲课，而学生则在忙着做笔记。

解除了枷锁的教士们

在这幅文艺复兴时期的绘画中，教皇洪诺留三世（Honorius Ⅲ）于1216年批准了多米尼加修士团的教规。这位教皇后来因保卫和改进基督教而被称为圣多米尼克，他的追随者也被称为pugiles fidei（信仰护卫者）。

新的宗教秩序，如多米尼加团体等，将他们的修士成员称为兄弟，而不再是教士。他们不再将自己禁锢在修道院中，而可以到大学或学校中交流，还可以出游或布道。他们的使命就是要成为有用的人。

地中海地区的土质是沙土，因此耕作起来较容易。但在欧洲北部则不然。斯拉夫人（来自欧洲东部的农民）被认为于 6 世纪发明了铧式犁。这幅称为《四月》壁画的前景中，人们在对贫瘠的土地实行三重耕作：先用刀片对土地进行深挖，然后用犁铧在地表耕草，最后再用耙将地整平。这种方法可以为农场增添新土地，提高农作物产量。

在 13 世纪，如果你喜欢热闹和交际，那么巴黎就是一个好去处。当欧洲大部分都仍处于封建社会时，巴黎已经成为萌芽的市场经济的中心。老观念正在逐渐消失。

在其他地方，农民其实是农奴，比奴隶稍好一点。农奴们的一生都在为富有的领主劳动，而领主则希望他们越无知越好。那些能够设法逃离这一中世纪陷阱的人们，大量涌进城市当中。在这里，他们发现了贸易协会、繁忙的市场，以及社会在变革过程中所呈现出来的兴奋和躁动。

在农村，农场正在产出盈余的谷物。这些过剩的粮食供应给城市居民，而这又催生了更大的城市和更大的市场。新的发明使得农业生产更加高效，其中之一是铧式犁。在欧洲北部潮湿厚重的土地上，需要更强有力的工具。铧式犁就是这样的工具，它实现了大农田的带状栽培。大农田比分散的小块农田更加富有生产力。因此，在城市兴起的同时，乡村生活也在发生着变化。

这种变革既具有活力，但也容易令人苦恼。封建社会的情况是现有的事物，但自由的资本主义社会可能是什么样子却无人知晓。它看起来不太安全和不可控制。但新生事物的成长无人可挡。

在修道院中，牧师一直在致力于祈祷、研习和独处以解救自己的灵魂。当谈到科学时，他们又引用毕达哥拉斯、柏拉图和奥古斯丁的语录。以这种或那种方式，这三位思想家都专注于自然的理想形式（ideal form），而这往往使他们的思考脱离真实的世界。

但是在处于萌芽状态的大学中，新学者们受到重新发现的古希腊科学的激励，而对理解自然的力量产生了浓厚的兴趣。这些新学者们被亚里士多德深深地吸引。亚里士多德看着他所处的世界，观察，记录，对植物和动物进行分类。他沉浸在地球上的一

在封建社会（feudal society）中，领主占有土地和收获的农作物。农奴劳作，但所获甚少。

自然的诞生

托马斯·阿奎那、罗杰·培根以及其他中世纪思想家为文艺复兴打下了基础。文艺复兴时期通常被认为发生于公元15世纪和16世纪（也应包括17世纪的前一小部分），也即中世纪和近代时期的过渡阶段。文艺复兴时期的视觉艺术（如绘画、雕塑和建筑等）达到了非常高的水准。艺术家们开始认真地审视和勾画自然界，这种新的视角为约于1600年开始出现的科学飞跃开拓了道路。

作为一位艺术家，莱奥纳尔多·达芬奇（1452—1519）从视觉角度研究世界。他用素描绘制了运动中的马（上图）和飞翔的鸟。他对艺术的研究也为很多技术领域作出了贡献，如解剖学、天文学、机械学和工程学等。他对鸟的研究导致了飞行器设计的尝试。德国画家阿尔布雷希特·丢勒（1471—1528）同样也用艺术来探究自然界。注意他的一幅草皮画作（右图）已具有了照片的效果。

切事物之中。

中世纪的思想家们为了致力于天国，一直忽略自己周围的事物。慢慢地，他们的观点开始发生变化。你可以从当时的绘画中看出来。理想化的镀金背景让位给了真实的植物和动物。

少数基督教学者当时已认真地接受了大地是球形的观点。他们的大地是球形的图景直接来自于托勒密。在那种观点下，球形的大地位于固定的宇宙中心静止不动，而太阳绕着大地运转。这些中世纪的思想家们，终于又回到了亚里士多德在公元前5世纪的观点。但是，对有些人来说，这一观点还是显得太超前了。

在资本主义（Capitalist）经济体系下，个人或合作者拥有自己劳动所生产出的产品。他们可以在自由市场上出售自己的产品和购买必需品。

讨论主题：信仰和科学，它们能融洽相处吗？

你曾有过与父母强烈抵触的观点吗？我们现在并非在讨论你想去某个地方，而你父母不想让你去这种事情。而是讨论一个基本观点，即关于生活的一般观点。这好像是一个愚蠢的问题，你当然会与父母有不同的基本观点。任何智力正常的人，在成长过程中都离不开独立思考。发展心理学专家可以告诉你：挑战前人的观点是你成长过程中一个非常重要的组成部分。

年幼的儿童对父母、老师和圣诞老人说的任何话都深信不疑。儿童们问问题，但他们几乎总是相信大人们告诉的答案。

那么，十几岁的青少年情况又如何呢？作为过来人，你懂的。

如果你能将学习、体验前人的经验，以及年少时的怀疑精神结合起来，说明你开始成熟了。并非每个人都能成功地做到这一点。很多人的年纪增长了，但智慧却没有了。

社会和人是相似的。每一个时代都是建立在前一个时代的基础上。有的时代，人们的行为就像小孩子，无意识地接受和重复过去时代所犯的错误。另一些时代就像一个青少年，未经深思熟虑就叛逆和破坏。只有很少的时代，会因深刻的洞见而快速前进。

这使我们不能不想起黑暗时代和中世纪。那是一段复杂的时期，非常值得研究。但对于生活在那个时代的人或回首那一时期的人来说，那就像是糟糕的青春期，其中的很多事都是应该被排除、遗忘、汲取经验和拒绝的。

那还是一个科学（人类的理性）和宗教（人类的信仰）相融合的年代，并加入了大量的迷信成分。接受教育的机会仅给予了那些享有特权的少数人，而且要到偏远的修道院中进行。一些历史学家认为，从那以后我们一直在试图摆脱这种状态。

这种反叛为近代历史设定了基调。这是从文艺复兴时期开始的，学习和思考开始逐渐打破宗教的控制，在艺术和科学方面的进步和发展尤其如此。这导致了科学创造令人惊奇的快速发展，并为以科学为基础的近代世界的到来奠定了基础。除此之外，它还带来了技术进步方面不可思议的回报。

但是，科学与信仰之争是必要的吗？我们是否在这一方面走得过远以至于失去了共同的价值？精神层面和科学层面难道就没有相互包容的共同部分吗？

对科学家而言，大脑不过是神经元（细胞）和化学物质的集合体。但我们也知道，有除此以外的东西在发挥作用，这种东西是什么呢？从哪里能找到指导我们理解人类的双重本性的东西？

教皇保罗二世在 1999 年曾说过：“被剥夺了理性后，信仰强调情感和经验，因而冒着不再具有普适价值的风险。”

然而，剥夺了信仰，理性和科学又常显现出空泛和肤浅。

现在，我们对失去控制的科学和技术充满了恐惧。人类面临着生命被操纵、环境被破坏、世界被毁灭的威胁。而与此同时，科技发展又给予了我们难以置信的礼物：舒适和富足。我们能否使深厚哲学和宗教思想的支柱与科学技术的辉煌兼而有之呢？

文艺复兴时期的思想家以及之后的多数科学家们，都不去关注这些问题。他们要反抗那个长长的恶梦，人们在其中对周边环境和自身都懵懂无知。就像刚从紧锁的密室中逃出的孩子，这些思想家们迫不及待地要去发现整个宇宙的奥秘。他们也确实做了极好的工作。

画家弗拉·安杰利科修士（Fra Angelico，1387—1455）在意大利佛罗伦萨圣马可修道院中，用这幅壁画纪念伟大的多米尼加学者艾伯塔斯·马格努斯。

在巴黎，教会头领们认为阿拉伯－亚里士多德学派的科学是有罪的，所以尽力将其挡在学校外。其结果当然是使它们更加有诱惑力。（那些保守派们对此肯定不会袖手旁观，他们要在牢骚和对抗之后才被迫接受这一切。）阿拉伯数字即使在人们对其了解后，还是被当权者有意回避。学者们在读斐波那契关于阿拉伯数字的著作时，都是偷偷进行的。

1210 年，亚里士多德的科学论著在巴黎大学中被禁了。而图卢兹大学却更大胆，它在其 1229 年的大学情况一览中宣告“讲授在巴黎被禁止的自然科学书籍”。这里指的就是亚里士多德的著作。

在 1229 年的巴黎，对亚里士多德的著作的禁令仍然在实施着。只有亚里士多德关于逻辑的著作被允许公开研究。但在私底下，每一个人，特别是学生，好像都在阅读和讨论亚里士多德的科学观点。年轻的托马斯·阿奎那被亚里士多德的观点深深地吸引。非常幸运的是，他有机会与巴黎的著名学者艾伯塔斯·马格努斯（Albertus Magnus）一起对此进行研究。马格努斯在自己讲授的课程中常偷偷加进亚里士多德的观点。

罗杰·培根（约 1214—约 1292）生于英格兰一个富有的家庭中，在牛津大学和巴黎大学接受过良好的教育。后来成了圣方济会修士。但在 1277 年，圣方济会查禁了培根的著作，并将他逮捕入狱。也有一些学者认为我们过分夸大了罗杰·培根，说他并非一个了不起的神童（他自己也接受了这一说法）。但我却对已经了解他而感到高兴。

阿奎那听过英国伟大的思想家罗杰·培根的演讲。培根被公认为是“了不起的老师”，他居住在巴黎，当时正在撰写对亚里士多德的物理学的评论。

具有巨大影响力的培根知道希罗在亚历山大的发明，如各种车辆和会移动的塑像等，并认为没有理由不把它们变成现有世界的一部分。他曾写道：“车辆在没有牲口拉的情况下还能跑得令人难以置信地快。”培根将要因他的“异端邪说”而遭受 14 年的牢狱之苦。他的行为冒犯了被他认为愚昧无知和浑身恶习的神职人员。他的著作受到“可疑的新玩意”的指控，并被查禁。

托马斯·阿奎那的头脑好像具有“照相记忆”的能力。他对一些事物只要扫上一眼，即能清楚地记得。在书籍问世之前，记忆力是一种非常有价值的能力。托马斯总结的记忆方法，曾经每一个小学生都要学习。

培根受到了亚里士多德的激励，但是，他拒绝受限于任何人的逻辑。他坚持认为，科学真理不能是盲目地从权威那里接受来的东西，即使是亚里士多德也不行。科学真理应该是从观察和实验中得到的结果。培根放弃了教授的职位而去致力于他的实验科学研究。在他那个时代，几乎无人能理解他的这一举动，但他是受亚里士多德思想的引导而走上这条道路的。

关于亚里士多德的激烈争议极大地刺激了与阿奎那一样有思想的学生。

阿奎那身材高大，体魄健壮，言语不多。因此，他的很多同学称他为“笨拙的公牛”。但那些对他有足够了解的人则意识到他拥有一颗罕见的头脑。艾伯塔斯·马格努斯说：“终有一天这头公牛的吼声将响彻全世界。”马格努斯真是具有先见之明！阿奎那的思想把两大冲突势力——罗马天主教廷和亚里士多德的科学带入和谐。他认为，基督的启示（《新约》中的言辞）和人类知识都应该是唯一真理的一部分，而不应是水火不相容的两个对立面。

然而，要使人们放弃旧有的“世仇”那可不是容易的事。在阿奎那1274年去世的3年后，一个高等级教会谴责了他的12部著作。罗马天主教徒不允许去读他的著述。然而新观点，特别是好的观点是不可能被囚禁住的。半个世纪后，即于1323年，托马斯·阿奎那被罗马天主教廷公开授予“圣徒”的称号。（这发生在奥古斯丁死后约800年。奥古斯丁也是天主教的圣徒。）

托马斯兄弟在他的教诲中提出了新问题，发明了新方法，并使用了新的证明体系。当人们听完他用新的论证讲解新的教义，就不会怀疑是上帝……给予了他力量，让他通过口头和书面的语言，透彻地讲解新观点和新知识。

——托科的威廉，他是阿奎那的第一位传记作家，他认识托马斯

圣托马斯·阿奎那坚持认为信仰和理性应是兼容的、和谐的（见第232页）。换言之，基督教徒们不应该只是痴迷地追求天国，而应将之与对当下世界的分析达到平衡。对于未来科学更重要的一点是，托马斯认为，基督教徒可以从异教徒学者（如亚里士多德等）那里学习关于自然世界的知识！

在阿奎那的努力下，亚里士多德和托勒密由被长期抛弃的人变成了科学之神、科学偶像或者聪明人中的最聪明者。不久，几乎每个人都认为：只要是亚里士多德说过的，都是真理！

阿奎那的著述使得亚里士多德的观点成了其后多个世纪内科学的基础。另外，因为托勒密是在亚里士多德的观点基础之上建立起自己的理论的，所以托勒密很快也变成了人们追捧的人物。这是一个巨大的转变：天主教的学者现在摇身一变成亚里士多德的追随者。这有好也有坏，因为亚里士多德也常犯错。但有一点是肯定无误的：亚里士多德的科学比中世纪思想家科斯马斯的大地扁平说要好得多。相信人类思想力量的亚里士多德，为近代世界开辟了道路。人们正在期待着近代世界的诞生。

这幅画为贝诺佐·戈佐利（Benozzo Gozzoli）于 1471 年所绘，名为《圣托马斯·阿奎那的胜利》。是什么胜利？请读这几页书并注意这幅画中的等级划分。圣托马斯（坐者）位于中央且被放大，亚里士多德在其左侧，而柏拉图在其右侧，有争议的穆斯林哲学家阿威罗伊（见第 211 页）正卧于他的脚下。微小的教皇（穿白衣者）和其他教会头领被降到了底部，而耶稣、圣保罗、摩西和四位传道者则处于至高无上的地位。

罗杰·培根的预言……

和很多发明者一样，罗杰·培根的想象力超越了他所处时代的技术。本页中都是他所设想的机器。除了一种之外（即能够扑打翅膀飞行的机器），其他都成为了现实。培根写道："这些机器都是古人们制造的，而且在我们这个时代肯定也能被造出来。但那种可以飞行的机器例外，因为没有见过也没听说有人造出了这种机器，但我听说有一位专家已经想出了制造出它的方法。"

那么，我们今天又是谁在梦想明天的技术呢？有创造力的头脑正在书写和绘制什么样的机器设计呢？他们设计的机器能有效地工作吗？对这些问题没有明确的答案。每个人都会有很好的想法，你的想法可能会更好！

培根预言……

"人们将造出用于航海的机器，它无需用桨，即使是在河海中航行的最大船只，也可以由一个人开动，而且其速度比现在满载水手的船还要快。"

在19世纪早期，蒸汽引擎使划船成为过去。下图为1831年乔治·卡特林（George Catlin）画笔下的汽船"圣路易斯号"。

培根预言……

“车辆在没有牲口拉的情况下还能跑得令人难以置信地快。”

上图为亨利·福特（Henry Ford）于 1896 年驾驶他的第一辆汽车行驶在美国底特律大街上的情景。

培根预言……

“能飞行的机器是可能造出来的。人可以坐在中间开动某种装置，人造的翅膀就像鸟儿那样拍打空气而飞起来。”

一位德国飞行器制造先驱于 1896 年在柏林附近制造了一架硕长的滑翔机。但大型扑翼机至今也没有造出来。现在的飞行器都是依靠固定翼、螺旋桨、热空气等技术飞行的。

培根预言……

“可以造出在海里和河里漫步的机器。”

1690 年，人们发明了连有空气管的潜水钟。上图中是一种用电池作能源的现代潜水器，名为“深水工作者”。它可使一个人下潜 600 米，用脚蹼来操控。

培根预言……

“遥远的事物将可以看起来很近……因此，我们可以让太阳、月亮和星辰看上去很近。”

在 17 世纪，望远镜引发了天文学的革命。上图为 1990 年发射的哈勃太空望远镜，它使我们看到了遥远的射手座星云，它如同珠光宝气的宝藏。

写出宗教典籍是一项高贵的工作。抄写员也应得到他应得的报偿。写书比种果子有益，因为种果子是为了肚子，而写书是为了灵魂。

——阿尔昆（Alcuin，约 735—804），英国学者、查理曼大帝的宫庭教师，引自埃尔伍德·克伯莱（Ellwood Cuberley）《教育史》

采用活字印刷大大减少了书籍抄录者的劳动量，这有助于解散雇佣军，革除国王和元老，并创造一个全新的平民世界。

——托马斯·卡莱尔（Thomas Carlyle，1795—1881），英国评论家、历史学家，生于苏格兰，《衣裳哲学》

约翰内斯·谷登堡（Johannes Gutenberg，约 1397—1468）于 15 世纪中叶对原有的活字印刷术进行改进，开创了使图书生产简易化的新时代，也开创了几乎任何人都可以学会阅读的“全新的民主世界”。以前你可能听说过一些相关的事情，但我们这里会介绍更多。

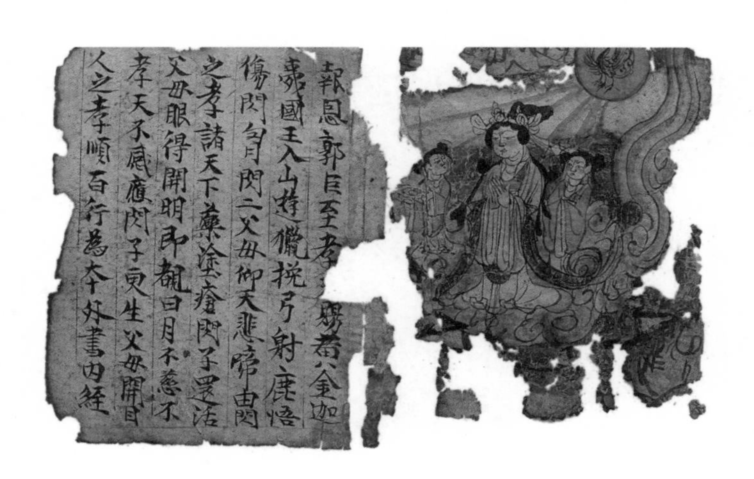

在中国唐朝（618—907）的某一时期，一位中国作家用蘸了墨汁的笔在纸上讲述了这个插图故事，那是关于日本的保护神，即武士摩利支天（Marici）的。当时，中国人已经发明造纸多个世纪了，但这时才开始传至西方。这项发明先传至印度和阿拉伯地区，又经过几个世纪后才最终传到欧洲。

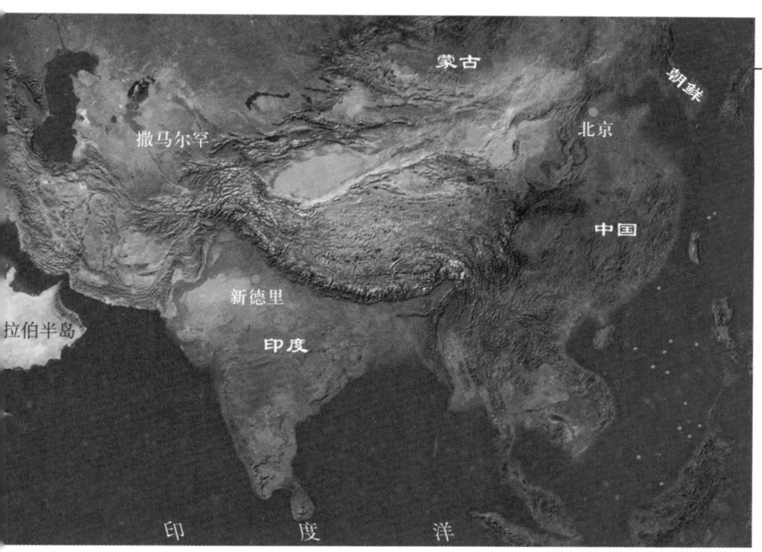

活字印刷术是一种先进的印刷技术，而纸早在谷登堡时代的很久之前就已经由中国人发明了。

起初，中国人是将文字写在木板或竹板上的（称木简或竹简）。后来，又将其写在成卷的丝绸上。但丝绸过于昂贵，而竹简又过于笨重。在公元前约100

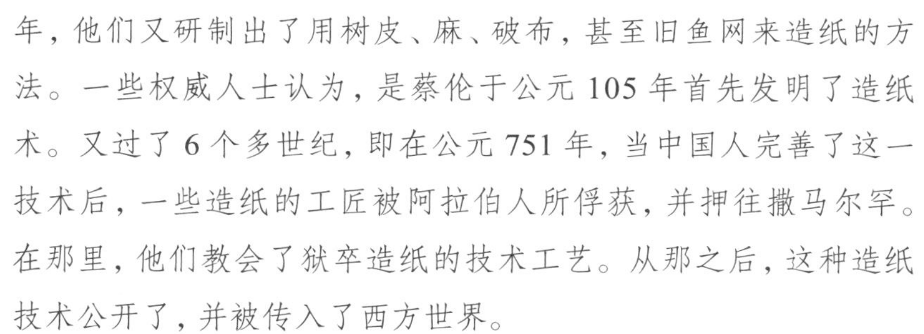

年，他们又研制出了用树皮、麻、破布，甚至旧鱼网来造纸的方法。一些权威人士认为，是蔡伦于公元105年首先发明了造纸术。又过了6个多世纪，即在公元751年，当中国人完善了这一技术后，一些造纸的工匠被阿拉伯人所俘获，并押往撒马尔罕。在那里，他们教会了狱卒造纸的技术工艺。从那之后，这种造纸技术公开了，并被传入了西方世界。

撒马尔罕（上左图）是一座古城，在公元前329年被亚历山大大帝毁灭。后来，它又成为丝绸贸易的中心。1220年，它又被成吉思汗所毁。再后来，它又被重建为帖木尔帝国的都城。这一帝国从新德里一直延伸到黑海。到20世纪初叶，撒马尔罕成为苏联的一部分。苏联是一个加盟共和国的集合体，它于1991年解体。撒马尔罕现在乌兹别克共和国境内。如果你有机会去那里，一定不要错过参观沙赫·辛德陵园，那是帖木尔时代的墓葬群和清真寺区（见上图），其有金壁辉煌的瓦作（顶图）和保存完好的建筑。

你将字写在哪里？

当你想写字时，需要有将字写在其上的东西。在古代，黏土板是一种，羊皮纸（即用皮革剥制成薄层）是另一种。但黏土板难以携带，而羊皮纸成本过高，且大量使用羊皮纸对动物也是过于残忍的。那么可以利用植物吗？是中国人发明了将这种常见的有机化合物纤维素制造成纸的方法。因此，树皮、亚麻、棉花、大麻（产自亚洲的一种植物纤维）和木头等，都可以成为造纸的原料。

两种智慧

道家是中国一种基于老子学说的哲学。老子生于公元前约600年，他认为通往幸福之“道”就是寻求人与自然界的和谐。道士向往一种简单和自然的生活。

佛教源自印度，但现在却成了世界性的宗教。佛教徒通过冥思、道德和理性来达到觉悟。它是基于悉多达·乔达摩（Siddhārtha Gautama，诞生于公元前约563年）的学说创建的。悉多达·乔达摩是释伽牟尼佛。他曾说：“观照内心，你即是佛（look within，thou art the Buddha）。”即认为任何人的心中都可以有佛。

这幅中国画卷描写了老子（Lao-tzu）像。老子是所谓的“三清”之一，也是古代中国三大信仰，即儒家、道家和佛家的奠基人之一。

但纸只是书籍制作的一部分。书需要抄写人员用手工抄写出来。你可以想象做出一本书要用多长的时间，尤其是那些插图！因此，只有非常富有的人才可能拥有书。那么，取代手工抄写而用可复制方式印制的第一本图书是何时出现的呢？这无人能确切地知道。但在1900年，一位中国道士偶然发现，在一个古老的山洞中封存有大量的图书。在这些图书中，有一本书是用7张大型纸页拼接成的5米长的书卷。其中的6页都是佛陀的教诲，而第7页则是一幅佛像。它的精美画面是用7块木制版印制而成的，而且我们可以确切地知道它的印制时间。这本书是一部佛教经卷，名为《金刚经》。书上印有“咸通九年四月十三日王杰为二亲敬造普施”的字样。由此推算可得这一日期为公元868年5月11日。（这本《金刚经》现珍藏于英国大不列颠图书馆中。）

威尼斯探险家马可·波罗（Macro Polo）于1271年动身前往中国，当时他年仅17岁。成吉思汗的孙子忽必烈汗（1215—1294）在华丽的元大都（现北京）会见了他。这位年轻的探险家赢得了这位蒙古族皇帝的好感。这幅法国画作（约1400年）描写了忽必烈汗赐予马可·波罗金印时的情景。

雕版印刷作为用于在织物上印制图案的方法，其使用的时间甚至更早。中国人还利用雕版来印制钱币。当马可·波罗于1275

年访问忽必烈汗的宫廷时，被这种纸币震惊了。他在惊叹之余写道："用这些纸片他们可以购买任何东西。"

左图是关于毗沙门天财神护法佛及其随从的画。这是一幅最早的用木版印刷的实物，它印于947年，早于谷登堡约500年。

但印制书籍是另一回事。在一块木板上刻满文字（就如同我们在第205页中所看到的《金刚经》那样），则要经过较长时间的艰苦工作，而且这块木板不能再被用于印制其他的书籍。因此，人们还需要一种更为高效的印刷方法。在11世纪，一位名为毕昇的中国工匠发明了一种活字印刷方法。因为汉文不是字母文字，因此，毕昇必须将这种表意文字分别刻在一个个小板块上，一个板块上只刻一个字，称为"活字"。然后将这些活字按序排列后拼装到一个框架内组成一个所谓的"版"。再将这个版上涂上墨水就可用于印刷了。印刷结束后，这些活字可以被分解再重复使用。当然，这一过程远比你想象的复杂。试想一下，如果你想在印刷品中加入插图，该怎么办呢？请注意：每个活字的高度必须一致，这样才能使印出的东西均匀。毕昇做到了。

在韩国，发现了活字印刷发明200年后的青铜活字印刷品①。金属活字比木活字更不易被磨损，而且可以更圆滑和更精密地铸造出来。这是东方对活字印刷术改良的一大进步。

在韩国发现的金属活字。它是将熔融的金属倒入压紧的沙模中铸成的。

在同时代的欧洲，仍在使用单一雕板的书籍印刷技术。正如前述《金刚经》所使用的方法一样。

那么，谷登堡为什么能获得如此高的声誉？

因为他应当得到。

谷登堡改进后的印刷术，比以前所有地方使用的印刷方法都复杂和有效。谷登堡用这种方法不仅印出了文字书，而且印出了非常精美的图画。

在16世纪的朝鲜，政府规定中有这么一则条文："印刷品的一章中出现一处错误，则主管和排字工要被处以鞭刑30下；若每章中有一个字给了大家不好印象（如太浅或过暗），则印刷人应被处以鞭刑30下。"

译者注：① 原文倾向于认为是古代朝鲜人最先发明了金属活字印刷。但史料证明，在韩国发现的只是金属活字印刷品，且内容均为汉字，不能认为其就是在古朝鲜印制的，它极有可能是从中国印制好后传过去的。图中的铜活字更不能证明是最早的。

右图中16世纪的荷兰雕版画说明了当时的印刷过程。前场中戴帽人正在拼版，即将分立的单个金属字母排列起来形成词和句子。字母取自左方远处的盒子中。排好的版被往后传送去打清样。在右侧，一人正在开动印刷机，将沾有墨水的字母版压到纸上。压一次印一张。

模具指可使某物能够重复塑造的工具。它可以分块保存。其英文Matrix来源于mother does。如果你去看一部流行电影，就能猜出“模具”的含义了。因为电影胶片都是用母版（即模具）复制出来的。

过去，欧洲的手绘书籍是由抄写员和艺术家共同用手工写和画出来的。谷登堡印出的图画，与过去的手绘作品看上去一样漂亮。只有真正的天才能够做到这一点。

关于谷登堡我们知之不多，但我们确切地知道他经常惹讼上身。他第一次出现在法庭记录中的是：一位妇女控告他违背诺言。她说他曾许诺说要娶她，但后来他食言了。谷登堡对此坚决予以否认，并最终胜诉了。

在此后的多年里，他又卷入了一些诉讼官司之中，多是因为他的印刷厂和关于他的发明的财务纠纷。这些法律事件也从另一个侧面告诉我们，他是一个能坚守、不轻言放弃的人。而这种坚守正是一个发明家所应具有的优秀品质之一。

为发展批量图书印刷技术，谷登堡遇到了四大难题：一是他需要自己设计制造字母活字，并设计能够安放活字的底板；二是他需要找到一种新型墨水，它能够方便地使用，并能确保重复使用时的质量；三是他需要找到能吸收这种新型墨水的纸张；四是他需要设计一种印刷机械，用于取代手工逐张压印的老式方法。

经过多年的努力，这四个问题都被他逐一解决了。

约翰内斯·谷登堡手持活字出现在这幅15世纪的雕版画中。

在印刷书籍这件事情上，与亚洲人相比，谷登堡具有很大的优势。这是因为拉丁字母当时只有23个（当时尚无w、

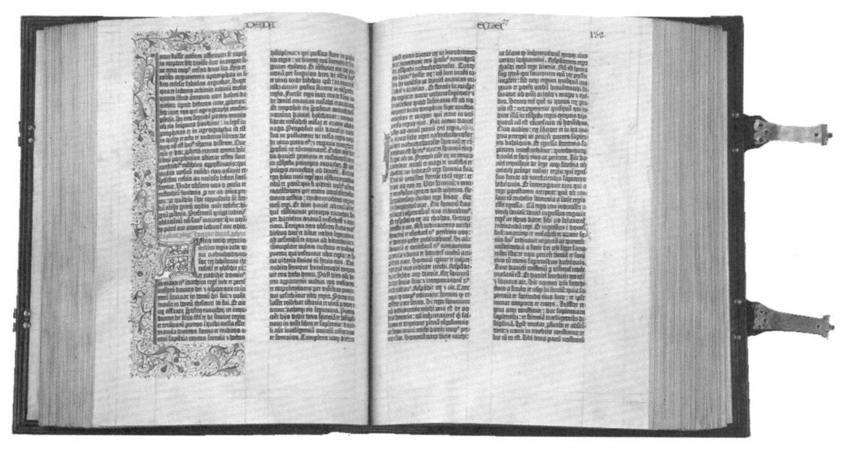

上图为约翰内斯·谷登堡研制的实用印刷机。其现在陈列于德国美因茨的谷登堡博物馆中。凸印板（最前端）则属于意大利出版商奥尔德斯·马努蒂尔乌斯。

1445年，谷登堡印制了他的第一本书《圣经》。左图即为他印制的非常著名和有价值的一本《圣经》，现存于纽约的摩根图书馆中。

在谷登堡时代之前，只有富人才能拥有手工抄写的书。《贝里公爵的丰饶时刻》即是那一时代的珍本之一。本图是林堡兄弟绘制的装饰图，其显示了贝里公爵在一月份举行的盛宴。不幸的是，这三兄弟都死于1416年的鼠疫，留下了这本未完成的杰作。

k和y），再加上标点符号、区分大写和小写以及其他各种符号，总共只有约150个字符。与此形成鲜明对照的是，中国的文字量约为30000个。因此，二者面临的挑战是不同的。中国的方块形表意文字相对较大，而罗马字母则相对较小。谷登堡必须保证每个金属字母都能替换其他版中的相同字母，例如每一个字母A都可以与其他地方的字母A互换。而字母X比字母I宽，那么如何使它们嵌入同一底板中呢？他在成为印刷商之前曾做过铸造工，故他所掌握的金工和铸造技能在这一工作中发挥了重要作用。

谷登堡最重要的发明之一是快速铸字法。他用的是一种机械工具。这也使他成为利用机器代替人力的进程中最早的尝试者。

威尼斯人奥尔德斯·马努蒂尔乌斯（Aldus Manutius，1450—1515）是当时世界上最忙的印刷商之一。他的印刷所外写着“若你要与奥尔德斯交谈，请快点，要压缩时间”。他印制的短小而廉价的书供不应求。他雇佣的工人多是希腊难民，他们还协助了大量古希腊经典著作的翻译。

至今为止，我们尚未发现有任何中国人或在谷登堡之前的欧洲人使用过压力式机械来进行印刷。之前，压力机械被广泛用于其他目的，如压榨用于酿酒的葡萄、装订书籍等。但谷登堡却决定利用它设计出一种压力印刷机械。抄写员们使用的墨水在这种机械上是派不上用场的，因此他必须发明一种新型的墨水。佛兰德的画家们在试验用亚麻籽油来作为染料的添加剂，谷登堡也开发了一种油性墨水，从而解决了这一难题。然后，他又研制出了能吸收这种油墨的印刷用纸。此外，他还设计出了自动化程度较高的翻栏式印刷机。所有这些都花费了他大量的时间和金钱。谷登堡最终于1445年利用这些发明创造，成功地印刷出了第一本书——《圣经》。这是一件完美主义者的作品，真的是棒极了！

印刷带来的危险

威廉·廷代尔（William Tyndale，1494—1536）将《新约》翻译成了英语。最初，《新约》是用希腊语（亚拉姆语，耶稣说的一种语言）写成的。但后来，它的拉丁语版本成为大多数基督教世界的标准。因为只有很少的英国人能看懂拉丁文，所以他们必须依靠神父来解读新约的内容。但廷代尔却想要他们自己都能读懂，利用谷登堡的发明，这应该是不成问题的。但政府当局宣称，不相信一般人具有自我判断能力，放任他们将会亵渎神灵。事实上，还有其他方面的原因。当时，大多数的教堂可收钱赎罪或取得赦免，而且这是一项主要的收入来源。如果某人花钱购买了赎罪和赦免，则他就会被认为是从罪恶中解脱出来了，此外还可以在天堂中为死去的亲友购买一个位置。廷代尔要"让盲人睁开眼睛"。他认为《圣经》中的真实语言可以使人从中世纪教会由来已久的腐败中救赎出来。毫无疑问，这对教会的权威性将产生一系列严重的威胁。

廷代尔在英格兰找不到一家出版商愿意印自己的书。后来他终于在德国的沃尔姆斯找到了一家。在那里他遇到了马丁·路德（Martin Luther）。在1525至1526年间，他印出了3 000本《圣经》并运到了英格兰。

国王亨利八世（Henry Ⅷ）和英国天主教大主教对此非常愤怒。廷代尔不得不四处逃命，在其后的几年中东躲西藏。但最终，亨利八世还是抓住了他，并下令将他处死了。随后，又将找到的书悉数焚毁。几年之后，亨利八世与天主教会绝交。廷代尔所翻译的书，又被当成了奇妙的好书，且成了詹姆斯国王版《新约》的基础，并由亨利八世伟大的侄孙——国王詹姆斯一世下令出版。就是詹姆斯一世将约翰·史密斯（John Smith）等人送到美国弗吉尼亚定居的。

这幅1563年的木刻画题为《威廉·廷代尔大师在火刑柱上殉难》。廷代尔Tindall，Tyndale，即使是名字的拼写，都可以不是千篇一律的。

在8世纪时的西班牙，一本书的价格几乎与两头奶牛相当。要知道，当时拥有一头奶牛相当于现在拥有一辆轿车。在谷登堡时代，即15世纪上半叶，手抄书的价格甚至更贵，经常比几盎司的黄金还贵。这也说明了当时为什么有如此多的文盲了。如果你手中连一本书都没有，学习阅读也就是不可能的事了。当时的学生，甚至连大学生，都是用耳朵听课，用手作笔记，而不是靠阅读学习。

诺厄·韦伯斯特（Noah Webster，1758—1843）是一位教育家和作家。他编纂了第一部美国词典，使美国人不必再使用英式英语的拼法（如colour等），并能查到美国特有的词（如squash、skunk、hurricane等）。

库萨的尼古拉斯（Nicholas，1401—1464）是一位天主教主教，也是一位数学家、天文学家和哲学家。作为与谷登堡同时代的德国人，他为什么不如谷登堡出名呢？这可能是因为他的著述都没有用印刷机印制，也可能是他的观点太过超前了。他认为地球是绕着太阳转的；所有的恒星都和太阳一样，有可居住的星球绕着它们旋转；空间是无限的。他还认为圆是由有无数条边的多边形构成的（这与阿基米德的观点一致），并由此隐喻追求真理的过程是无止境的。

谷登堡的新发明使得书籍像风暴中的树叶一样传播开来。印刷商很快提供了廉价和大批量的书籍。奥尔德斯·马努蒂尔乌斯成立了第一家真正的出版社，出版和印制古希腊和拉丁文经典、当代诗集和工具书，它们都体积小且价格合理。

“甚至在15世纪末之前，威尼斯失意的抄写员们抱怨说他们的城市中‘塞满了书’。”丹尼尔·J. 布尔斯廷在他的《发现者》中如是说。（“失意的抄写员们？”技术的进步也会让一部分人沮丧。）在1501年，出版商们已经印刷了7版托勒密的《地理学指南》。在随后的一个世纪中，这本书被再版了33次。托勒密的地理学，如同诺厄·韦伯斯特的美国词典一样，都是后世的参考标准。幸运的是，他的中心观点，即大地是球形观点是完全正确的。

后来，查尔斯·巴比奇（Charles Babbage）于19世纪发明了第一台真正意义上的计算机，被认为是“计算机的鼻祖”。他在评价容易获取书籍的重要性时，写道：“现代世界始于印刷机。”那么，书籍的印刷促进科学发展了吗？20世纪科普作家艾萨克·阿西莫夫对这一问题写道：

“学术的基础更宽广了，且……学者们的观点和发现能够在很短的时间内被其他学者所知晓。学者们也不再是孤军奋战了，而是以团队的形式从事研究。越来越多的未知领域能够被这种集体的力量所突破。科学家攻坚时使用的不再是拳头，而是众多臂膀挥动的攻城锤。”

在谷登堡之后，一些并不太富裕但却具有探究精神的人，如克里斯托弗·哥伦布和莱奥纳尔多·达芬奇等，都能买得起古代先贤和同时代人的著作并阅读。

一些当权者对此的反应是发出警告。他们说，恶俗的思想也能通过书籍进行传播。他们的说法并没错。因为印刷机、油墨和纸张是没有判断力或正义感的，任何东西都可以被印出来。人们必须对他们的阅读内容自行加以判断。但是，对普通人通过独立思考而得到的东西能信任吗？无人知道。因为在那之前，公众还从未经历过通过读书来学习的方式。

记者总是想在第一时间出现在新闻现场。报社也总是寻求最新消息，如五胞胎出世了，出现的彗星将带来恶运，联欢会的举办，革命的爆发等。上图为一幅 17 世纪的铜版画，其展示了一个人肩负木制移动印刷机从一地赶往另一地，集记者、排版工、印刷工和报童于一身。

哥伦布同时阅读了托勒密和埃拉托色尼的著作，但他更相信托勒密。因此，在进行探险之旅的过程中，他所依靠的是托勒密的《天文学大全》。这意味着他认为地球比实际要小，而且亚洲比实际要大。当他到达加勒比海各岛时，就肯定地认为已经接近亚洲。（如果托勒密是正确的话，他确实应该到达了亚洲。）

在葡萄牙，数学家们则研究了埃拉托色尼的计算，并相信他的结果是正确的。他们据此认为哥伦布是没有机会到达亚洲的，因为它过于遥远了。因此，葡萄牙人派瓦斯科·达伽马（Vasco da Gama）进行环绕非洲的航行。

现在，让我们考虑如下问题：如果哥伦布重视埃拉托色尼的观点，并由此知道了真实的地球是如此之大，他是否还有胆量进行那次名垂青史的远航？那么，我们（指美国人）现在又在哪里呢？

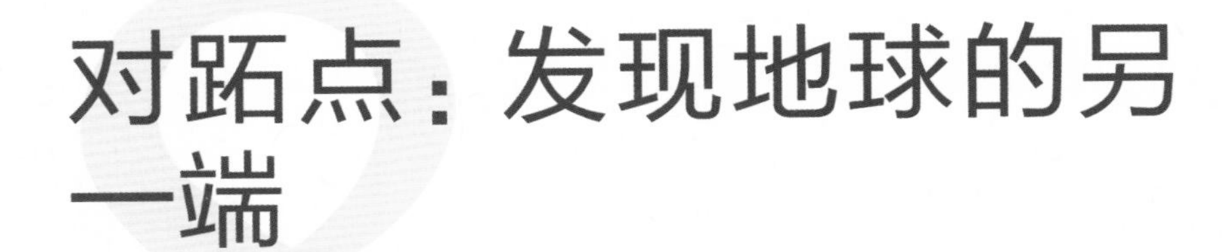

28 对跖点：发现地球的另一端

很多年以后，新时代将要来临，大洋松开它的锁链，大地奇迹般地展现。特提司（海洋女神）将发现新的世界，涂勒（Thule）将不再是极北之地。

——卢修斯·安内乌斯·塞内加，古罗马哲学家、剧作家，《美狄亚》

在中世纪，一磅姜的价格与一只绵羊相同，一磅肉豆蔻香料则可以换三只羊或半头牛。胡椒是一粒一粒数着卖的，非常昂贵。它可以用来缴税和付租金，也可以用来买嫁妆或充当贡品。

——查尔斯·科恩（Charles Corn），20 世纪的美国作家和出版人，《伊甸园见闻：香料交易场景》

历史不是一系列相互无关的事件的随机组合。一切事情都是相互影响的。我们对当下的事情并不了然。只有时间才能理顺历史事件，然后历史的规律才开始显现。

——威廉·曼彻斯特，美国历史学家，《黎明破晓的世界——中世纪思潮与文艺复兴》

1522 年 9 月 4 日，一条破旧不堪、布满蠕虫的船向西班牙瓜达尔基维尔河边的塞维利亚驶来。无人知道它要到来，它就像鬼船一样出现了。

在这条船的甲板上，聚集着一群蓬头垢面、衣衫褴褛的船员，他们中有 18 个欧洲人和 4 个东印度人。这 18 个欧洲人都是三年前启航的一支 270 人探险队中的幸存者。想当初他们离港时满怀希望，而现在活像能动的骷髅。家人们都以为他们早已死去了。

这条船沿河蹒跚而上，但它回来的消息却不胫而走，迅速传遍了整座城市。至 9 月 6 日，当它驶抵塞维利亚时，整座城市都充满了好奇：这条船这几年到哪里去了？

极北之地（Thule），音译涂勒，是古希腊海员皮西亚斯于公元前 310 年描述的一个岛名。其可能是冰岛或挪威，但无人能确切地知道是哪里。它被古人说成是世界上最北、离希腊最远的土地。它的英文 Thule 源自塞内加《美狄亚》中的拉丁文 ultima Thule（天涯海角）。其常被用于描述“地之尽头”。现在，也用它形容丹麦人 1910 年发现的格陵兰岛的北部，即现在丹麦 - 美国联合科学考察站的位置。

左图为西班牙的瓜达尔基维尔河和繁忙的塞维利亚港。此图由阿隆索·科埃略·桑切斯（Alonso Coello Sanchez）绘于16世纪。

这条船的船长胡安·塞瓦斯蒂安·德尔卡诺（Juan Sebastián del Caño）立即成了欧洲及其他地方人的崇拜对象。但实际上，他是一个叛徒。后来的历史告诉了我们关于他的真相。

故事也开始于这条河。当时由五艘舰船组成的船队在这里集结，船并不引人注目，但舰队总指挥费迪南德·麦哲伦（Ferdinand Magellan）却令人印象深刻。他一遍一遍地反复检查，加固了每一根木料、每一张帆、每一根绳子。

麦哲伦正在准备一次为期两年的探险远航。所带的食物包括几吨腌肉、约几吨蜂蜜，还有200桶凤尾鱼等。为了防备可能发生的战斗，他们准备了数以千计的长矛、盾牌和盔甲。为了防止船体意外破损，他们还准备了40大件的木材、沥青和焦油以备修理之需。当然，他们还准备了大量小镜子、剪刀、彩色玻璃珠、头巾和手帕等以作为与那些未知民族的贸易之用。（后来，他发现自己被欺骗了，自己预订并已付款的大部分货物在码头上都被偷走了，并没有被装到船上。）

在这幅1574年由乔凡尼·安东尼奥·达瓦雷塞（Giovanni Antonio da Varese）绘制的壁画中，费迪南德·麦哲伦手持地图。下图为绘于1519年的摩鹿加群岛的地图。这一年麦哲伦从西班牙出发，向西航行前往那里（见第251页的地球图）。

当时有人认为麦哲伦是一个狂热分子，说得好听点，是一个充满梦想的人。实际上，他是两者兼而有之的，这也是成功者所应具有的品质。他个子不高，肌肉发达，长着浓密的胡子。此外，他还是一个跛子，是在一次战斗中受的伤。他有自己的理想，而且这一理想一直支配着他。他相信，自己能够做到哥伦布所没有做到的事情，即一直向西航行，以到达亚洲和传说中的摩鹿加群岛（香料之岛）。他希望发现摩鹿加群岛后，将那里的丁香和其他香料装满船，再踏上回国的航程，由此开辟一条新的贸易之路。那里的香料，特别是丁香、肉豆蔻、豆蔻种衣、肉桂和生姜等，在欧洲市场上，其价值与等重的黄金相当，有时甚至还高于黄金。

当时，欧洲的君主、商人、探险家和学者，各自出于寻求权力、财富和知识的目的，都在寻找通往世界各地的新路线。与此同时，他们也为遥远的国度带去令人惊奇的文化。不只是他们，其他的力量也正在改变那些与世隔绝的人民和土地。

在 7 世纪，一位得到启示的赶骆驼的年轻人，其名为穆罕默德（Muhammad），娶了一位富有的阿拉伯香料商人的遗孀。他的追随者被称为穆斯林，他们开始传播一种新的信仰，即伊斯兰教。他们常身兼传教士和商人的双重身份。不久之后，信仰伊斯兰教的阿拉伯人向东扩展，控制了通往亚洲市场城市的陆路通道。他们尽其所能地使其他人不能染指这一贵比黄金的香料贸易。欧洲人在这一竞争中受到了伤害，他们也想通过香料贸易来获取财富。

在瓦斯科·达伽马环绕非洲的航行之后，人们认为水路好像也是与远东地区开展贸易的可行路线。需要经过长途跋涉的丝绸之路大概可以被海运路线所取代。但这一航线要绕过非洲的好望角，因此充满了艰苦和危险。

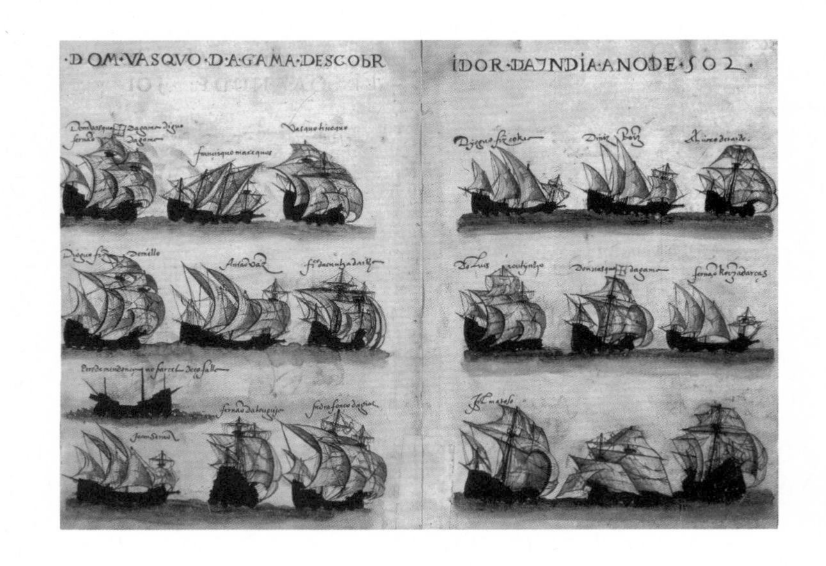

右图为一本于 1558 年出版的书中的插图，其是瓦斯科·达伽马的舰队。它被认为是第一支绕过非洲的欧洲舰队。但也有很多历史学家认为，在公元前 600 年，腓尼基水手（现在的黎巴嫩和叙利亚、约旦、以色列的一部分）就曾这么做过了。古希腊历史学家希罗多德就曾记录过他们的这种远航：“在不到 3 年的时间内，他们就绕过海格立斯之柱（在直布罗陀），经历了一次完美的航行回到家乡。”

卡洛斯一世（1500—1558）在十几岁时即成为西班牙国王。图中为他12岁时身着他爷爷送的铠甲的肖像。这位年轻的统治者希望赢得从西班牙到印度尼西亚香料岛的制海权。当时葡萄牙宣称拥有这一制海权（有教皇的批准）。

那么，是否存在更好的航线呢？麦哲伦坚信，向西航行以抵达东方，将会更快捷，也更安全。如果他的想法是正确的，那么他将名利双收。而且，假如他能安全抵达目的地，则他又能一劳永逸地证明地球是圆球形的猜想。

虽然麦哲伦出身于葡萄牙贵族，但他不会使用手腕。当他来到里斯本向皇家宫廷陈述自己的计划时，没有像国王曼努埃尔一世（Manuel Ⅰ）希望的那样说一些奉承和乞求的话。于是，这位国王对他表示出了极度的轻蔑：转过身去背对麦哲伦。这是一种侮辱之举，其他的大臣和官员对此窃笑不已。

正如麦哲伦所证明的那样，成功者和真正的英雄，都是不会轻易言弃的。于是，他又来到西班牙，向年仅18岁的君主——卡洛斯一世（Carlos Ⅰ）陈述自己的计划。这位年轻的君主，在此后不久即成为神圣的罗马皇帝查尔斯五世（Charles Ⅴ）。卡洛斯当即同意赞助这次航海探险活动，但前提是他必须放弃葡萄牙国籍而加入西班牙国籍。在麦哲伦做这些之前，他仔细研究了葡萄牙财政部所保存的秘密记录。从那里他发现了曾经到过美洲的人的航海日志和行船记录。从那些记录中，他尽最大努力学习了在他之前的水手们的航海经历和经验。

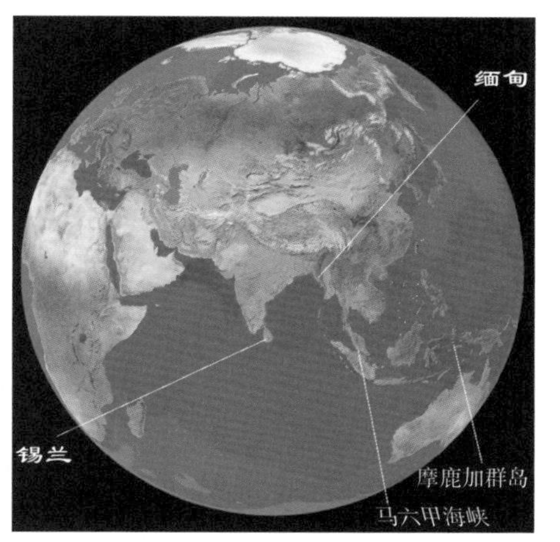

卢多维科·迪瓦尔泰马（Ludovico di Varthema）是一位意大利探险家，他于1502年启航前往印度。从那里他又前往锡兰和缅甸，并最终到达了摩鹿加群岛（注意不要将其与马来半岛的港口马六甲相混淆，摩鹿加是靠近印度尼西亚新几内亚的富产香料的群岛）。迪瓦尔泰马是第一个到达那里的欧洲人。他那流行甚广的旅行日记充满了对亚洲国王、佛教仪式和他所到之处的迷人描述。

这是一幅于1589年由亚伯拉罕·奥特柳斯（Abraham ortelius）绘的地图。与对面页中由卫星测绘的现代地图相比，浩瀚的太平洋被他缩小了很多。当麦哲伦的舰队出现在现称为麦哲伦海峡（右下部，南美洲之下）的长长的狭窄通道中时，他的船员们面临一片巨大的未知海洋。麦哲伦认为他已经离摩鹿加群岛很近了。但这次横渡航行又耗时数月。麦哲伦舰队唯一幸存的维多利亚号成为第一艘成功地进行环球航行的船。

关键是要找到一条穿越美洲大陆通道的路线。这一大陆，就如同一个巨大的拼图游戏中的拼图块，其中大部分拼图块还未找到。和其他的航海家一样，麦哲伦相信哥伦布所发现的大陆是狭窄的，可能只是一个狭长的岛，也可能是两个岛。

他知道瓦斯科·努涅斯·德巴尔沃亚（Vasco Núñez de Balboa）曾于1513年攀上了中美洲的一处山峰，并在那里眺望大海。无人知道德巴尔沃亚当时站立的是两个大陆之间狭窄的中间地带，也是大西洋和太平洋间靠得相对较近的仅有陆地。更没有人知道地球究竟有多大。当时几乎所有人都相信地球上只有一个大洋，这片新发现的陆地只不过是这一巨大海洋中的一个小“隔断”而已。麦哲伦详细地研究了当时人们对美洲所知的一切。

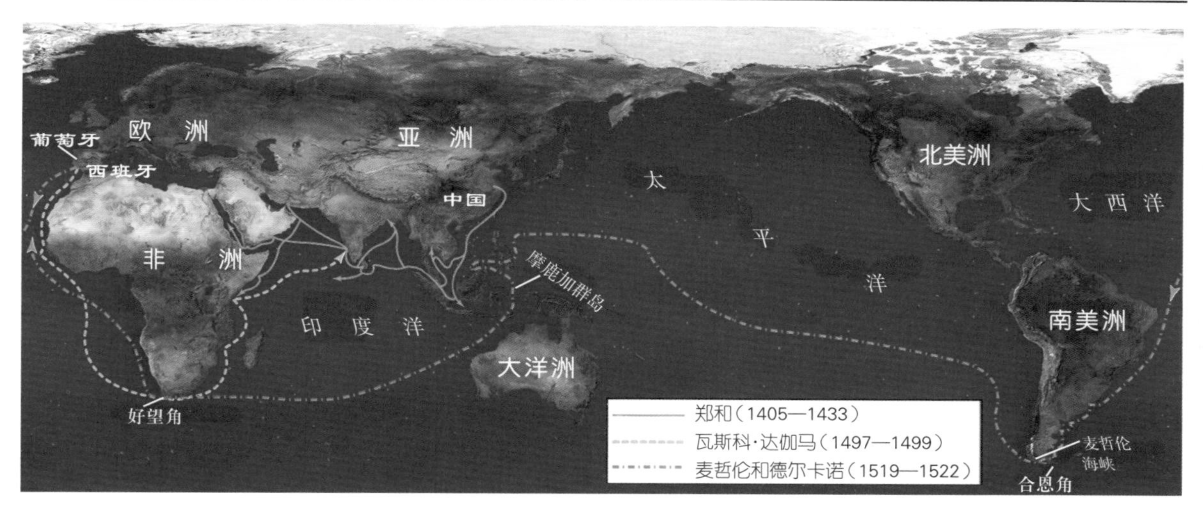

当麦哲伦的舰队从南美洲的尖端开始跨越太平洋的航程时，船上所带的给养和淡水严重不足。船员们只好用老鼠和皮革充饥，很多人死于坏血病（由维生素 C 缺乏而引发的病症）。探险队员们唯一喜欢的是风平浪静的好天气。“太平洋”也因此而得名（太平洋中“太平”的英文 Pacific 意为 peaceful，即“太平的”）。

作为一个有经验的士兵和水手，麦哲伦在非洲、印度、马来西亚和莫桑比克服役过，也是曾经到过马六甲的极少数的欧洲人之一。当时马六甲是一本万利的香料交易中心，因而也是非常富庶的地方。1511 年，在葡萄牙的舰队占领马六甲的时候，麦哲伦和他的朋友弗朗西斯科·塞朗（Francisco Serrão）就在这支军队中服役。其后，麦哲伦随队绕过非洲的好望角回国了，而他的朋友塞朗在返航时跟在后面，他打算找到那个香料之岛。在途中船遇到可怕的风暴而沉没，最终他漂泊到了香料岛上。在那里，他逐渐爱上了这个群岛并定居下来。（他是第一个如此做的欧洲人！）他与当地一个王子的女儿结了婚。此后他该是过上了十分美满的生活。“我发现了一个新世界，”他在写给麦哲伦的信中充满了激情，“我请求你也加入我的行列，像我一样享受生活，快乐将始终环绕着你。”

塞朗详细描述的信给了麦哲伦很多信息并激励着他。除此之外，麦哲伦从马来半岛买了一个名为恩里克（Enrique）的奴隶，他熟悉香料岛区域的情况，而且极有语言天分。在他的帮助下，麦哲伦就和同时期的许多其他欧洲人一样，做好了前往香料岛的一切准备工作。

当葡萄牙人听说了这支探险队后，他们立刻警觉起来，并准备在船队出发前就破坏掉这次航行。麦哲伦现在是为西班牙工作的，因此他被葡萄牙人认为是叛国者。关于他是一个无能的人的谣言到处传播。

中国漂浮着的城市

在15世纪早期，一位名为郑和的太监乘船从中国向非洲远航。他所乘的船比麦哲伦的大4倍还多。麦哲伦的旗舰是一艘3桅帆船，而郑和的旗舰却是一艘9桅巨船。这简直就是一座有着层层甲板、豪华舱室、菜地花园的漂浮着的城市。除此之外，船员们还熟练掌握着复杂的航海技术。他率领的船员有27 000人之众，分乘300余艘大船。即使在此后500年，西方人可能也没有见过规模如此庞大的船队。

上图右侧为中国2 000多年前的磁性指南针。而左侧为中国明朝（1368—1644）更为复杂的日晷和指南针的组合体。

除了罗马帝国时期外，中国在相当长的时期内在技术上是遥遥领先于欧洲的。有很多证据表明，中国的船只曾造访过美洲，时间大概在公元5世纪左右。在郑和所处的时期，中国海军具有3 000多艘战舰（现在的美国也只有约295艘）。后来发生了什么事？为什么中国人不领导世界性的探险活动？为什么郑和或其他的中国探险家没有做环绕世界的航行？为什么中国人在航海方面取得巨大的成就后突然中止了所有远程探险行动？为什么在1525年中国政府下令销毁了所有远洋舰船？

没有人知道其中缘由。有人说是中国人满足于当时已经具有的财富，他们既不贪婪也没有特别的好奇心。对那些已经了解欧洲的中国人来说，欧洲人好像是蛮族人，因此他们没有去那里的必要。他们满足于自给自足。

但远离了好奇和探险精神，则意味着远离了学习和科学进步。中国的政治家们决定对自己的国家实行闭关自守的政策。这真是一个错误的决策！这一情况也曾发生在欧洲（如整个黑暗时代）。但欧洲是由很多个单一民族的小国家组成的。即使有一个国家犯了错误，对其他国家来说却是机会。而中国是一个统一集权的大国家，当统治者只向内看时，就失去了引领世界的绝好机遇。

欧洲人通常既贪婪又好奇，这促使他们迫切地要去探险和考察。

谣言虽然可笑但却有效。因此，麦哲伦在选用船员时就遇到了困难。在他们出发时，这些船员是一群操着不同语言的乌合之众。另外，还有几个西班牙贵族出身的船员，他们对让一位葡萄牙人担任船长也极为不满。因此，远航伊始，他们中的一些人，其中包括德尔卡诺，就已经开始谋划叛乱了。

有一个人是来自威尼斯的安东尼奥·皮加费塔（Antonio Pigafetta），他由企业界委派而来到船上，以记录和报告香料贸易的可能路线。正因如此，皮加费塔坚持记日记。这些日记将向后代揭示探险队在整个航行过程中发生的事件的真相。参加这样的远航，是需要足够的胆量和勇气的。这与后来探索充满未知的太空之旅有很多相似之处。

可能你知道下面的故事：叛乱发生了，但被麦哲伦挫败；在南美洲尖端处海峡，出现了极其可怕和复杂曲折的水况（他们用了38天才通过那里）；第二次叛乱发生时，那些驾驶着最大船的人掉转船头向西班牙方向返航，并带走了大部分探险给养。在跨越无垠的太平洋的可怕航程中，整整99天没有新鲜食物。在那段悲惨的时间内，麦哲伦展现了领导的才能和榜样的力量。最后，当他们登上一个岛后，恩里克即与当地土著人进行对话。他竟然能用土著人的语言与他们对话！

麦哲伦意识到恩里克到家了。他是第一个环绕地球一周的人。麦哲伦向西航行却发现了东方。但这位总指挥却没有什么时间去庆祝了。当他们到达菲律宾群岛时，麦哲伦死于一次毫无意义的战斗！

上述所有这些与科学又有什么关系呢？当然有很大关系：有

麦哲伦在遗嘱中清晰地表明，在他死后，就给予恩里克自由，并送给他10 000个西班牙铜币。但新任的总指挥却拒绝这么做，因此恩里克就背叛了西班牙人而转投当地国王。在接下来发生的战斗中，有30个欧洲人被杀死了。

被视作生命的香料

在中世纪，欧洲人多穿着羊毛编织的粗糙服装。穿这种衣物较热、笨重且难以洗涤。若长期不洗，这种衣服又使人发痒，并容易生虫。而来自东方的丝绸则轻，易洗涤，且看起来十分高雅。

珍珠和贵重的宝石都来自东方。漂亮的编织地毯也来自东方，上面有非常华丽的图案。如果你十分富有，你会希望用一块这样的编织地毯来代替谷秸编织物（threshes）遮盖大部分地板，特别是放在门口处（threshold）。

当然，他们最渴望的东西是异域香料。它可用于改善食品的味道；由于没有冰箱，人们用它来保存食品。此外，香料还可用作医药、催情药和香水，甚至还是宗教仪式上的必备品。香料贸易在世界范围内催生了一种新的市场系统，并最终演变成了自由企业制度。

在17世纪的中国，这块绣有白色仙鹤的正方形丝绸徽章。它只能缝在一品官员的官服前面，而另外八个较低品级的官员要用其他鸟来标志。

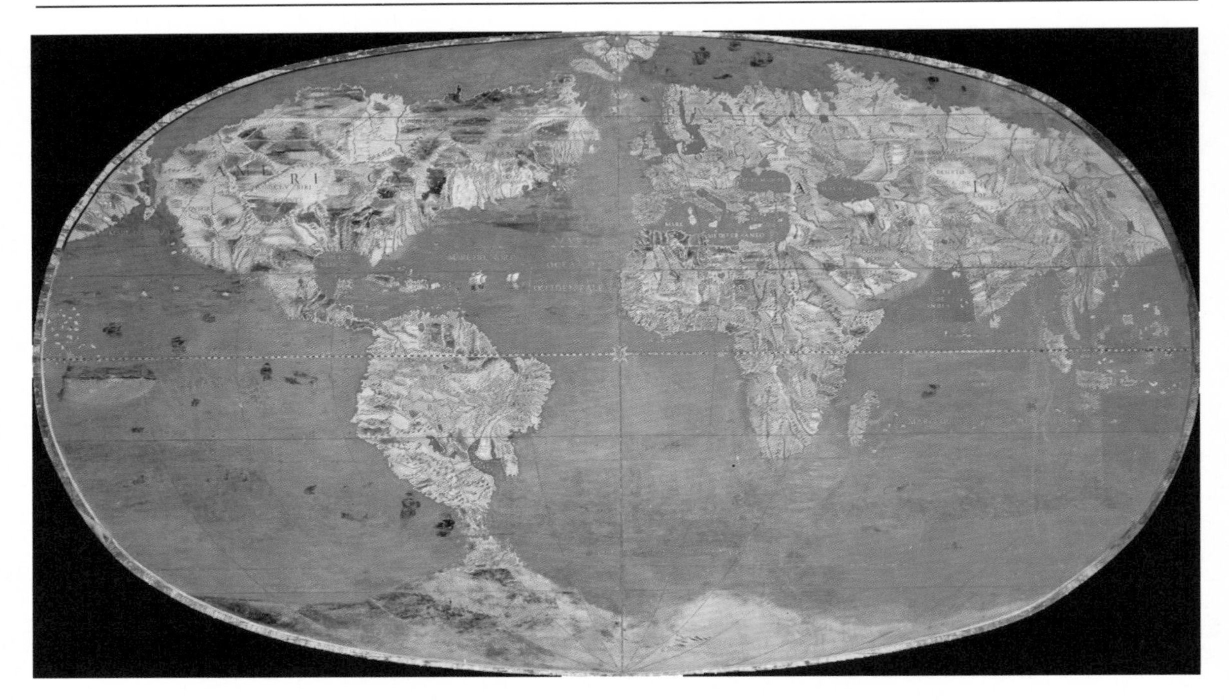

在大探险时代之前，欧洲人认为自己处于世界的中心。克里斯托弗·哥伦布、费迪南·麦哲伦和其他人的远航探险活动打破了这种幻觉。这幅绘制于1574年的壁画清晰地显示，不仅欧洲大陆位于图中边上的小部分，所有的陆地面积加在一起也只有大洋面积的几分之一。

理论依据而且还要实践证明。而这两者都是科学所需要的。

毕达哥拉斯相信大地是球形的。2 000年后，麦哲伦证明了他的观点是正确的。这一知识震惊了中世纪的欧洲人。德尔卡诺驾驶着那艘破烂不堪的船到达塞维利亚，这也是麦哲伦舰队中唯一幸存的船。信使们立即跨越欧洲将这一消息告知了教皇。很快，很多人都知道了这一具有历史意义的航行。人们头脑中关于地球的看法被改变了。他们听说了麦哲伦带着他的船员们航行到了他们的对跖点附近，亦即到达了地球的“底部”，而且麦哲伦和他的船员并没有头向下倒置！

你或许认为地理学不是一门科学。但它确实是一门科学，而且它在帮助我们了解宇宙的过程中起到了非常重要的作用。欧洲人当时的世界地理知识非常有限。他们认为自己是处于地球上的中央位置的，而地狱才是位于地球下部的，他们称其为地下世界。他们还相信伊甸园和天堂就位于实际的地球上的某个地方。他们认为中世纪的基督教世界被地中海包围着，是世界上最大、最重要的部分。

当麦哲伦发现了菲律宾群岛后，他发现那里的人从来就没有听说过欧洲及欧洲人的观点和价值观。而且他们好像过得也很好。没过多久，欧洲人开始意识到亚洲的广阔和美洲的远大。这完全颠覆了他们对世界的认识。

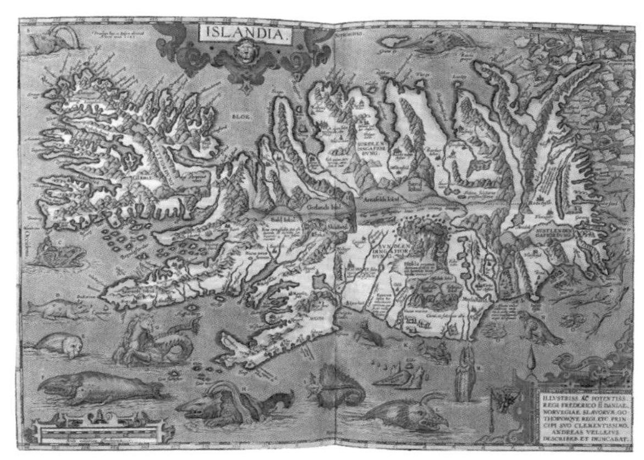

麦哲伦舰队在为期3年的环球航行中没有遇到一个海妖。但这幅1585年（麦哲伦远航后）绘制的冰岛地图中，仍用潜伏在近海的可怕的巨型海妖来作装饰。可能这时海妖只是为了表示海洋存在危险的标志了。

麦哲伦在环绕地球一周的远航过程中，并没有看到任何海妖。这也是一个非常重要的知识。那么，难道是凯厄斯·尤利乌斯·索利努斯这位公元3世纪的罗马作家，也是公认的博学者的说法是错误的？在他的笔下，曾生动地描写过长着鹰头的狮子、长着狗头和马蹄的人等各种动物。索利努斯用各种异国情调的动物装饰着大多数中世纪的地图，这使人们一直坚信它们都是真实存在的。但麦哲伦及其船员们都未曾见到过一个。

麦哲伦的另一发现是太平洋竟是如此的广阔，它并不是人们一直认为的较小的海。即使将地球上所有的土地全部倾倒进太平洋中，它仍能剩余足够的海面供人们游泳之用。但欧洲人竟然全然不知如此大洋的存在！你能想象出这些发现对人们思想的拓展是多么大吗？

此外，更重要的是，这次远航是一次丰盛的技术大餐。按照皮加费塔的说法，当麦哲伦的船员返回西班牙时，他们航行的总里程达到了81 449千米。而在哥伦布发现新大陆的第一次远航中，其航程只有4 100千米。就像第一次月球之旅一样，麦哲伦的远航显示了人类的智慧和勇气。度过了近千年半冬眠状态的西方世界被注入了能量，不再是懒洋洋的。它已经睡醒了，就要开始奔跑了！对新世界的认识加速了这一历史进程。对那些进行科学思考的人来说，麦哲伦改变了一切。

载有面色如死人般苍白的船员和几个鬼一样的俘虏，麦哲伦的维多利亚号沿着瓜达尔基维尔河行驶，上面还载着贵比黄金并染有他们鲜血的有着刺鼻辛辣味的丁香。维多利亚号的返回，无可辩驳地说明可以通过向西航行的方式到达远东地区。这也证明了太平洋比人们想象的大得多。如果没有约定国际日期变更线，日历的使用也将变得混乱。

——摘自W. 杰弗里·博尔斯特（W. Jeffrey Bolster）对劳伦斯·贝尔格林（Laurence Bergreen）的《在世界边缘》一书的评论。该书曾被认为是“第一流的历史书”。

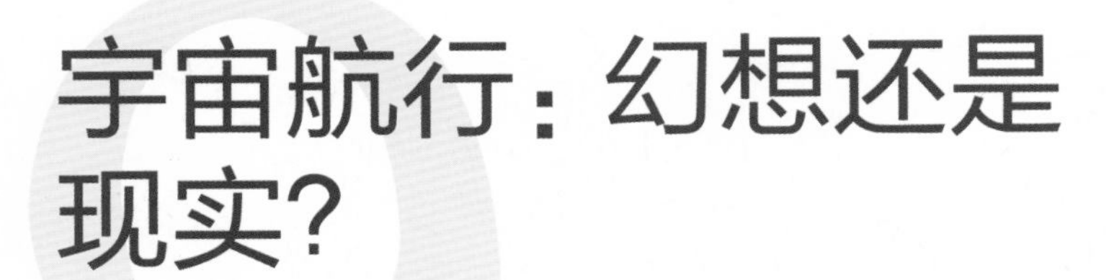

宇宙航行：幻想还是现实？

存在着无限多个世界，它们有的像我们的世界，有的不像我们的世界。因为原子数目无限，这是已经证明了的，它们广布到遥远的空间。因为本性可以产生或制造出世界的那些原子，并没有在一个世界或在有限数目的世界上面被用光，也没有在所有相像的世界或与这些不同的世界上面被用光，所以不会有妨碍无限多个世界的障碍存在。

——伊壁鸠鲁（公元前341—公元前270），希腊哲学家，《致希罗多德书》

因此我一再说，你必须承认
宇宙中的某处
原子组成的事物与我们这个世界相似。

——卢克莱修，古罗马诗人、哲学家，《存在许多个世界》

把地球说成是宇宙中唯一能孕育生命的星球，我认为这是非常不妥帖的。任意与地球具有相同的物理和化学性质的星球，都是有可能孕育出生命的。在数以十亿计的星系中，毫无疑问，这种类于地球的行星，在每一个星系中都可能达到数百万之多。

——艾萨克·阿西莫夫，美国科学和科学幻想作家，《类地智能》

我们假想在离地球极远之处，有一个名为爱莉亚的星系，其中有一颗行星涂勒（与“极北之地”同一词——译者注）。那里的生物具有思考能力。它们充满了好奇心，并已着手研究星系间旅行的事了。和银河系相似，爱莉亚也是一个螺旋状的星系，这意味着它也拥有约1 000亿颗恒星。年轻的恒星如同风车般在绕着中央突起的老恒星们旋转。若你从

另一个星系观察爱莉亚，这些旋转的恒星好像形成了一个扁圆盘。如果你想数一下在爱莉亚星系中有多少颗恒星，若1秒钟数一颗，则你要数3 000年。其中的行星涂勒在绕着一颗中等大小的恒星旋转。但其上的居民除了数数之外，还有其他的想法。他们试图了解宇宙的奥秘，并想知道在其他星球上是否也存在着智慧生物。

离我们最近的大星系团是室女座星系团。然而，你即使乘坐以光速行驶的飞船，也需要6 000万年才能到达那里。上图仅是其中的少数几个小星系。整个室女座星系团中包含有2 000多个星系！

地外生命的存在绝对不会使我们智人成为广袤宇宙中的劣等生物。相反地，它将使我们相信，以一种卑微的方式，我们是更大、更雄伟的宇宙自我认识进程的一部分。

——保罗·戴维斯（Paul Davies，1946— ），英国物理学家和哲学家，《我们是唯一的吗？》

长期以来，涂勒上的老科学家们坚持说没有任何一种物体的速度可以超过光速。而且，在广阔无垠的太空，即使以光速飞行（实际上是做不到的），飞到某一颗行星的时间也可以用“永远”来表示。“太遗憾了，”专家们说，“但光速是宇宙中速度的极限，我们永远也出不了这个星系。”

但也有少数“叛逆”的科学家不听这些。他们经计算后认为，如果能利用黑洞中的能量，就能找出连接星系间的太空隧道，即所谓的“虫洞”，也就能绕过光速陷阱，从而实现太空旅行的目的。最终他们成功了。他们于涂勒年 13 700 000 000 年出发（涂勒人的日历起点是它们认为的宇宙诞生之日），这件事发生在十亿年之前。

即使拥有这种神奇的技术，这也是一项令人生畏的任务。在数千亿个星系中，有许多个带有小行星和行星的太阳系，从哪一个开始呢？涂勒人的目标是想知道在宇宙的其他地方是否也存在生命。通过光谱分析，能够知道行星的成分，而这又能给出那里是否可能存在生命的线索。天文学家注意到在银河系外侧，有一颗绕着中等尺寸的恒星旋转的行星发出蓝色的辉光，这是很有希望的。于是，他们向那里派遣了太空探险

一个寿命期的航行能到哪里？

光速比宇宙中已知任何物体的运动速度都快，但不要用“速度”这个词来考虑它，而要用距离和时间来形容它。（速度是一种比率，即距离除以时间得到的比率。）

你想通过太空到哪里去呢？那里距离你多远呢？需要多长时间你才能抵达那里？下面给出了一个假想物体以光速运动到达一些天体所需的参考时间：

月球：1.3 秒
太阳：8.5 分钟
海王星：4 小时
比邻星（太阳之外最近的恒星）：4.24 年
银河系中心：约 30 000 年
人马座矮椭圆星系：80 000 年
仙女座星系：2 300 000 年

我们看不到黑洞，但能够通过观察它对其周围物质和能量所产生的效应来探测判定。在这幅计算机模拟的示意图中，即使光也无法从它中心的强大引力场中逃逸。黑洞其实不是一个“洞”，而是一颗微小的死亡恒星。图中没有返回的点，即圆的边缘，被称为事件穹界（event horizon）。在它之外，炽热的致密物质云正被它吸进去。

队以考察这颗行星。

早期的报告肯定了那颗行星上的生物具有复杂的生命形式。涂勒的宇宙探索者们将自己隐藏在暗物质中。暗物质构成了宇宙的大部分，但是这颗行星上的居民看不到它们。这一行星就是地球，它上面最高级的生命形式就是人类。

行星地球是适合作进一步研究的。涂勒人于地球上的侏罗纪时期派出一系列探险队，距今已有1亿多年了。至地球上的1 500年（即500YBP[①]，这只是宇宙的一瞬间），他们应该已经积累了堆积如山的信息资料（它们都经过植入涂勒人头脑中的信息处理器的分析和处理）。一份接一份的报告还在积累着，并为涂勒的公众所知。对于涂勒人来说，地球的演化过程如同肥皂剧一般短暂而精彩。他们会问，下一季会发生什么？地球上的居民“哺乳动物”的进化过程最为有趣。

黑洞原是一颗恒星。其自身的巨大引力导致了自己向内部坍缩。它的引力是如此强，以至于所有物质，甚至光都无法从其上逃逸出。

虫洞是理论上的一种“后门”，它将太空中非常遥远的两点用很短的隧道连接起来，使它们近得就像邻居一样。

译者注：① YBP 即 years before present，意为过去距当前的年数。

地球人如何看待对世界具有里程碑意义的 1 500 年？这是一张意大利热那亚 1457 年的地图。它是一张“前 1 500 年时代”的图片，一块巨大的陆地：亚洲、非洲和欧洲在这一星球上占据主导地位，人们只能凭想象来猜测水那边的世界。在新世纪来临之际，一个有着巨大不同的“后 1 500 年时代”的图景即将出现。

一份报告上说：“这些哺乳动物中有非常小的啮齿动物，也有很高的、长颈的被称为长颈鹿的动物。人类是哺乳动物中特别神奇的一种。他们逐渐地发展出了一般的智力，且有互相残杀的怪异倾向。”报告接着写道：“人类需要仔细去研究，因为他们具有实现太空旅行的潜能。如果这种情况发生了，那么会对我们产生威胁吗？他们有可能将自己的好斗方式带到其他行星上去吗？另一份关于伦理、信仰和生活方式的报告正在准备之中，将随后呈上。”相关的进一步描述，请参看以下内容及随后两页。（你在阅读之前，请先考虑：这是地球上的 1 500 年，应如何描述那时地球上的生活状况？）

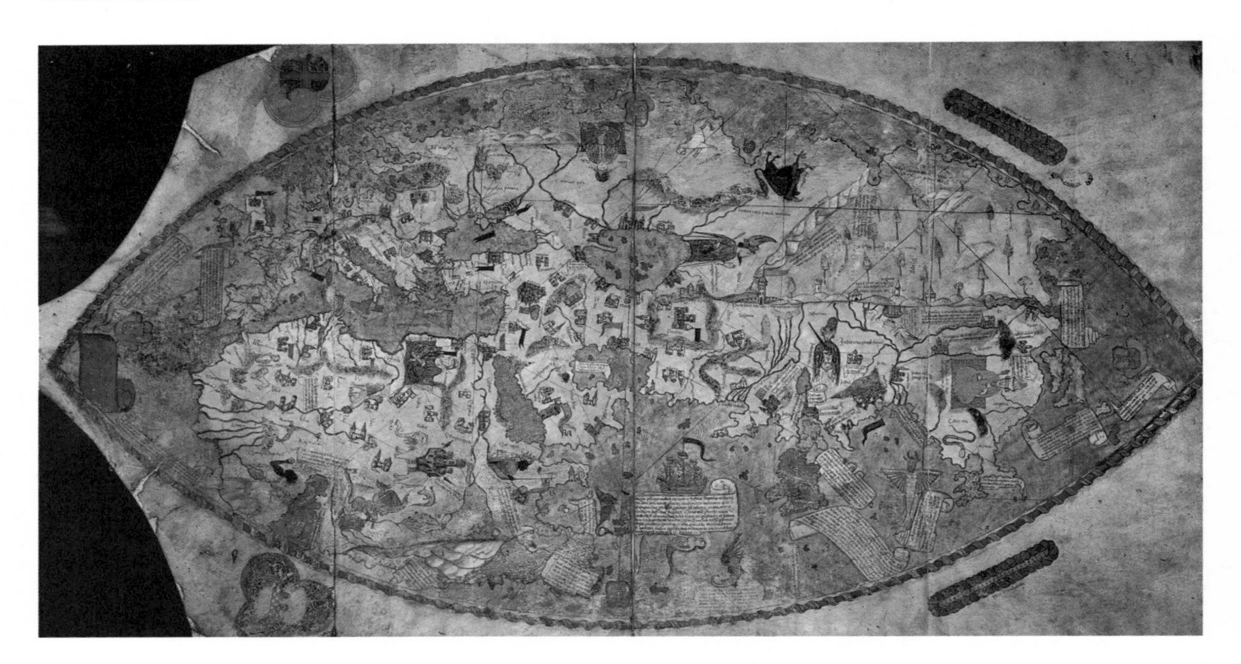

《概述关于地球上 1 500 年的报告》

涂勒人星系际探索 #11631

行星地球一直是一个值得研究的对象，它有着令人惊叹和曲折的历史。早先的报告概述了这一行星上的生命形式的发展情况，特别是让我们感到神奇的被称为“恐龙”的各种动物。（我们在这些报告中使用了地球上的术语。）在本报告中，我们将时间段限制在约 4 500 年地球年之内，这段时间内地球上居住有“男人”和“女人”，他们以社群的形式生活。他们还学会了阅读和写作，并在了解宇宙及他们自己的奥秘方面取得了非常显著的进展。

辅助报告、图表和图画详细给出了那些被称为苏美尔人、明朝人、埃及人、努比亚人、玛雅人、欧洲人、伊斯兰人和美洲人所建立起来的文明。我们特别对一个名为雅典的小城市中的居民感兴趣。在那里，男人和女人们好像都已理解了科学方法的重要性和美妙之处。在令人吃惊的短时间内，他们就发现了宇宙中的一些规律，而我们涂勒人花了长得多的时间才弄清它们。因此，我们在写这些时也会感到尴尬。

他们已经认识到，科学只有在真理和自由占主导的社会中才能存在；他们的科学也因此而快速进步了。我们涂勒人也都非常清楚地知道，谎言在科学领域是绝对行不通的。科学成果必须经过一而再、再而三的验证才能成为真理。错误的结果在重复验证面前是站不住脚的。科学要求真实。因此，一个科学之花盛开的社会也是一个珍爱真理的社会。令人惊叹的雅典人在民主、真理、自由和科学之间架起了桥梁。在雅典民主持续的时代，科学的进步是快速和壮观的，在雅典和其近邻罗马共和国，人权上的进步也是出色的。（除了那令人讨厌的称为奴隶制的实践。）

然后，事情发生了变化。详见分报告。在地球人的 1500 年，地球上的大多数政府都为独裁者所把持，人民受到了压制，民主也不再存在，公开的辩论更是鲜见。少数享有特权的个人掌控权力，而其他大多数人则对自己的命运都难以把握。因此，大多数地球人的生活都过得很不舒心，寿命也变短了。

希腊人的学问没有完全丧失，只有少数神职人员和学者知晓它们。科学就如同死了一样。但在一些繁华的城市中心，终于又开始活跃起来，且爆发出创造性的思想和力量。在所谓的文艺复兴时期，绘画和雕塑使人类睁开了眼睛，审视着自己周围的世界。这很值得进一步观察。此时出现了一种传播信息的新技术，即书本印刷技术，它看上去很有前途。

然而，这颗小星球上的科学大倒退，给我们涂勒人上了深刻的一课。这些地球人还有希望吗？他们还能恢复希腊人那种对知识的追求和质疑精神吗？他们能凭借自己的智慧走得更远吗？支持真理和自由的社会还会再出现吗？关于此后 500 年的考察报告在汇编完成后将立即呈上。

我们所在的太阳系位于银河系外侧的一个旋转臂上。虽然有点孤独，但却是一个很好的观察点，能看到致密的、五彩缤纷的银河系中心在夜空中延伸（如下图所示）。银河系中有数千亿颗恒星、彩色的星云、星际物质和球状星团等，但大部分是空的。空的地方远比有物体的地方多。所有的物质，包括我们自己在内，都在一起围绕着一个奇特的中心旋转。

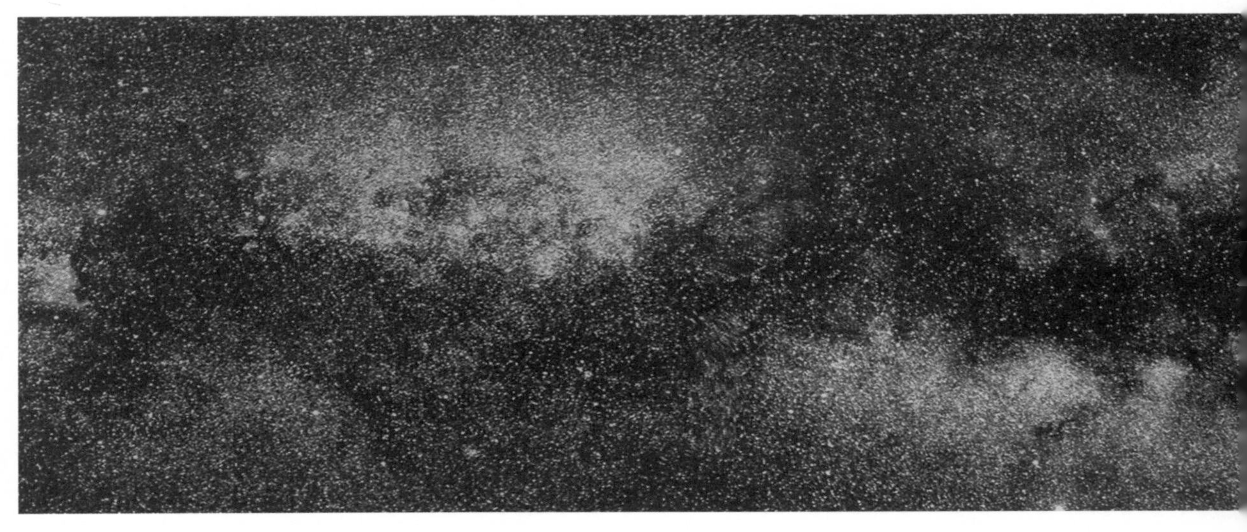

你位于宇宙何处?

你在宇宙中的位置，或者说你与宇宙其他部分的关系，是一种事实，也是一种观念。事实是：你在地球上；地球在绕着太阳的轨道上转动；太阳位于银河系中一个旋转的螺旋臂上；银河系在一个星系团中；而这个星系团又位于广袤无垠的宇宙的一隅。所有这些都是真实的。那么，你对我们在宇宙中的位置的观念又是什么呢？我们在宇宙中扮演了什么角色？我们在宇宙中的重要性和地位又如何？

古生物学家（化石专家）彼得· D. 沃德（Peter D. Ward）和天文学家唐纳德· C. 布朗利（Donald C. Brownlee）在他们合著的《孤独地球》一书中认为，我们可能是十分特殊的，甚至是唯一的。他们争辩道，复杂的生命体所需的生存环境是如此的非同寻常，以至于地球可能是宇宙中唯一能够存在生命的星球。你同意他们的这种观点吗？

在《我们是唯一的吗？》这本书中，物理学家保罗·戴维斯则持另一种观点。他总结出，“意识绝不是微不足道的突发事件，而是宇宙的基本特征，是自然定律作用产生的自然产物。意识与自然定律的关系是深奥的，至今仍是个谜。”如果这一观点是正确的，即若意识是宇宙定律产生的基本现象的一部分，那么我们就有理由认为它可以在其他地方出现。因此，寻找外星人的工作，可被看作是对我们这一世界观的检验：我们生活在一个不断进化的宇宙中，生命和意识从远古的混沌状态开始的演化过程是这样，意识在宇宙中扮演的基本角色的演化过程也应该是这样。

无论如何，是我们的本性驱使我们去寻找答案。物理学家兼作家弗里曼·戴森（Freeman Dyson）说：“我并不感觉自己是宇宙中的一个异类。我越是详细地观察和研究宇宙的结构，就越感觉到：在某种意义上，宇宙已经知道我们要出场了。”

最后，看科学如何起作用

科学的对象是能够被观察和测量到的事物，或者是什么都没有的虚空。在科学中，与民主一样，不存在被隐藏的秘密知识。所有的论证都要摆在台面上，可以被观察，可以被检验。

——丹尼斯·奥弗比（Dennis Overbye，1944— ），美国科普作家和编辑，《纽约时报》

科学就是要寻找思想。没有思想也就没有科学。对事实的认识，只有在其中包含思想时，它才是有价值的。没有思想的事实，不过是大脑中的机械记忆而已。

——维萨里昂·格里戈里耶维奇·别林斯基（Vissarion Grigoryevich Belinsky，1811—1848），俄罗斯文学批评家，《作品集》

最重要的是不要停止问问题。好奇心的存在，自有它的道理……永远不要失去那神圣的好奇心。

——阿尔伯特·爱因斯坦，德裔美籍物理学家，《生活》杂志

在你合上本书之前，有些事情我想让你能明白。那就是：科学是不确定的，而不是确定的。这种说法奇怪吗？不，这是真的。科学研究都是在探究观点，那些不能成立的观点被抛弃，正确的观点则被并入科学大厦中。这一过程生生不息！

正如你所知，科学思维严谨的思想家们曾经“证明”大地是扁平的。他们到处游历，仔细观察，最后得出这一判断。这一结论也帮助他们规划自己的生活。后来，又有人“证明”地球是位于宇宙中心的一个星球。这似乎能说明他们观察到的现象。再后来，又有人出来“证明”太阳是宇宙的中心，这也能解释当时在观察中遇到的疑问。直到又有人继续“证明”宇宙是没有中心的。接下来……

好了，你应该知道我想表达什么了。古代那些持有错误观点的人并非是傻瓜。他们也都尽其所能地进行着探索和研究，不断丰富着他们所在年代的知识。现在，我们也在做着相同的工作。可以肯定的是，将来的人们在回首过去时，也会对我们现在所相信的一些事情感到奇怪。优秀的科学家对此是了然于心的。他们学会了谦虚。这将使科学不再重要了吗？毕竟，如果一些科学理论被证明是错的，那么为什么还要研究它们呢？

因为不确定性是所有事情中最有趣的。如果我们将某事物认定为绝对真理，你就只要记住它，然后继续过你自己的生活。对它没有什么需要讨论的。

但是，科学完全不是这样的。优秀的科学家总是在不断地试验和探索。在科学研究中，没有什么东西是不可以被质疑的。一个能够解释自然界运行规律的理论虽然经过了无数次的检验，但如果有一次检验失败了，那么它就不再被认为是有效的。

在艺术和哲学领域，"理论"只是一种假设，无法进行证明，而在科学中就不一样了。

相对论和量子论这两大现代科学理论，都经过了无数次的实验检

当埃及法老塞提一世（于公元前约 1302—公元前 1290 统治埃及）观察天空时，他是否猜想过在其他星球上还有生命？有可能。他让人在他的穹顶墓室中绘上天空的壁画（更多内容见第 13 页），下图为其中的天花板上的细节图。图中那些奇特的生物上的红点代表北方星座中的恒星。你不必坐上法老的位置，在你的天花板上也能绘出华丽的星空图。太空望远镜传送给我们的彩色图片都是精美的艺术品，值得制成画框用于欣赏。

右图为蜗牛形状的天空。壳中有太阳和月亮。这是一幅 14 世纪绘于土耳其伊斯坦布尔乔拉大教堂顶上的壁画。在这座拜占庭式教堂（现为博物馆）中精美的马赛克画闻名于文艺复兴时期的艺术界。作画的艺术家用不着运动定律，他用一个天使来推动天空。

验，到目前为止尚无任何实验能证明它们是错误的。但这两个理论之间的某些不一致都暗示另一个并不完全正确，将来可能会有一个实验来改变其中一个理论。（现在，这个实验还没有人做出来过。）

爱因斯坦的广义相对论是一个引力理论，揭示了宇观尺度的行星、星系和空间的自然规律。它既可以导引我们进行太空探索，也是 GPS 等地面导航系统的理论依据。量子论描述了原子内部的、微观尺度的自然规律。它引发了电子技术的革命，导致了诸如电子计算机、电视、移动电话等大量新科技的诞生。

这两个理论正帮助我们了解宇宙在 137 亿年中充满活力的历史。

不太久之前，无人认为宇宙也有历史。无论是宗教专家还是科学家都认为世界诞生时就是现在的样子，而人类则在一个固定的、永恒的舞台上演出。

这些专家已尽其所能了，但他们的结论却是错误的，确实错了。后来，有怀疑精神和科学头脑的人却发现宇宙是在不

一些古希腊人曾想象人居住在天空中的情形。几千年后，我们利用绕地球长期转动的国际空间站（ISS）做到了。在这张拍摄于2000年10月的照片中，宇航员威廉·麦克阿瑟（William McArthur）正抓住“发现者”号航天飞机的遥控机械手系统（RMS）。机器人手臂被用于建设和维修空间站。ISS是美国宇航局、包括11个国家的欧洲航天局、俄罗斯宇航局，以及加拿大、日本、巴西的航天科研机构共同建造的。它是有史以来最大的国际科学研究项目。

断变化的。这是另一个需要讲述的、令人难以置信的故事。那么，我们是如何发现太阳与星星的运动规律，又是如何发现构成我们身体的原子呢？我们将在本系列的后续图书中揭晓。

本书是以古代苏美尔占星术士的故事开头的。在本书及后续的各书中，我们将穿越过去，最终到达现代物理学家和超弦理论的面前。（超弦如果存在，则它是构成宇宙万物的、微小的振动能量点。）

我希望你被本书内容所吸引，以至于期待自己去发现更多的科学规律。但如果你在读完本系列丛书后说：“啃，有这些就足够了！”那么在谈到科学时，你至少不是一个对此一无所知的人。当别人在谈起亚里士多德、艾萨克·牛顿和阿尔伯特·爱因斯坦时，你能会心地微笑。因为你知道他们是谁，干了什么，也知道他们没有给出最后的定论。

埃拉托色尼的质数筛选法

	2	3	4	5	6	7	8	9	10
11	12	13	14	15	16	17	18	19	20
21	22	23	24	25	26	27	28	29	30
31	32	33	34	35	36	37	38	39	40
41	42	43	44	45	46	47	48	49	50
51	52	53	54	55	56	57	58	59	60
61	62	63	64	65	66	67	68	69	70
71	72	73	74	75	76	77	78	79	80
81	82	83	84	85	86	87	88	89	90
91	92	93	94	95	96	97	98	99	100

所有圆圈内的数都是质数。你是如何知道的呢？从2这一最小的质数开始。圈出2，用叉划掉其他所有2的倍数，即所有的偶数；圈出3，用叉划掉（红色）其他所有3的倍数；再圈出5，用叉划掉（绿色）其他所有5的倍数；随后再圈出7，用叉划掉（紫色）其他所有7的倍数……如此进行下去。

图片版权

All base maps were provided by Planetary Visions Limited and are used by permission. © 1996–2004 Planetary Visions Limited, and © 2004 Planetary Visions Limited/German Aerospace Center, unless otherwise noted.

Abbreviations for picture sources:
AR: Art Resource, New York
PR: Photo Researchers, Inc., New York
BAL: Bridgeman Art Library, London, Paris, New York, and Berlin

ii: © stephanecompoint.com; vi:Réunion des Musées Nationaux/AR; vii: IBM Research, Almaden Research Center

Chapter 1
Frontispiece: SPL/PR; 3: (full) Georg Gerster/PR; 4: Scala/AR; 6: Erich Lessing/AR; 7: (top) Werner Forman/AR, (bottom) Erich Lessing/AR; 8: Erich Lessing/AR

Chapter 2
10: Erich Lessing/AR; 11: (top) Erich Lessing/AR; 13: Werner Forman/AR; 14: (both) NASA; 15: NASA; 16: Or.8210/S 3326 section 11 Chinese star chart. By permission of the British Library; 17: AR; 18: Erich Lessing/AR; 19: Werner Forman/AR

Chapter 3
20: Erich Lessing/AR; 21: Alexander Marshack; 23: (top) Scala/AR; (bottom) Erich Lessing/AR; 24: The Metropolitan Museum of Art, Rogers Fund, 1948 (48.105.52), Photograph © 1979 The Metropolitan Museum of Art.; 25: Frank Zullo/PR; 26: D. Nunuk/PR; 27: NASA; 28: (top) Vanni Archive/CORBIS; (bottom) Jason Hawkes/CORBIS; 29: Werner Forman/AR; 30: Erich Lessing/AR; 31: Scala/AR; 32: (both) Erich Lessing/AR; 33: (top) Scala/AR; (inset) Réunion des Musées Nationaux/AR

Chapter 4
34: Erich Lessing/AR; 35: Fresco by Giulio Romano, Scala/AR; 36: Archivo Iconografico, S.A./CORBIS; 37: (both) Erich Lessing/AR; 41: (left) David Parker/PR; (right) Francois Gohier/PR; 42: Erich Lessing/AR

Chapter 5
44: Hulton Archive/Getty Images; 45: Serif Yenen, Meander Image Bank, Istanbul; 47: Scala/AR; 48: (top) Scala/AR; (bottom) Watercolor by George Ledwell Taylor, Victoria & Albert Museum, London/AR; 49: (top) Francois Gohier/PR; (inset) Frank Zullo/PR; (bottom) Hulton Archive/Getty Images; 50: Erich Lessing/AR; 51: Scala/AR; 52: The British Museum, London, U.K./BAL; 53: AR

Chapter 6
55: Historical Picture Archive/CORBIS; 56: (top) Mark A. Schneider/PR; (inset) Michael W. Davidson at Florida State University; (left center) Biophoto Associates/PR; (right center) Astrid and Hanns-Frieder Michler/PR; 57: AFP/CORBIS

Chapter 7
58: Werner Forman/AR; 60: (top) Bettmann/CORBIS; (center) Erich Lessing/AR; 61: (top) Oliver Strewe/Lonely Planet Images; (bottom) The Twelve Apostles in Victoria, Australia, Phillip Hayson/PR; 62: John Chumack/PR

Chapter 8
64: Réunion des Musées Nationaux/AR; 65: (top) SEF/AR; (inset) Delphi, Phokis, Greece/Index/BAL; 66: G. Hellner/E. Feiler, DAI, Athens; 67: (right center) Linda Braatz-Brown. Reprinted by permission of The Math Forum @ Drexel, an online community for mathematics education, http://mathforum.org/. © 1994–2004, The Math Forum @ Drexel; (bottom left) Victoria & Albert Museum, London/AR; 68: Clore Collection, London/AR; 69: Staatliche Museen, Berlin, Germany/BAL; 70: Réunion des Musées Nationaux/AR

Chapter 9
73: Scala/AR; 76: The Granger Collection, New York; 77: Chandra X-Ray Observatory/NASA/PR; 78: Werner Forman/AR (photo: E. Strouhal); 79: (left) Paul Klee, *Garden of the Chateau*, 1919, Bridgeman-Giraudon/AR; 81: Stocktrek/CORBIS; 83: David Muench/CORBIS; 84: (left) Erich Lessing/AR; (center) Michael Patrick O'Neill/PR; 85: (top) Charles O'Rear/CORBIS; (bottom) Scala/AR

Chapter 10
86: Scala/AR; 89: Yann Arthus-Bertrand/CORBIS; 90: © IBM Research, Almaden Research Center; 91: Bridgeman-Giraudon/AR; 93: © Biblioteca Apostolica Vaticana

Chapter 11
94: Sculpture by Charles De George, Bridgeman-Giraudon/AR; 95: Dr. Fred Espenak; 97: Scala/AR; 99: Royalty-free/CORBIS; 100: (both) Erich Lessing/AR; 101: © Jona Lendering, Livius.org; 102: Bibliothèque Nationale, Paris, France/Archives Charmet/BAL; 103: NASA; 104: E. R. Degginger/PR; 105: Réunion des Musées Nationaux/AR

Chapter 12
107: Edward Owen/AR; 108: Scala/AR; 109: Erich Lessing/AR; 110–11: Réunion des Musées Nationaux/AR; 113: Tunç Tezel, Istanbul

Chapter 13
115: Victoria & Albert Museum, London/AR; 117: Jerry Schad/PR

Chapter 14
120: Painting by Ciro Ferri, Scala/AR; 121: (top) Scala/AR; (center) Réunion des Musées Nationaux/AR; 123: (left and center) Erich Lessing/AR; (right) Werner Forman/AR; (bottom) Erich Lessing/AR; 124–25: Thomas Hartwell/CORBIS SABA; 126: (left) based on drawing in *Pharos* by Hermann Thiersch, 1909; (right) Bettmann/CORBIS; 127: (all) © stephanecompoint.com

Chapter 15
128: Scala/AR; 129: Erich Lessing/AR; 131: Bridgeman-Giraudon/AR; 133: (top) CORBIS

Chapter 16
136: Nicolo Orsi Battaglini/AR; 137: Erich Lessing/AR; 138: (top) Joseph Sohm; Visions of America/CORBIS; 139: AR; 140: The Menil Collection, Houston, and © 2004 Artists Rights Society, New York/ ADAGP, Paris; 142: Michael T. Sedam/CORBIS; 143–44: Richard E. Schwartz

Chapter 17
146: Pushkin Museum, Moscow, Russia/BAL; 152: (left) Erich Lessing/AR; (right) Image Select/AR; 155: (bottom) Bettmann/CORBIS; 157: Erich Lessing/AR; 159: Redrawn after illustration in *Ancient Inventions* by P. James and N. Thorpe, 1994

Chapter 18
161: © 2003 Bob Sacha; 165: NASA

Chapter 19
166: Bridgeman-Giraudon/AR; 167: Erich Lessing/AR; 168: Bettmann/CORBIS; 169: Scala/AR; 171: (bottom) Keren Su/CORBIS; (inset) Erich Lessing/AR; 173: Erich Lessing/AR

Chapter 20
175: Sheila Terry/PR; 176: Bettmann/CORBIS; 180: akg-images; 181: Bettmann/CORBIS; 182: Quadrant by John Giamin, ca. 1550, Museo di Storia della Scienza, Florence, Bettmann/CORBIS; 183: Archivo Iconografico, S.A./CORBIS

Chapter 21
184: Erich Lessing/AR; 185: © National Maritime Museum, London; 186: Courtesy of the Bodleian Library, University of Oxford. MS. Pococke 375 folios 3v-4r.; 187: Scala/AR; 188: Erich Lessing/AR; 189: Jean Loup Charmet/PR

Chapter 22
191: (top) Scala/AR; (bottom) Erich Lessing/AR; 192: Erich Lessing/AR; 193: Ancient Art and Architecture Collection Ltd./BAL; 194: Scala/AR; 195: Scala/AR; 196: Giraudon/BAL; 197: Cameraphoto Arte, Venice/AR; 198: The Triped was created by Damon Knight for his short story "Rule Golden"; this image was painted by Wayne Barlowe for his book, *Barlowe's Guide to Extraterrestrials*. Used by permission of the Estate of Damon Knight and by permission of Wayne Barlowe; 199: (top) Bettmann/CORBIS; (bottom) Scala/AR

Chapter 23
201: Scala/AR; 202: Gianni Dagli Orti/CORBIS; 204: Erich Lessing/AR; 205: Werner Forman/AR

Chapter 24
206: Reuters NewMedia Inc./CORBIS; 207: Bridgeman-Giraudon/AR; 208: Scala/AR; 209: (top) Ken Welsh/BAL; (inset) Erich Lessing/AR; 211: Mishneh Torah, ca. 1351, National Library, Jerusalem, Lauros/Giraudon/BAL; 212: (top center) Fresco by the Master of Saint Francis, S. Francesco, Assisi, Scala/AR; (top right) Icon, St. Catherine Monastery, Mount Sinai, Erich Lessing/AR; (bottom) Jonathan Blair/CORBIS; (inset) Franz-Marc Frei/CORBIS; 213: The Dean and Chapter of Hereford and the Hereford Mappa Mundi Trust; 214: Bridgeman-Giraudon/AR; 216: Snark/AR; 217: (top) Christophe Loviny/CORBIS; (bottom) Bibliothèque Nationale, Paris, France/BAL

Chapter 25
218: Réunion des Musées Nationaux/AR; 219: Borromeo/AR; 220: Courtesy of the Bodleian Library, University of Oxford. MS. Sansk d.14.; 221: Abilio Lope/CORBIS; 222: Snark/AR; 223: Roger Wood/CORBIS; 225: (bottom) Painting by Joseph Heintz the Younger, Alinari/AR; 226: (bottom) Syd Greenberg/PR; 227: (top) Scott Camazine and Sue Trainor/PR; (bottom) Thomas R. Taylor/PR

Chapter 26
228: Nicolo Orsi Battaglini/AR; 229: (top) Bridgeman-Giraudon/AR; (bottom) Painting by Leandro Bassano, Cameraphoto Arte, Venice/AR; 230: Scala/AR; 231: (left) Réunion des Musées Nationaux/AR; (right) Erich Lessing/AR; 233: (top) Scala/AR; (bottom) AR; 235: Réunion des Musées Nationaux/AR; 236: Smithsonian American Art Museum, Washington, D.C./Art Resource, N.Y.; 237: (top left) Underwood & Underwood/CORBIS; (top right) Otto Lilienthal in 1896, Underwood & Underwood/CORBIS; (bottom left) *DeepWorker*, Sustainable Seas Expeditions, 2003; (bottom right and inset) NASA

Chapter 27
238: Réunion des Musées Nationaux/AR; 239: (top right) Gérard Degeorge/CORBIS; (bottom right) Brian A. Vikander/CORBIS; 240: (top) Foto Marburg/AR; (bottom) Bibliothèque Nationale, Paris, France/BAL; 241: (top) HIP/Scala/AR; 242: (top) Private Collection/The Stapleton Collection/BAL; (bottom) Private Collection/BAL; 243: (top) Erich Lessing/AR; (bottom) The Pierpont Morgan Library/AR; 244: (top) Réunion des Musées Nationaux/AR; (bottom) Bibliothèque Nationale, Paris, France/BAL; 245: Private Collection/BAL; 246: Archivo Iconografico, S.A./CORBIS; 247: Bettmann/CORBIS

Chapter 28
249: (top and center) Bridgeman-Giraudon/AR; (bottom) Bibliothèque Nationale, Paris, France/BAL; 250: The Pierpont Morgan Library/AR; 251: (top) Erich Lessing/AR; (bottom) Geosphere/Planetary Visions/PR; 252: Private Collection/BAL; 254: Keren Su/CORBIS; 255: Werner Forman/AR; 256: Sala del Mappamondo, Palazzo Farnese, Viterbo, Scala/AR; 257: Royal Geographical Society, London, U.K./BAL

Chapter 29
259: Celestial Image Co./PR; 261: Mehau Kulyk/PR; 262: Scala/AR; 264–65: John Chumack/PR

Chapter 30
267: Archivo Iconografico, S.A./CORBIS; 268: Erich Lessing/AR; 269: NASA/PR

引文授权

Excerpts on the following pages are reprinted by permission of the publishers and copyright holders.

Page 9: From George Johnson, *Fire in the Mind*
(New York: Alfred A. Knopf, 1995)

Page 20: From Gwendolyn Brooks, *In the Mecca*
(New York: Harper & Row, 1968)

Page 21: From Isaac Asimov, *Asimov on Numbers*
(Garden City, N.Y.: Doubleday, 1977)

Page 43: From Ernest Zebrowski Jr., *History of the Circle*
(Piscataway, N.J.: Rutgers University Press, 1999)

Page 54: From Robert Frost, "Fire and Ice," in *The Collected Poems*
(Henry Holt, 1969)

Page 72: From Alfred North Whitehead, *Science and the Modern World*, 1926.
Reprinted with the permission of Cambridge University Press.

Page 73: From Norton Juster, *The Phantom Tollbooth*
(New York: Random House, 1961)

Page 77 and 87: From *The God Particle* by Leon Lederman with Dick Teresi.
Copyright © 1993 by Leon Lederman and Dick Teresi.
Reprinted by permission of Houghton Mifflin Company. All rights reserved.

Page 106 and 184: From Stephen Hawking, *A Brief History of Time*
(New York: Bantam Books, 1988)

Page 117: From Isaac Asimov, *Asimov's Biographical Encyclopedia of Science & Technology*
(Garden City, N.Y.: Doubleday, 1964)

Page 120: From Morris Kline, *Mathematics in Western Culture*
(New York: Oxford University Press, 1953)

Page 123: From Carl Sagan, *Cosmos*
(New York: Random House, 1980)

Page 213: From Joseph and Frances Gies, *Life in a Medieval City*
(New York: Harper Perennial, 1981)

Page 219: From Jan Gullberg, *Mathematics: From the Birth of Numbers*
Copyright © 1997 by Jan Gullberg.
Used by permission of W. W. Norton & Company, Inc.

Page 257: From W. Jeffrey Bolster, review of *Over the Edge of the World* by Laurence Bergreen,
The New York Times Sunday Book Review section, 7 December 2003

Page 260: From Paul Davies, *Are We Alone?*
Copyright © 1995 by Orion Productions.
Reprinted by permission of Basic Books, a member of Perseus Books, L.L.C.

图书在版编目（CIP）数据
科学之源：自然哲学家的启示/（美）乔伊·哈基姆（Joy Hakim）著；仲新元译. -- 上海：上海教育出版社, 2017.12（2020.5重印）
（“科学的力量”科普译丛.“科学的故事”系列）
ISBN 978-7-5444-7107-7

Ⅰ. ①科… Ⅱ. ①乔… ②仲… Ⅲ. ①自然哲学－普及读物 Ⅳ. ①N02-49

中国版本图书馆CIP数据核字（2017）第312811号

责任编辑 李 祥
封面设计 陆 弦

“科学的力量”科普译丛“科学的故事”系列
科学之源——自然哲学家的启示
［美］乔伊·哈基姆 著
仲新元 译

出版发行 上海教育出版社有限公司
官　　网 www.seph.com.cn
地　　址 上海市永福路123号
邮　　编 200031
印　　刷 上海新艺印刷有限公司
开　　本 787×1092 1/16 印张 18.25
字　　数 360 千字
版　　次 2017年12月第1版
印　　次 2020年5月第2次印刷
书　　号 ISBN 978-7-5444-7107-7/N·0008
定　　价 98.00 元
审 图 号 GS(2017)2950号

如发现质量问题，读者可向本社调换　电话：021-64377165